U0250520

本著作出版得到

国家自然科学基金面上项目"碳披露、碳绩效与市场反应：基于中国情景的研究（71272237）"

江苏高校哲学社会科学研究重点项目"绿色金融视角下碳交易的理论机制与实践研究（2016ZDIXM026）"

江苏高校优势学科建设工程资助项目（PAPD）

江苏省第四期"333高层次培养人才工程"

资　助

- 国家自然科学基金面上项目成果 -

碳信息披露研究——基于CDP的分析
Research on Carbon Disclosure
——Analysis Based on Carbon Disclosure Project

蒋 琰 著

南京大学出版社

图书在版编目(CIP)数据

碳信息披露研究：基于 CDP 的分析 / 蒋琰著. — 南京：南京大学出版社，2017.6（2018.5重印）

ISBN 978 - 7 - 305 - 18124 - 5

Ⅰ. ①碳… Ⅱ. ①蒋… Ⅲ. ①企业－节能－信息管理－对比研究－中国、印度 Ⅳ. ①TK018②F279.23③F279.351.3

中国版本图书馆 CIP 数据核字(2017)第 003757 号

出版发行　南京大学出版社
社　　址　南京市汉口路 22 号　　　　　邮　编　210093
出 版 人　金鑫荣
书　　名　**碳信息披露研究——基于 CDP 的分析**
著　　者　蒋　琰
责任编辑　刘　琦　唐甜甜　　　　　编辑热线　025 - 83594087
照　　排　南京南琳图文制作有限公司
印　　刷　江苏凤凰数码印务有限公司
开　　本　710×1000　1/16　印张 17　字数 270 千
版　　次　2017 年 6 月第 1 版　2018 年 5 月第 2 次印刷
ISBN 978 - 7 - 305 - 18124 - 5
定　　价　69.00 元

网址：http://www.njupco.com
官方微博：http://weibo.com/njupco
官方微信号：njupress
销售咨询热线：(025) 83594756

前　言

　　本专著是本人所主持的国家自然科学基金面上项目"碳披露、碳绩效与市场反应:基于中国情景的研究"(项目编号:71272237),江苏高校哲学社会科学研究重点项目"绿色金融视角下碳交易的理论机制与实践研究"(项目编号:2016ZDIXM026)的最终成果,其中引用了所指导的研究生(朱恚佃、卢思奇、梁德华、朱俊达、聂亚振和王其洋)学位论文的部分研究成果。

　　21世纪气候变化是备受瞩目的全球性问题、世界性问题。自2014年5月起,全球大气对厄尔尼诺事件的响应显著,时间尺度上超过15个月,打破了1997年到1998年厄尔尼诺历时14个月的最高记录。而由于1998年的超强厄尔尼诺现象,中国当年经历了百年不遇的特大洪水,造成2.23亿人受灾、3 004人死亡和1 666亿元的直接经济损失。全球气候变暖带来的极端天气和气候现象,给人类的生存繁衍和未来发展造成了严重的危害。美国国家海洋和大气管理局(National Oceanic and Atmospheric Administration)发布消息称,2015年第一天全球二氧化碳浓度就超过了400 ppm,3日平均浓度达到400.83 ppm。这意味着全球的平均气温将升高2℃。

　　为了更好地在全球范围内采取有效措施减缓气候变暖进程,早在1992年5月,联合国就通过了《联合国气候变化框架公约》(United Nations Framework Convention on Climate Change,UNFCCC),公约将"气候变化"定义为:经过相当一段时间的观察,在自然气候变化之外由人类活动直接或间接地改变全球大气组成所导致的气候改变,并将"大气中温室气体的浓度稳定在防止气候系统受到危险的人为干扰的水平上"作为公约的最终目标。UNFCCC是世界上第一个全面控制二氧化碳等温室气体排放,以应对全球气候变暖给人类经济和社会带来不利影响的国际公约,也是国际社会在应对气候变化问题上进行国际合作的一个基本框架,它为全球共同应对气候变化问题奠定了法律基础。从1995年起,该公约缔约方每年召开一次缔约方会议以评估应对气候变化的进展。

　　根据公平原则以及"共同但有区别的责任"原则,1997 年 12 月 11 日,UNFCCC 第 3 次缔约方大会在日本京都召开,149 个国家和地区的代表通过了旨在限制发达国家温室气体排放量以抑制全球变暖的具有法定约束力的《京都议定书》,对 2012 年前主要发达国家减排温室气体的种类、减排时间表和额度等做出了具体规定。2005 年 2 月 16 日《京都议定书》正式生效,它被公认为是国际环境变化的里程碑,是第一个具有法律约束力的旨在防止全球变暖而要求减少温室气体排放的条约。

　　2007 年,UNFCCC 第 13 次缔约方会议通过了《巴厘岛路线图》,开启了加强《京都议定书》和 UNFCCC 全面实施的谈判进程,并决定于 2009 年在丹麦哥本哈根举行的 UNFCCC 第 15 次缔约方会议上通过一份新的议定书,即 2012 年至 2020 年的全球减排协议,以代替 2012 年即将到期的《京都议定书》。但是,2009 年召开的哥本哈根气候变化大会并没有取得预期成果。

　　2011 年,德班气候变化大会通过决议,同意延长 5 年《京都议定书》的法律效力(原议定书于 2012 年失效),决定实施《京都议定书》第二期承诺期并启动绿色气候基金,该基金由德国和丹麦分别注资 4 000 万和 1 500 万欧元作为首笔资助资金。同时建立德班增强行动平台特设工作组,即"德班平台",在 2015 年前负责制定一个适用于所有 UNFCCC 缔约方的法律工具或者法律成果。

　　2012 年,多哈气候变化大会通过了对《京都议定书》的《多哈修正》,就 2013 年起执行《京都议定书》第二期承诺及第二期承诺以 8 年为期限达成一致。

　　2015 年,巴黎气候变化大会通过《巴黎协定》,这一协定是继 1997 年制定的《京都议定书》之后,全球气候治理领域又一里程碑式文件,它对 2020 年后全球应对气候变化行动作出安排。协定指出:将全球气候变暖控制在 2 摄氏度以内,为把升温控制在 1.5 摄氏度以内而努力;各方将以自下而上的"国家自主贡献"的方式参与全球应对气候变化行动,取代《京都议定书》所提出的自上而下的"摊派式"强制减排;在 2020 年前应"制定切实的路线图",以敦促发达国家落实 2020 年之前每年向发展中国家提供 1 000 亿美元应对气候变化支持资金的承诺;从 2023 年开始,每 5 年将对全球行动总体进展进行一次盘点等。

与此同时,中国政府也为应对气候变化做出了积极的努力。在 2009 年的哥本哈根会议上,中国政府作出郑重承诺:到 2020 年,我国单位国内生产总值(GDP)碳排放量相比与 2005 年减排 40%～50%。近年来,政府的工作重点也由大力发展经济逐步转移到升级产业结构、优化能源构成、减轻环境环境污染、发展低碳经济。国家发改委先后发布了《千家企业节能行动实施方案》《关于印发万家企业节能低碳实施方案的通知》,开展重点耗能企业节能行动,共计 16078 家企业被强制纳入该项目,2011—2012 年强制减排 5.5 亿吨二氧化碳当量,这些举措优化了能源结构,大幅度提高了能源利用效率。与此同时,国务院进一步深化淘汰落后产能工作,下发了《国务院关于进一步淘汰落后产能工作的通知》,落后产能行业由最初的 13 个扩大到 2012 年的 21 个。至 2014 年底,共公布 8 批落后产能企业名单,共计 7 885 家。在政府实施如淘汰落后产能和企业节能减排等强制性行政措施之外,2011 年 11 月国家发改委批准北京、上海、深圳等 7 个省市开展独立的碳排放权交易试点工作,截至 2014 年,共有 2 247 家企业被强制纳入,发放配额总额超过 12 亿吨。2015 年 9 月 25 日,中美两国元首就应对气候变化再度发布联合声明,声明了两国进一步的减排计划和路线图以及应对措施,中方承诺采取的措施如下:到 2030 年单位 GDP 二氧化碳排放比 2005 年下降 60%～65%,森林蓄积量比 2005 年增加 45 亿立方米左右;推动绿色电力调度,优先调用可再生能源发电和高能效、低排放的化石能源发电资源;计划于 2017 年启动全国碳排放交易体系。

尽管碳减排问题在国际层面和国家政府层面都得到了非常高的重视,但是涉及企业的碳减排执行方面,仍然存在诸多限制其进一步发展的因素,碳信息披露的透明度不高就是其中之一。碳信息披露是指企业披露由于面临气候变化带来的风险、机遇以及应对气候变化所采取的碳减排战略、实施的碳减排措施以及实际的碳减排数量等影响到企业现在与未来价值发展的系统性信息。现代经济学已经证明,信息是市场经济有效运行的关键因素之一,上市公司应当充分披露高质量的财务信息已经成为人们的共识。尽管财务信息能够在一定程度上反映出企业整体的财务状况和经营业绩,但由于受到会计确认、计量等因素制约,其主要面向过去,是对公司历史经营情况的反映,相关性和及时性较差,而且很多重要信息无法通过传统的财务报告予以披露,越来越难以满足投资者的需求。非财务信息尤其是前瞻性非财务信息则可以突破财务信息的限制,有效弥补其不足,碳信息的披露就具有这样重要的效果。

然而碳信息作为环境信息披露的一种,其内涵机理仍然不明确,需要研究者加以关注探索。碳信息披露的完善需要解决两个问题:第一,碳信息披露是以何种机制影响各个利益相关者的行动的? 第二,碳信息披露能否有效的帮助实现节能减排的目标? 我们研究认为碳信息披露研究的逻辑体系可以表述为:在以企业碳披露为核心的框架体系中,首先,政府的碳减排政策决定了企业碳披露的性质是自愿披露还是强制披露。其次,政府碳减排政策会引发市场反应,引起投资者和资本市场的关注。接着,投资者的监督以及来自资本市场的压力会促使企业进行碳披露。同时,企业依据政府实施的碳减排标准来评估碳绩效,管理层则根据管理策略对企业的碳绩效和碳信息进行全面或部分披露。在碳信息披露项目(CDP)数据来源的基础上,我们进行了系统的分析研究。我们关注的问题有碳信息披露的理论基础,碳信息披露框架的国际比较,碳信息披露与企业融资成本、融资约束、企业绩效等的相关实证研究,我们还关注了碳政策的市场反应问题。

作为一个新兴的研究领域,碳信息的相关问题值得探索研究的地方有很多,最终呈送在读者手中的这部专著实际上反映了我们对此领域研究的初步成果。我们也真诚地期待读者提出宝贵意见,以使得碳信息的研究得以进一步深入。

作　者

2017 年 6 月

目　录

图目录

表目录

第一章 导 论

第一节 问题的提出

与会计信息一样,环境信息也是信息披露制度的重要内容,随着气候变化和碳减排成为全球备受关注的议题,碳信息披露(carbon disclosure)迅速发展成为主流。"碳"一词,本意指代一种非金属元素,根据《京都议定书》(2006)的规定,它囊括了这样一些温室气体(GHG):二氧化碳(GHG 的主要内容)、甲烷、氧化亚氮、六氟化硫、氢氟碳化物和全氟碳化物,通常这些温室气体以二氧化碳当量(CO_2- e)来衡量。碳信息披露能够在某种程度上替代环境信息披露成为发展趋势,主要原因在于:① 它从全球角度反映了包括气候变化在内的更广泛的环境问题;② 它提供了能够量化信息的有效工具——二氧化碳当量,使得披露的信息有了统一评判标准从而具有可比性(Kolk, Levy and Pinkse, 2008);③ 它不仅揭示了环境问题的风险,而且挖掘了环境问题的经济效益,激发了披露主体的积极性(CDP,2006)①。

尽管中国企业与国际企业相比在气候变化领域的意识和行动要滞后一些,但中国政府一直积极关注气候问题。

2005 年,《中共中央关于制定国民经济和社会发展第十一个五年规划的建议》提出:"十一五"期末单位 GDP 能源消耗比"十五"期末降低 20%左右。

2006 年,国家多部委联合制定并下发了《千家企业节能行动实施方

---

① 环境信息因为总体揭示的是企业面临的环境问题或环境成本,因此研究者基本将之归入为环境负债类(environmental liabilities)(Li, Richardson and Thornton, 1997)。2006 年 2 月生效的《京都议定书》,提供了国际间的贸易—投资机制 CDM,在目前的 CDM 项目中,碳排放权以经核证的碳减排量(CERs,这通常被确认为是一项资产)的形式进行交易。该项碳交易的快速增长,会带来更多投资机会。

案》。

2007 年,中国政府颁布《中国应对气候变化国家方案》,提出到 2010 年实现单位 GDP 能耗比 2005 年降低 20％的目标,这是发展中国家应对气候变化的第一个国家级方案。

2008 年,2 月国家环保总局发布《关于加强上市公司环保监管工作的指导意见》;10 月中国政府发表《中国应对气候变化的政策与行动》白皮书。

2009 年,5 月发布《中国政府关于哥本哈根气候变化会议的立场》;11 月 25 日,中国政府宣布到 2020 年全国单位国内生产总值 CO_2 排放比 2005 年下降 40％～45％。

2010 年,5 月发布《关于进一步加大工作力度确保实现"十一五"节能减排目标的通知》,提出了实现"十一五"节能减排目标的 14 项措施。

2011 年,3 月发布了《我国国民经济和社会发展十二五规划纲要》,明确将资源节约和环境保护作为"十二五"期间的主要目标。

2012 年,中国开始正式成立并推进碳排放交易试点,截至 2014 年,深圳、北京、上海、天津、重庆、湖北和广东 7 个碳交易试点正常交易。

2012 年 2 月,中国银监会发布《绿色信贷指引》,要求银行建立客户的环境风险评估标准,供评级、授信、管理等使用。

2015 年 1 月 1 日新修订的《环境保护法》开始实施,被誉为"史上最严"的环保法。

2015 年 9 月中美共同发表的《气候变化联合声明》向世界宣布了我国将于 2017 年启动全国碳交易市场,2015 年 12 月习近平总书记在巴黎气候大会上的讲话再次重申我国将于 2017 年建立全国碳交易市场,表明了中国政府将通过建立全国碳交易市场来应对气候变化的决心。

在中国政府的积极推动下,中国企业在应对气候变化方面变得更为主动。2009 年 5 月,气候变化问题全球商业峰会在哥本哈根举行,中电投、中海油、中铝、中国移动、尚德的高管出席会议,分享了中国公司所做的努力和取得的成绩。中国企业加快和加大了对新能源产业的投入,2009 年中国水电装机量、太阳能光伏电池年产量及太阳能热水器使用量,均排名世界前列。2010 年宝钢、联想等 8 家中国企业与全球其他 54 家企业一起,参加了由世界资源研究所(WRI)和世界可持续发展工商理事会(WBCSD)共同开发的两套新的温室气体盘查议定书的测试工作,此项工作意味着中国企业不再只是被动接受国外的碳盘查标准,而是参与到标准本身的制定中。

需要指出的是,尽管中国企业努力应对气候变化,但在碳信息披露等具体工作方面与世界企业相比仍存在差距。由机构投资者为应对气候变化于2000年自发创建的碳信息披露项目CDP(Carbon Disclosure Project),其主要的目的是"在气候变化所引起的股东价值和公司经营之间创造一种持久的关系"。从2003年起,CDP发布公告《CDP 1》,其后每年发布调查,至2014年CDP已完成了全球范围的12次调查。

2008年CDP代表385家机构投资者,向全球3 000多家公司发出调查问卷,90%的富时100公司、77%的全球500强公司和64%的S&P 500公司均回答了CDP问卷。而同年CDP开始第一次对100家市值最大的中国上市公司即China 100进行调查。最终,仅5家上市公司填写了问卷,20家上市公司提供了相关信息。

2009年CDP代表475家机构投资者,向全球3 700多家上市公司发出披露请求。95%的富时100公司、82%的全球500强公司和66%的S&P 500公司均回答了CDP问卷。CDP连续第二年向China 100发出碳信息披露请求。最终11家上市公司填写了问卷,18家上市公司提供了相关信息。

2010年CDP代表534家机构投资者,向全球4700多家上市公司发出问卷,70%的S&P 500公司回答了问卷。同样CDP连续第三年向China 100发出碳信息披露请求。最终13家上市公司填写了问卷,26家提供了相关信息。在2008—2010年回答问卷调查的China 100中,提供具体GHG排放数据(这是评估碳减排或碳绩效的基础)的分别只有2家、5家和5家。2011年China 100的问卷调查中,11家上市公司填写了问卷,35家提供了相关信息。

2014年,China 100中有45家企业公开披露了气候变化相关数据,相对于2013年的32家来说略有增加,但从国际上看,其在回复问卷的数量以及质量上同国际水平仍存在巨大差距。因此要有效地促进中国上市公司进行碳信息披露,完善公司的信息披露体系,提高信息披露质量,我们需要探索碳信息披露的内涵机理。

事实上,与强制性披露的会计信息不同,碳信息披露需要依赖于以下特定的因果链逻辑:在政府碳政策引导下,投资者对公司施加压力促使公司采取碳减排行动。公司的管理层明确意识到公司碳管理与经营业绩和市场价值之间的关系,并采取相应的碳管理策略。在投资者监控下,公司传递与气候风险相关的财务影响以及公司资产价值碳控制方面的信息,提供碳披露报告(Hassel, Nilsson and Nyquist, 2005)。此外还需要非政府组织(NGO)和政府通过排名(ranking)的方式来对公司披露碳信息施加压力。因此在碳信息披露的逻辑进程中,涉及的重要关系方有政府、投资者以及管理层。政府出台系列碳政策和碳减排措施引导公司进行碳披露,投资者及市场压力监督保证碳披露顺利实施,管理层依据公司的碳减排成效采取相应策略具体实施碳披露。

鉴于碳减排对企业和社会可持续发展的重要性,深入讨论碳信息披露的内涵机理,研究碳信息披露的市场反应以及选择适合中国企业碳信息披露的最优模式具有重要的理论意义和应用价值。

从理论上看,首先,碳减排问题是个新型议题,即使西方国家在涉及碳披露、碳绩效等碳问题研究,也处于起始阶段,中国作为新兴加转轨市场,在这一问题上的研究探索与创新,容易形成鲜明的中国特色并具有相应的学术价值。其次,相对于会计信息的财务性披露而言,碳信息披露是非财务性的社会责任披露;相对于证券市场信息以强制披露为主,自愿披露为辅的状态,中国碳信息披露处于自愿披露为主,强制披露为辅的状态,因此对于该问题的研究,有助于丰富拓展信息披露的研究文献。

从实践上看,首先,碳信息披露的研究会促进碳减排标准的制定更科学。从碳减排交易的实质来看,清洁发展机制(CDM)不仅是企业与企业的合作,更是发展中国家与发达国家的合作,因此中国自主研发具有国际权威性质的碳减排标准,有利于中国在气候变化国际谈判中争取主动,提升中国在全球应对气候变化领域的地位。2010 年 10 月首个《中国自愿碳减排标准》的出台也说明了这一点。其次,碳信息披露的研究会为国家出台相关低碳政策提供理论基础和经验证据。包括中国在内的世界各国都出台了一系列促进低碳经济发展的策略,给予积极节能减排、发展低碳技术的企业以各种资金资助和税收优惠,同时对碳排放超标的企业施以各种制约。本研究将为此提供经验证据和理论支持。第三,碳信息披露的研究会促进企业发掘低碳发展机遇,实现低碳战略。碳问题既是风险更是机遇,发展低碳经济已是大势所趋,积极发掘自身机遇应对挑战,是企业应对越来越激烈的国内外竞争的明智之举。企业通过规范的碳信息披露,能够发现自身的低碳发展潜力与机遇。

第二节 碳信息披露的研究现状与问题

现代经济学已经证明,信息是市场经济有效运行的关键因素之一,信息不对称是制约经济运行方式和经济效率的基本问题。为维护资本市场的健康发展,优化市场资源配置效率,保护投资者及其他利益相关者的权益,上市公司应当充分披露高质量的财务信息已经成为人们的共识。尽管财务信息能够在一定程度上反映出企业整体的财务状况和经营业绩,但由于受到会计确认、计量等因素制约,其主要面向过去,是对公司历史经营情况的图像反映,相关性和及时性较差,很多重要信息无法通过传统的财务报告予以披露,越来越难以满足投资者的需求。非财务信息尤其是前瞻性非财务信息则可以突破财务信息的限制,有效弥补其不足。公司管理者披露有关企业未来发展前景的相关信息,有助于投资者了解企业发展趋势、预测公司未来价值。因此,增加前瞻性非财务信息披露以增强财务报告的有用性已经得到了理论界和实务界的广泛认同。AICPA、FASB、CICA 等机构发布了一系列研究报告鼓励上市公司自愿披露更多的有关企业未来前景的前瞻性非财务信息。

非财务信息的内容包括很多,备受大家关注的有社会责任信息、环境信息等。随着气候变化和碳减排成为全球关注的议题,碳信息披露迅速发展成为环境信息披露的重要内容。碳信息披露是指企业披露由于面临气候变化带来的风险、机遇以及应对气候变化所采取的碳减排战略、实施的碳减排措施以及实际的碳减排数量等影响到企业现在与未来价值发展的系统性信息,包括碳会计信息披露、碳金融碳交易信息披露等(普华永道,2010)。可以说碳信息披露已成为提高对气候变化应对速度,清洁能源和能源的利用效率并推动合理的外部问责制的发展的重要机制。更重要的是,碳信息披露的发展已经证明了碳会计计量的可行性和潜在商业好处,例如,声誉和能源成本管理,同时,这也为强制信息披露和正规化碳会计核算标准开辟了空间。

一、碳信息披露研究

早期的披露研究主要关注环境信息披露,涉及环境信息披露的实证研究可以分为三类。

第一类是检验环境信息是否具有价值相关性,即环境信息披露与企业绩效的关系,研究发现环境信息对投资者是有价值的(Cormier and Magnan,1997;Clarkson,Li and Richardson,2004;Al-Tuwaijri,Christensen and Hughes,2004;Plumlee,Brown and Marshall,2008;Sinkin,Wright and Burnett,2008)。

第二类是检验环境信息披露对企业管理决策及资本市场的影响,主要体现为环境披露与融资成本/资本成本的关系研究(Richardson,Welker and Hutchinson,1999;Richardson and Welker,2001;Plumlee,Brown and Marshall,2008;Dhaliwal,LI,Tsang and Yang,2011)。其理论依据在于财务性信息是价格风险因子,会影响融资成本(Easley and O'Hara,2004;Leuz and Verrecchia,2004;Lambert,Leuz and Verrecchia,2007),同样只要信息是价值相关的,该机制也适用于非财务性信息(Dhaliwal,Li,Tsang and Yang,2011),所以环境信息会对企业融资成本产生影响,从而影响企业的投融资决策。

第三类是检验环境信息披露与环境绩效的关系。这一类的研究成果最为丰富,但研究结论却不尽一致。相当多数量的早期研究没有发现两者的显著相关性(Ingram and Fraizer,1980;Wiseman,1982;Freedman and Wasley,1990)。自愿披露理论认为公司为了避免逆向选择问题而倾向于披露"好消息"抑制"坏消息"(Dye,1985;Verrecchia,1983),所以环境绩效好的公司更愿意向投资者及潜在股东披露环境信息或披露更多的环境信息,以便于提高公司声誉,增加企业价值(Li,Richardson and Thornton,1997;Bewley and Li,2000),因此自愿披露理论预测环境披露与环境绩效之间存在正相关关系,并得到了相关的证明(Bewley and Li,2000;Al-Tuwaijri,Christensen and Hughes,2004;Clarkson,Li,Richardson and Vasvari,2008)。以合法性理论、利益相关者理论等为代表的社会政治理论认为,合法性越差的企业越是倾向于披露更多的环境信息以便于改变社会公众观念和预期,向社会公众展示其变化等(Lindblom,1994;Gray,

Kouhy and Lavers，1995)，因此社会政治理论预测环境披露与环境绩效之间存在负相关关系，也有相当多的研究证明了这一结论(Hughes，Anderson and Golden，2001；Patten，2002；Campbell，2003)。值得注意的是，这其中有研究者对环境信息披露进行了细化研究，比如 Bewley 和 Li(2000)的研究将环境信息披露分为能以货币度量的财务性信息和一般信息；Clarkson、Li、Richardson 和 Vasvari(2008)则把环境信息分为硬信息和软信息来进行研究，硬信息包括治理结构、披露可信度、环境绩效指标、环境成本等，软信息包括企业愿景和战略、环境概况、环保措施等。

随着碳减排观点的发展，研究碳信息披露的成果也日益增多。Stanny 和 Ely(2008)利用美国 S&P 500 的数据研究影响碳信息披露的因素，发现公司规模、上年度披露情况以及海外销售等影响碳信息披露。其后，Stanny(2010)运用 CDP 2006—2008 年的调查报告发现美国 S&P 500 碳信息披露符合合法性理论。Freedman 和 Jaggi(2011)研究了不同国家企业的碳披露情况，发现有核准议定书和设置 GHG 限排的国家，其企业的碳污染披露情况较其他国家更好。Andrew 和 Cortese(2011)研究了主流环境观点是如何影响碳信息的披露问题，并发现碳披露方法过分的多样化有时反而会隐藏与气候变化相关的数据。进一步地，Luo、Lan 和 Tang(2012)运用 CDP 2009 年世界 500 强(Global 500)的调查报告数据，研究了公司自愿披露倾向的动机。他们认为公司选择自愿披露碳信息是出于四方面的压力：社会压力、市场压力、经济压力以及法律/制度压力。证据显示社会压力以及政府压力是影响公司自愿披露的主要动因，而市场压力对公司管理层的自愿披露影响不是很明显。He、Tang 和 Wang(2013)研究了碳信息披露与公司权益资本成本两者之间的关系，研究重点关注了公司的总体披露水平和企业权益资本的关系，但没有考察不同的碳信息(碳治理、风险与机遇、低碳战略和碳减排核算)对公司企业权益资本成本的影响。Matsumura、Prakash 和 Vera-Munoz(2014)采用 S&P 500 来自于碳信息披露项目(CDP)2006—2008 年的数据，检验了自愿披露法案下企业碳排放量对公司价值的影响，研究发现公司每增加 1.07 百万吨的碳排放量，企业价值会减少 212 000 美元。研究结果表明市场会惩罚所有企业的碳排放，而且对不披露碳排放信息的企业会加重惩罚。蒋琰、罗乐和吴洁演(2014)采用 S&P 500 来自于碳信息披露项目(CDP)2010 年的数据研究发现碳信息总体披露水平对权益资本成本有显著负向影响,碳治理披露水平、碳风险和机遇披露水平、低碳战略披露水平、碳排放核算披露水平也与权益资本成本显著负相关。

二、碳会计研究

"碳会计"(carbon accounting)一词最早在 2001 年由 Niles 和 Schwarze 提出,他们就木制品的会计处理中考虑碳排放量的重要性和操作方面做了详细的论述。之后相关学术名词如"低碳会计""碳排放财务会计""碳成本会计""碳管理会计"和"碳审计"等也相继出现。Janek Ratnatunga 和 Stewart Jones(2008)将与碳排放、交易及鉴证等的会计问题称之为碳排放与碳固会计(carbon emission and sequestration accounting, CES accounting),并提出了构建碳会计规范的两种主要思路:其一是在《京都议定书》框架下,所有机构或组织对源于碳汇的碳信用的会计规范与 IPCC 的原则相协调;其二是在《温室气体议定书》内分别计量和报告 CO_2 排放的相关会计问题。该议定书不但有其企业会计和报告基准,而且还有一套成熟的对温室气体排放进行估算的工具。

国际碳会计相关理论主要涉及碳排放配额的会计处理、碳排放信息披露和其他碳排放周边如风险管理等三大类。Bainbridge(2003)就碳相关资产和负债确认问题展开了详细的探讨;Cairns 和 Lasserre(2006)正式在森林相关产业的会计处理中把碳信用当作资产,与其他物理资产做类似处理。国际财务报告解释公告 IFRIC 3(之后于 2005 年被撤回,2007 年再次启用)、美国财务会计准则 FASB EITF03-14 和 FASB153、澳大利亚会计准则 AASB120 等也都就此列出详细规范。此外,树木等因碳固(carbon sequestration)职能被认为是碳会计中碳汇载体的重要形式之一,在碳会计系统中需单设账户予以反映,但其作为一种特殊的生物资产,又与 IAS 41、AASB 141 等会计准则相挂钩。2013 年,欧盟排放交易计划(European Union Emission Trading System)正式进入第三阶段。预计全球至少一半以上的碳排放许可将由市场获得,并且初期的免费许可将被严格限制,因此碳会计的理论体系也可以更加完善和具体。Black(2013)使用内容分析法(content analysis),将目前国际上碳会计相关理论划分为净负债、存货和公允价值三大类:第一类,把碳排放当作净负债,即将其作为无形资产的一种,只在超过免费排放许可的时候才将其计入负债;第二类,将其作为存货,免费的许可则以零成本来计算;第三类,使用早期 IFRIC 3 的原则,将其以公允价值计价,相应地把它作为欧盟排放交易体系 EU ETS 下的总负债。这些相差悬殊的会计处理方法,说明有必要在会计准则里就排放许可做更加严格的规定。

在碳排放信息披露方面,Moroney、Windsor 和 Aw(2012)就碳会计相关信息披露和财务报告质量的关系方面做了统计,发现碳会计信息或环境信息的披露与财务报告的质量正相关。事实上,相关行业和企业已经开始积极地披露其相关风险(Kolk and Pinkse,2008)。此外,随着 ISO 碳生态足迹制度的标准化(ISO,2006)、日本温室气体排放量的计量、报告及披露制度(2009)、英国查尔斯王储发起的可持续会计项目(Accounting for Sustainability Project)(ICAEW,2008)的推进,从而使得企业日益关注表外碳信息披露问题,其非财务信息逐渐向财务信息方面展开,可以预计,其必将进入 EU(IASB)、美国(FASB)的排污权交易信息的表内披露框架内,并逐渐形成碳会计的重要内容之一。在风险评估方面,Gibson(1996)采取生态法,在传统的财务会计信息之外,将全球气候变暖的相关风险、对企业或组织的影响及其应对方面的非财务信息纳入碳财务报告的范畴;Bebbington 和 Larringga-gonzalez(2008)在传统的排污权框架之外,提出应该设置一个类似于社会会计中的碳账户对其不确定性和风险进行处理;Jones(2010)构建了包括环境风险、社会责任、产业和环境之间的新关系、新影响、对影响进行披露和报告的多层次披露和报告模型;还有研究直接将碳排放许可当作生物资产或再生能源(IFRS,2013)。

三、国际碳会计组织

目前在国际上跟碳会计研究和发展相关的组织有:国际标准化组织(International Organization for Standardization,ISO),联合国政府间气候变化专门委员会(Intergovernmental Panel on Climate Change,IPCC),国际会计准则理事会(International Accounting Standards Board,IASB),世界资源研究所(World Resources Institute,WRI),气候披露标准委员会(Climate Disclosure Standards Board,CDSB),欧盟排放交易体系委员会(European Union Emissions Trading System,EU ETS)等。

完整且合理运行的碳会计体系需要建立在科学的方法之上。一方面，这个方法必须在计量上准确，也就是说必须可以精确地衡量大气排放。另一方面，它的使用必须连续一致，也就是说在时间、空间、计量工具、计量单位、计量程序和确认，以及为了判读数据而设计的综合指标上，前后必须一致（Calloon，2009）。因此根据碳处理的初衷、分析的层次和着重的类型，研究者们把它们分为碳排放量的计量、碳会计体系的设计和企业社会责任三大领域。

从碳排放量计量看，以物理、化学或生物过程上的标准作为大气排放和相应化学计量的依据，从分子层面对温室气体的排放进行计量的并以碳排为单位的，属于碳排放计量领域。着重于这一研究倾向的组织有国际标准化组织，联合国政府间气候变化专门委员会，各国、地区标准相关组织，如英国的国家物理实验室（National Physical Laboratories，NPL）、美国的国家科技和标准研究院（National Institute of Standards and Technology，NIST），和各国的国家地理科学相关组织，如英国的国家地理调查局（British Geological Survey，BGS）、美国的物理地理联盟（American Geophysical Union，AGU）和欧盟的欧洲地理科学联盟（European Geosciences Union，EGU）等。在这一领域里各研究机构更注重于在分子水平上怎样计量各种温室气体的碳等价值，和怎样计量对于难以衡量的温室气体排放，最后以温室气体存货的形式，反映在会计系统和责任系统里。

碳会计体系设计领域着重于工业生产流程中碳相关科目如成本的评估和计量，同时需要更大程度地保证公平竞争，以及促进碳许可的商品化。与这一类领域直接相关的内容有企业、产品和工厂。相应的机构有：气候披露标准委员会，世界资源研究所，各类会计专业组织如国际会计准则理事会，其他相关专业组织如卓越制造协会（Association for Manufacturing Excellence，AME）、英国化学工程师协会（Institution of Chemical Engineers，IChemE），和各类大型会计事务所等。这一领域的组织，主要研究公司内部怎样从管理层面上来实行碳会计系统，以及记录相应的碳管理数据。公司、投资者和证券公司都开始积极地从组织评估角度对怎样管理温室排放风险进行探索（Lash and Wellington，2007），并在会计系统里寻求各种新的定量和定性标准（Cook，2009）。他们的主要目的都是想发展一种关于气候变化相关的一致性的评估办法，以使各公司、行业、交易系统等随着时间的推移有一个公平的竞争环境。

　　碳会计放到更广的政府层面来讨论就是碳责任问题。碳责任问题的独特之处在于,它不限于一般社会责任范畴中只针对于一小部分股东和投资者披露信息的需求。针对企业社会责任,碳责任问题主要研究减排责任的分配,包括跨司法范围、跨时代的分配问题,怎样随着时间减排和限制排放配额,以及增强最佳减排实践。这一领域涉及不同地理政治学的实体,并且探讨全球范围内的社会责任体系。属于这一领域的机构有各跨国机构,如欧盟排放交易体系委员会,国际碳拍卖同盟如英国的能源和气候变化部(Department of Energy and Climate Change)、美国的环境保护机构(Environmental Protection Agency),以及其他相关部门等如国际排放交易联盟(International Emission Trading Association)等。跟其他领域相比,企业碳责任不光着重于把碳许可商品化以促进社会生产,而且更重要的是它意识到碳许可限度随着时间在不断削减。对于碳问题的出现原因,主要是不可避免的工业化进程,这不管是在发达国家还是发展中国家都可以很容易理解。但是碳责任的挑战是怎样设计出一套缓解温室气体排放的办法,并且加强对于没有采取行动个体的管制。因为国家的碳存货不是基于整理公司的碳会计数据,所以从碳会计和碳责任两方面,政府都可以使用相应的信息和权力来让企业承担起节能减排的义务。

四、研究述评

　　以上研究文献虽然为我们理解环境信息披露和碳信息披露提供了有益的视角,但是已有的文献还存在不足及需要探索的地方,主要表现为:

　　(1)缺乏碳信息披露机制的理论推导和内涵机理分析,对于碳信息这一新的非财务信息在企业与资本市场的传导机制还缺乏深入的研究。

　　(2)对于环境披露与环境绩效之间的关系,国外已有文献但尚未达成一致的研究结论,虽然有研究者(Patten,2002)指出这是由于数据处理、研究方法设计不合理造成的,但具体原因仍需做进一步的分析和探讨。

　　(3)碳信息披露作为一个全新的研究领域,从研究内容看,目前还缺乏碳披露研究的统一框架体系;从实证角度看,缺乏来自于新兴市场的验证;从切合实践看,已有的研究成果对于实践的推动作用并不显著。

　　(4)缺乏碳会计相关领域的理论演绎和内涵机理分析,特别在碳会计如何上升为可操作的实用准则方面更处于初步探索阶段。

因此我们的研究试图通过从研究碳信息披露的内涵机理出发,构建碳披露的理论框架,并进行中国资本市场的验证和上市公司的实证,以拓展碳信息披露研究的范围和角度,深化碳信息披露研究的结论,并进一步探索碳会计的理论机理与实践操作。

第三节　研究内容、研究思路与创新

我们主要关注碳信息披露问题的研究。从宏观层面看,国家或政府应对气候变化的系列政策措施,反映了国家或政府对碳减排问题的态度,可以看作是宏观的碳信息披露。从微观层面看,气候变化给企业带来的法规风险/机遇(regulatory risk or opportunity)、有形风险/机遇(physical risks or opportunity)和其他风险/机遇(other risks or opportunity)以及企业应对的战略、机制、方法、目标、行动及碳减排效果的信息披露,可以看作是企业层面的碳信息披露。

碳信息披露研究的逻辑体系(见图1-1)可以表述为:在以企业碳披露为核心的框架体系中,首先,政府的碳减排政策决定了企业碳披露的性质是自愿披露还是强制披露。其次,政府碳减排政策会引发市场反应,引起投资者和资本市场的关注。接着,投资者的监督以及来自资本市场的压力会促使企业进行碳披露。同时,企业依据政府实施的碳减排标准来评估碳绩效,管理层则根据管理策略对企业的碳绩效和碳信息进行全面或部分披露。

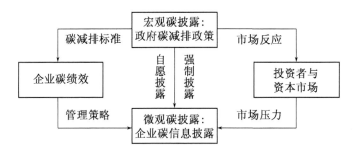

图1-1　碳信息披露研究逻辑

基于此,我们的研究目标可以表述为:探索碳信息披露的内涵机理,检验碳信息披露的市场反应,研究碳披露与碳绩效的关系并选择适合中国企业碳披露的最优模式。我们关注的研究问题主要有：

（1）中国强制能源管理政策起步较晚，而欧盟、美国等在碳减排政策以及环境政策制定方面开展较早[①]，有相对成熟可借鉴的经验。即使是作为发展中国家的印度，在碳政策的推行方面，也有比我们先进的方法可借鉴思考。我国于 2013 年开始碳排放权交易试点，要达到交易市场的高效运转，碳排放权交易机制的"完美"运行，必须要有严厉而适宜的碳政策、碳法规的威慑引导，给予企业碳减排的外在压力与动力。因此通过梳理、比较、测试各国相关碳政策的作用与效果，可以引导我国今后碳政策的推行与实施，从而最大程度发挥政策的规制效应。

（2）碳信息与财务信息的重要不同在于，碳信息对企业财务绩效的影响具有很大的不确定性，这种不确定性来源于法规、技术及政治三个方面（Barth and McNichols，1994；Milne 1991；Cropper and Oates，1992）。由于这种不确定性，导致管理层无法准确全面地披露碳信息。同时，还存在另一种重要情况，即管理层掌握碳信息，但出于管理目的或市场目的，仅披露部分信息，如仅披露所谓的"好消息"，而对于管理层到底是出于无意还是有意抑制部分信息的披露，外部投资者是无法确定的（Li，Richardson and Thornton，1997）。外部投资者无法准确判断企业是否进行有效的碳披露，但是当企业碳信息披露状况超出投资者容忍限度时，投资者可以启动惩罚机制，但这种不确定性以及惩罚监督成本会影响惩罚机制的启动。相应地，资本市场也会对企业碳信息的不完全披露及投资者是否启动惩罚机制做出反应。因此这种情况下，投资者与管理层对于碳信息披露会达成均衡，从而最终决定企业碳信息披露的多少，这是我们需要关注的问题。对于碳披露市场反应的内涵机理研究，有助于投资者采取更好的方式促进企业碳信息的有效披露。

（3）碳信息是否具有重要的价值相关性，能否成为价格风险因子，会决定投资者和管理层对碳信息的重视程度。然而企业特有的信息能否被视为价格风险因子，即对融资成本产生影响，有一个关键的理论问题需要解决：

---

① 比如欧盟国家最早建立了全球最大的碳排放权交易市场；澳大利亚是较早实施碳税的国家之一（2011 年 11 月 9 日议会通过碳税法案），同时又是首个废除碳税的国家（2014 年 7 月 17 日废除碳税的立法获得议院通过）；美国则是最早进行排污权交易理论研究的国家，也是排污权交易实践经验最丰富和所取成果最多的国家（黄沐辉，2010）。

即理性投资者是否能够有效分散信息风险(Francis,Lafond,Olsson and Schipper,2004)。Leuz 和 Verrecchia(2004)的研究表明,在拥有众多企业的经济系统中,由于系统中构成要素的相互抵消作用,信息风险是无法全部被分散掉的。Lambert、Leuz 和 Verrecchia(2007)在该模型的基础上做了进一步拓展,他们构建了一个在完全竞争假设条件下,市场均衡时的资产定价模型,研究发现由于不可分散的市场风险的原因(即企业现金流与市场现金流之间的协方差),较高的信息质量会导致较低的资本成本。但是该模型同时认为,信息风险会影响企业的 Beta 系数,但一个预定的、前瞻性的 Beta 系数是能够完全反映预期收益的截面差异的。只有在 Beta 系数是用残差估计的情况下,也就是说如果信息风险的代理变量估计的是 Beta 的残差,那么该代理变量才能称之为价格风险因子。基于此,Core、Guay 和 Verdi(2008)分析认为采用时间序列模型来证明价格风险因子的假设是不可靠的,显著的正相关系数并不能说明问题。因此碳信息的披露质量,能否促进企业融资成本的降低,成为价格风险因子,对于这一内容的检验,有助于了解我国碳披露对于企业价值和投融资策略的影响。

(4) 企业碳信息披露目前在国内属于自愿披露的范畴,从 CDP 在中国调查的反馈来看,上市公司似乎对此有个认可与接收的过程,而 CSR 报告中的自由披露,不仅碳披露的信息内容少,而且缺乏规范性和可比性。因此分析碳披露模式、构建碳披露体系,是研究碳披露问题的关键前提。目前使用较多的环境信息与碳信息披露指数主要有:美国国会于 1986 年建立的"有毒排放等级系统"(TRI)数据库,美国非政府组织环保经济联盟建立的"全球报告倡议"(GRI)以及专门针对碳信息的 CDP 调查等,但即使是每年都在修订的 CDP 问卷也存在如碳信息缺乏可比性、内容难以理解等诸多缺陷。还有相当多的研究者则是通过从 CSR 报告和年度报告中摘取相关信息来构建碳披露指数。由于碳披露目前属于自愿披露范畴,如果企业未发生重大环境事件,投资者轻易不会启动惩罚机制,因此对于企业而言,碳披露除了固有的披露费用以外,其主要成本是机会成本,即企业因为披露质量比其他同行业企业差,引发投资者对其的评估价值下降并影响社会声誉。尽管从碳披露的质量来看,披露范围应该详尽全面,披露内容应采用客观的可以量化的数据为主(Verrecchia,1983;Dye,1985),但碳披露作为一项信息披露体系,企业管理层需要进行机会成本与机会收益的权衡,因此要促使企业在可接受的范围内披露更多的碳信息,碳披露内容与模式的选择至关重要。

(5)影响碳披露的众多因素中,碳绩效是其中的关键,但其他因素也不容忽视,如信息不对称及代理问题、自愿披露的专有成本问题(proprietary cost)以及碳披露的特有问题,如国家减排政策、行业特征、排放交易计划等。因此分析并检验碳披露相关影响因素是研究碳披露与碳绩效关系的前提。然后,在相关文献的总结基础上,根据碳披露理论,验证碳绩效与碳披露的关系,主要内容有:① 检验整体碳披露与碳绩效的关系,包括不同碳绩效度量方法对碳披露的影响程度的比较与差异分析,重污染与非重污染的行业的比较与差异分析。② 分别检验不同碳披露要素与碳绩效的关系,包括碳风险与碳机遇披露与碳绩效的关系、碳战略与碳治理披露与碳绩效的关系、碳核算与碳交易披露与碳绩效的关系,验证单一要素碳披露与综合碳披露之间的关系是否一致以及存在差异的原因分析。

(6)碳减排措施的实施或执行往往不是一个时间点的独立事件,而是一个系列事件的综合反应。应用多事件法(multiple events study)能够更准确地反映碳政策、碳态度引起的市场反应,比较一致稳定地体现投资者心态。Lin 和 Tang(2012)针对澳大利亚碳税(clean energy bill)的开征,选取了 7 个典型事件进行系列研究。近年来中国政府积极参与气候会议,并发布了相当多的碳减排措施。其中中国政府参与 2009 年哥本哈根气候峰会后的系列事件就有:① 2009 年 5 月 20 日发布《中国政府关于哥本哈根气候变化会议的立场》,阐述中国关于哥本哈根气候变化会议落实《巴厘路线图》的有关立场;② 2009 年 11 月 25 日宣布到 2020 年全国单位国内生产总值 CO_2 排放比 2005 年下降 40%~45%。③ 2009 年 12 月 18 日哥本哈根会议,中国发表碳减排措施。④ 2010 年 3 月 9 日,中国致信联合国气候变化秘书处,正式批准《哥本哈根协议》。中国资本市场对于政府参与气候峰会系列事件的反应程度,反映了投资者对于气候变化和碳减排问题的关注。同样,2011 年 3 月 16 日国务院宣布"十二五"期间减排目标:非化石能源占一次性能源消费比重达到 11.4%。单位国内生产总值能源消耗降低 16%,单位国内生产总值 CO_2 排放降低 17%。主要污染物排放总量显著减少,化学需氧量、二氧化硫排放分别减少 8%,氨氮、氨氮化物分别减少 10%等。对于这些政策措施市场反应的检验,有助于我们充分了解投资者对于碳减排的关注度以及给予企业碳披露的监督和压力。

我们的主要研究思路如图1-2所示。研究内容为:第一章为导论,主要包括碳信息披露问题的提出,碳信息披露研究的文献综述,以及研究目标、研究内容、研究思路及创新点等。

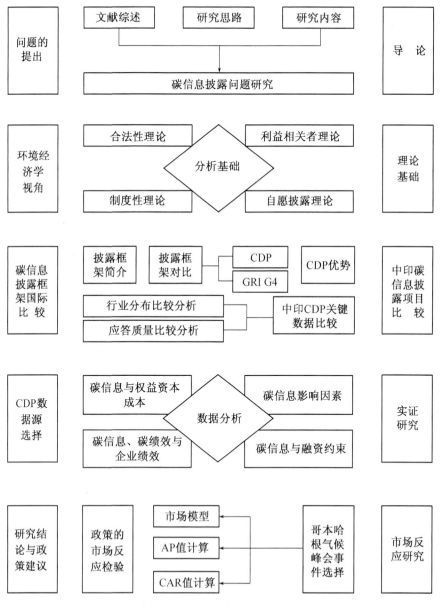

图1-2 碳信息披露研究思路

第二章为碳信息披露的理论基础,主要有环境经济学视角下的理论分析,包括循环经济与可持续发展理论、委托—代理理论和信息不对称理论、外部性理论与排污权交易理论,以及产品生命周期与碳足迹理论等;而从环境会计视角下发展出的理论有合法性理论、利益相关者理论、制度性理论以及自愿披露理论等。

第三章为碳信息披露框架的国际比较,主要有碳信息披露项目 CDP (Carbon Disclosure Project)的分析介绍,其他主要国际碳信息披露框架,包括《气候风险披露指南》、《可持续发展报告指南》(GRI)、《气候风险披露全球框架》、《气候变化披露指南》以及《气候变化报告框架草案》等,以及碳信息披露国际框架的比较,并重点分析与比较了 CDP 与 GRI 内容上的区别。

第四章为中印碳信息披露项目 CDP 的比较。本章内容是在第三章基础上进一步的数据和细节分析,主要是中印两国企业参与碳信息披露项目 CDP 问卷应答评估结果的对比,通过从两国碳信息披露项目的关键数据、问卷回答质量及能效与环境政策方面展开深入分析,就我国企业在碳信息披露现状带来的启示基础上,得到实行强制披露制度、加强碳减排方法指导和强化碳排放核算与审计方面的中国碳信息披露发展启示。

第五章为碳信息披露与权益资本成本。我们以 S&P 500 为样本,以碳信息披露项目(CDP)2010 问卷作为碳信息披露数据的主要来源,实证检验了企业碳信息披露水平与权益资本成本的关系。研究结果表明,碳信息总体披露水平对权益资本成本有显著负向影响。研究还发现,碳密集行业相对于非密集行业,其碳信息披露水平对于权益资本成本的影响更小,这说明投资者总体认为碳密集行业未来要承担的碳减排成本和诉讼风险要远远高于非密集行业,而且这一低值预期并不因为企业的碳信息披露水平好就有显著程度的改变。

第六章为影响碳信息披露的公共压力因素。本章以 S&P 500 作为研究样本,以 2013 年碳信息披露项目(CDP)报告作为企业碳信息披露数据的主要来源,基于公共压力视角,运用多元线性回归和二元 Logistic 回归等方法研究公共压力与企业碳信息披露的相关性。研究结果表明:S&P 500 的碳信息披露质量整体较高,但不同企业之间的碳信息披露质量存在较大的差异;公共压力对企业碳信息披露具有积极的促进作用,具体而言,政府监管压力、金融市场压力、社会公众压力均与企业碳信息披露质量显著正相关;对于企业而言,积极参与CDP大有裨益,CDP在促进企业碳信息披露方面发挥着积极作用。

第七章为碳信息披露、碳绩效与企业绩效研究。本章在考虑内生性的情况下,通过联立方程组检验了碳信息披露、碳绩效与企业绩效的关系,研究发现碳信息披露无论是与以市场绩效还是财务绩效表示的企业绩效均呈现显著正相关的关系,碳信息披露质量对企业绩效有显著的促进作用,并且碳绩效好的企业往往愿意对企业的碳信息进行更详尽的披露。研究进一步验证了自愿披露理论。

第八章为碳信息披露与企业融资约束。本章仍以S&P 500作为样本来源,首次将碳信息披露与融资约束结合在一起进行研究。研究发现碳信息总体披露水平对融资约束具有显著负向影响。此外,相对于非碳密集行业,碳密集行业将来要承担更高的碳减排成本和诉讼风险,因此其面临的融资约束程度更高。研究结论表明碳信息具有十分重要的价值相关性,企业应当进行充分的碳信息披露,以降低面临的融资约束。

第九章为哥本哈根气候峰会中国碳政策市场反应研究。本章以体现中国对哥本哈根气候峰会碳态度的11个事件作为样本,选取全球有代表性的市场价格指数来估算中国资本市场预期收益率,运用多事件研究法,分析相关碳态度引起的市场反应。研究发现哥本哈根气候峰会前后中国系列碳态度事件引起的市场反应显著为正。进一步的检验表明了重度污染行业较非重度污染行业的市场反应具有更强的显著性。研究结论证明哥本哈根气候峰会前后中国政府的碳态度具有显著的经济效应,这表明投资者预期政府的碳态度能够维护企业的发展空间,给企业带来短期和长期相结合的利益。

第十章为思考与展望。本章在总结了已有研究的基础上,对碳信息的进一步研究进行了讨论,提出了要构建一个有效的碳管理机制,实现企业真正的碳减排。其主要的问题在于:① 如何设计与构建碳管理机制,才能实现企业真正的节能减排目标? ② 如何通过新建的碳市场和已有的资本市场来促进和完善企业碳减排管理机制?在思考与展望部分,则重点关注了两大方面的问题,即碳信息披露的思考与展望、碳交易市场的思考与展望。

本研究的特色与可能的创新之处在于:

(1)尽管低碳问题很时尚,但碳信息研究却是一个全新的研究领域。基于搜索(包括 SSRN 网站、中英文全文期刊、硕博士论文库和国家自然科学基金资助项目等),可能是由于前面提及的我国 2007 年才出台发展中国家的第一个关于气候变化的国家级法案,实践期较短且数据方法局限,故尚未发现对碳信息披露问题系统、深入研究的相关文献。因此,本研究是国内首次较全面、系统和深入研究上市公司碳信息披露的课题,应该也是国际上较早开始系统、深入研究碳信息披露相关问题的课题。本项目的研究成果将为我国碳减排政策的制定提供一定的证据。

(2)信息披露研究的成果虽然丰富,但主要集中在财务性信息披露的研究上,涉及非财务性信息披露的研究仍处于起步阶段。本项目将研究视角放到碳信息披露的问题上,关注碳信息披露与投资者及资本市场的内涵机理,实际上是对非财务信息披露进行了拓展性研究和理论探讨,具有一定的探索意义。

(3)除去碳披露内涵机理研究成果以外,本项目还有助于厘清企业碳信息披露实施中具体的难点,并基于成本效益原则提出解决方法,这些预期成果既有助于学术界和实务界深刻了解和理解我国上市公司对于碳信息披露的选择,也可为我国相关机构部门推出碳减排政策及其实施、实践提供参考。

(4)首次研究了中国资本市场环境下,碳政策与碳态度引发的市场反应,进一步丰富了环境政策的研究以及碳信息披露的文献,也为后续更好地研究《巴黎协议》的经济效应提供了方法参考。另外,较全面地搜集了哥本哈根气候峰会前后政府碳减排态度及其采取的系列应对措施,为国家出台相关碳政策提供了理论基础和经验证据。碳减排工作是一项长期工程,关系到企业和社会的可持续发展,我们的研究成果和实践分析有助于推动这一工作的开展和实施。

本章参考文献

Al-Tuwaijri, S. A., Christensen, T. E., Hughes. K. E. The Relations Among Environmental Disclosure, Environmental Performance, and Economic Performance: A Simultaneous Equations Approach. *Accounting, Organizations and Society*, 2004, 29 (5～6): 447 - 471.

Andrew, J., Cortese, C. Accounting for Climate Change and the Self-Regulation of Carbon Disclosures. *Accounting Forum*, 2011, 35: 130 - 138.

Ashforth, B. E., Gibbs, B. W. The Double-Edge of Organizational Legitimation. *Organization Science*, 1990, 1(2): 177 - 194.

Barry, C., Brown, S. Differential Information and the Small Firm Effect. *Journal of Financial Economics*, 1984, 13(2): 283 - 294.

Barry, C., Brown, S. Differential Information and Security Market Equilibrium. *Journal of Financial and Quantitative Analysis*, 1985, 20(4): 407 - 422.

Barry, C., Brown, S. Limited Information as a Source of Risk. *The Journal of Portfolio Management*, 1986, 12 (2): 66 - 72.

Bebbington, Jan., Larringga-gonzalez, Carlos. Carbon Trading: Accounting and Reporting Issues. *European Accounting Review*, 2008, 17(4): 697 - 717.

Bewley, K., Li, Y. Disclosure of Environmental Information by Canadian Manufacturing Companies: A Voluntary Disclosure Perspective. *Advances in Environmental Accounting and Management*, 2000, 1: 201 - 226.

Black, Celeste M. Accounting for Carbon Emission Allowances in the European Union: In Search of Consistency. *Accounting in Europe*, 2013, 10 (2): 223 - 239.

Buhr, N. Environmental Performance, Legislation and Annual Report Disclosure: The Case of Acid Rain and Falconbridge. *Accounting, Auditing & Accountability Journal*, 1998, 11(2): 163 - 190.

Bumpus, A. G. Making Carbon Accounting Count. University of Calgary. IRIS Executive Briefing No. 09 - 01.

Callon, Michael. Civilizing Markets: Carbon Trading between Invitro and Invivo Experiments. *Accounting Organizations and Society*, 2009, (34): 535 - 548.

Cairns, Robert Lasserre, Pierre. Implementing Carbon Credits for Forests Based on Green Accounting. *Ecological Economics*, 2006, 56(4): 610 - 621.

Campbell, D. Intra and Intersectoral Effects in Environmental Disclosures: Evidence for Legitimacy Theory? *Business Strategy and the Environment*, 2003, 12: 357—371.

Clarkson, P., Li, Richardson, Y. G. The Market Valuation of Environmental Expenditures by Pulp and Paper Companies. *The Accounting Review*, 2004, 79: 329 - 353.

Clarkson, P., Li, Richardson, Y. G., and Vasvari, F. Revisiting the Relation between Environmental Performance and Environmental Disclosure: An Empirical Analysis. *Accounting, Organizations and Society*, 2008, 33(4~5): 303 - 327.

Cook, A. Emission Rights: From Costless Activity to Market Operations. *Accounting, Organizations and Society*, 2009, 34: 456 - 468.

Cormier, D., Magnan, M., Van Velthoven, B. Environmental Disclosure Quality in Large German Companies: Economic Incentives, Public Pressures or Institutional Conditions? *European Accounting Review*, 2005, 14 (1): 3 - 39.

Cotter, J., Najah, M. M. Institutional Investor Influence on Global Climate Change Disclosure Practices. *Australian Journal of Management*, 2012, 37: 169 - 187.

Dhaliwal, D. S., Li, Z., Tsang, A., Yong, Y. Voluntary Nonfinancial Disclosure and the Cost of Equity Capital: The Initiation of Corporate Social Responsibility Reporting. *Accounting Review*, 2011, 86 (1): 59 - 100.

Diamond, D., Verrecchia, R. Disclosure, Liquidity, and the Cost of Capital. *Journal of Finance*, 1991, 46 (4): 1325 - 1359.

Freedman, M., Jaggi, B. Global Warming Disclosures: Impact of Kyoto Protocol across Counties. *Journal of International Financial Management and Accounting*, 2011, 22(1): 47 - 90.

Griffin, P. A., Lont, D. H., Sun, Y. University of California, University of Otago. The Relevance to Investors of Greenhouse Gas Emission Disclosures, Working Paper, 2011.

Gray, R., Kouhy, R., Lavers, S. Corporate Social and Environmental Reporting: A Review of the Literature and a Longitudinal Study of UK Disclosure. *Accounting, Auditing and Accountability Journal*, 1995, 8(2): 47 - 77.

He, Y., Tang, Q. L., Wang, K. T. Carbon Disclosure, Carbon Performance, and Cost of Capital. *China Journal of Accounting Studies*, 2013, 1: 190 - 220.

Hughes, S. B., Anderson, A., Golden, S. Corporate Environmental Disclosures: Are They Useful in Determining Environmental Performance? *Journal of Accounting and Public Policy*, 2001, 20 (3): 217 – 240.

Ingram, R., Frazier, K. Environmental Performance and Corporate Disclosure. *Journal of Accounting Research*, 1980, 18: 614 – 622.

Jones, Michael. Accounting for the Environment: Towards a Theoretical Perspective for Environmental Accounting and Reporting. *Accounting Forum*, 2010, 34: 123 – 138.

Kim, O., Verrecchia, R. Market Liquidity and Volume Around Earnings Announcements. *Journal of Accounting and Economics*, 1994, 17(1): 41.

Kolk, M., Levy, D., Pinkse, J. Corporate Responses in an Emerging Climate Regime: The Institutionalization and Commensuration of Carbon Disclosure. *European Accounting Review*, 2008, 17(4): 719 – 745.

Lash, J., F. Wellington. Competitive Advantage on a Warming Planet. *Harvard Business Review*, 2007, 85(3) 94 – 102.

Lang, M., Lundholm, R. Corporate Disclosure Policy and Analyst Behavior. *Accounting Review*, 1996, 71(4): 467 – 492.

Leadbeater, C. New Measures for the New Economy. 2000. OECD. Paper Presented at the International Symposium on Measuring and Reporting Intellectual Capital: Experience, Issues and Prospects.

Lindblom, C. The Implications of Organizational Legitimacy for Corporate Social Performance Disclosure. Paper Presented at the Critical Perspectives on Accounting Conference, 1994.

Luo, L., Lan, Y. C. and Tang, Q. L. Corporate Incentives to Disclose Carbon Information: Evidence from the CDP Global 500 Report. *Journal of International Financial Management & Accounting*, 2012, 23: 93 – 120.

Luo, L., Tang, Q. L., Lan, Y. C. Comparison of Propensity for Carbon Disclosure between Developing and Developed Countries: A Resource Constraint Perspective. *Accounting Research Journal*, 2013, 26: 6 – 34.

Luo, L., Tang, Q. L. Carbon Tax, Corporate Carbon Profile and Financial Return. *Pacific Accounting Review*, forthcoming, 2014.

MacKensie, D. Making Things the Same: Gases, Emission Rights and the Politics of Carbon Markets. *Accounting, Organizations and Society*, 2009, 34: 439 – 455.

Matsumura, Prakash, Vera-Munoz. Firm-Value Effects of Carbon Emissions and Carbon Disclosures. *The Accounting Review*, 2014, 89(2): 695 – 724.

Milne, M. J., Patten, D. M. Securing Organizational Legitimacy: An

Experimental Decision Case Examining the Impact of Environmental Disclosures. *Accounting, Auditing & Accountability Journal*, 2002, 15(3): 372 - 405.

Moroney, Robyn., Windsor, Carolyn., and Aw, Yong Ting. Evidence of Assurance Enhancing the Quality of Voluntary Environmental Disclosures: An Empirical Analysis. *Accounting & Finance*, 2012, 52(3): 903. 37p.

Niles, John O., Schwarze, Reimund. The Value of Careful Carbon Accounting in Wood Products. *Climatic Change*, 2001, 49(4): 371. 6p.

O' Donovan, G. Environmental Disclosures in the Annual Report: Extending the Applicability and Predictive Power of Legitimacy Theory. *Accounting, Auditing & Accountability Journal*, 2002, 15(3): 344 - 371.

O' Dwyer, B. Managerial Perceptions of Corporate Social Disclosure: An Irish Story. *Accounting, Auditing & Accountability Journal*, 2002, 15(3): 406 - 436.

Patten. The Relation between Environmental Performance and Environmental Disclosure: A Research Note. *Accounting, Organizations and Society*, 2002, 27 (8): 763 - 773.

Pittman, James., Wilhelm, Kevin. New Economic and Financial Indicators of Sustainability. *New Directions for Institutional Research*, 2007, 134: 55 - 69.

Plumlee, M., Brown, D., Marshall, S. The Impact of Voluntary Environmental Disclosure Quality on Firm Value. Working Paper, http://papers. ssrn. com/so13. 2008.

Prado-Lorenzo, J.-M., Garcia-Sanchez, I.-M. The Role of the Board of Directors in Disseminating Relevant Information on Greenhouse Gases. *Journal of Business Ethics*, 2010, 97: 391 - 424.

Ratnatunga, Janek., Jones, Stewart. A Inconvenient Truth about Accounting: The Paradigm Shift Required in Carbon Emissions Reporting and Assurance. American Accounting Association Annual Meeting, Anaheim CA. 2008.

Richardson, A. J., Welker, M., Hutchinson, I. R. Managing Capital Market Reactions to Corporate Social Responsibility. *International Journal of Management Reviews*, 1999, 1 (1): 17 - 43.

Richardson, A. J., Welker, M. Social Disclosure, Financial Disclosure and the Cost of Equity Capital. Accounting. *Organizations and Society*, 2001, 26 (7~8): 597 - 616.

Suchman, M. C. Managing legitimacy: Strategic and Institutional Approaches. *The Academy of Management Review*, 1995, 20(3): 571 - 610.

Sinkin，C.，Wright，C. J.，Burnett，R. D. Eco-efficiency and Firm Value. *Journal of Accounting and Public Policy*，2008，27 (2)：167 – 176.

Stanny，E.，Ely，K. Corporate Environmental Disclosures about the Effects of Climate Change. *Corporate Social Responsibility and Environmental Management*，2008，15 (6)：338 – 348.

Stanny，. E. Voluntary Disclosures of Emissions by US Firms. Working Paper，http://papers. ssrn. com/sol3/papers. cfm? abstract_id＝1454808. 2010.

Tang，Q. L.，Luo，L. Transparency of Corporate Carbon Disclosure：International Evidence. Working Paper，http://papers. ssrn. com/sol3/papers. cfm? abstract_ id＝1885230. 2011.

第二章　碳信息披露的理论基础

　　碳信息披露是近年来逐渐占主流的说法,早期的研究主要是建立在环境信息披露的理论基础之上的。环境信息披露理论研究主要是关注和解释企业为何自愿披露环境和社会信息(Buhr,1998,2002;Cormier and Gordon,2001;Adams,2002;Solomon and Lewis,2002)。环境经济学视角下,这些理论包括可持续发展理论、循环经济理论、外部性理论、排污权交易理论、产品生命周期与碳足迹理论等。除此之外,近年来环境会计文献中发展出许多理论来解释企业环境信息披露这一行为。这些理论主要分为两大类,自愿披露理论和社会-政治(social-political)理论中的合法性理论、利益相关者理论、制度理论等(Clarkson et al,2008)。

第一节　环境经济视角下的理论

　　环境经济学视角下,关于碳信息披露的相关理论研究(见表2-1)已经取得了丰硕的成果。整理这些成果,并合理地借鉴与吸收这些成果,可以为环境会计与碳会计的学术研究提供十分有利的背景知识与学术立足点。

表 2-1　碳信息披露的理论基础

名称	内容
可持续发展理论	环境问题的指导思想
循环经济理论	节能环保要求下的经济模式
经济外部性理论	环境问题产生的原因和忽视环保问题的内因
污染权交易理论	解决环境问题即外部性的方案,碳交易市场规范运行的理论前提
委托—代理理论	现代企业运营模式的理论基础
信息不对称理论	碳信息披露的内在诱因

名称	内容
产品生命周期	碳信息披露排放范围界定
碳足迹理论	碳排放信息评估的科学依据

一、循环经济与可持续发展理论

　　循环经济全称是"物质闭环流动性经济"，它的理论基础是生态学规律，即人类社会的经济活动不应该建立在机械论基础上，而应该以生态学规律来指导人们的实践活动。循环经济的发展涉及节约资源、生态工业、清洁生产、循环社会等几个方面，其核心是彻底改变传统的经济增长模式。相比较于传统经济模式，循环经济理论是一种全新的概念，体现在与可持续发展理论一致，循环经济理论涵盖到资源动态节约、自然社会平衡与环境政策实施。与传统经济模式征服自然、改造自然的观念不同，循环经济的核心是人为适应自然，与自然经济和谐双赢；传统经济模式的资源流程为"资源消耗—产品制造—废弃物处置"，循环经济的资源流程为"资源消耗—产品制造—资源再生"；传统经济模式的基本特征是高强度开采、低级利用和密集排放，循环经济模式特征是低强度开采、高效利用和低量排放；传统经济模式解决环境问题的方式是事后末端治理，而循环经济则是发展过程中全程注意经济发展与环境保护平衡的综合治理策略，是一种反馈式的治理方式。因此循环经济模式是节能环保新要求下的经济模式，其理论是解决环境问题的各项措施如何建立的经济理论基础。

　　可持续发展是在循环经济理论基础上建立的一个全新发展理念。它萌芽于 20 世纪 70 年代，强调基于长久自然环境资源开发的平衡发展；其主旨核心是探讨人类该如何正确面对与处理自我发展与环境维持、当前发展与未来规划的平衡关系。其出现对于整个人类社会的经济发展模式都产生了巨大影响。在可持续发展理论的指导下，企业/政府必须彻底抛弃过往的片面经济发展的发展模式，采用经济、环境、社会综合全面发展平衡模式，在追求利润最大化的同时必须要时刻兼顾其生产活动对环境造成的影响，并努力采取措施改善其周围环境，以谋求企业及社会的长期发展。可持续发展理论得到社会广泛的认可，成为解决环境问题的基本指导思想。随着可持续发展观念不断地为大众社会及政府企业认可，社会公众等也越来越关注企业对环境影响的披露；社会舆论压力也展现出促使企业主动采取环保手段从而促进经济环境协调发展的力量。因此环境信息披露（尤其是碳信息披露）是社会环境问题在可持续发展理论指导下发展到此阶段的必然要求。

二、委托—代理理论和信息不对称理论

"委托—代理理论"是在 20 世纪 30 年代基于企业拥有者同时作为经营者所存在重大弊端的基础上建立的，其核心思想是企业的所有权和经营权相分离，企业所有者保留其价值占有权，而将经营权让渡给组织或个人管理。委托—代理理论早已成为现代公司治理模式的基本理论。拥有者追求的是企业利润的最大化、自身利益的最大化，而经营者追求的是自身收益的最大化，拥有者与经营者之间的利益关联与利益冲突共存，因此其规范化运行的有效制约一直是学者们研究的重点。

随着理论研究的不断深入发展，学者们渐渐发现委托—代理关系中代理人可以利用自己处的信息优势来蒙蔽处于信息劣势的委托人，其根源在于两权分离之后的委托—代理关系中存在的信息不对称。所谓"信息不对称理论"就是指在经济活动中的各方主体所掌握的信息的数量和质量不相同，由此引发的一系列经济问题。造成信息不对称的原因主要有两个：① 不同人之间的认知能力是有差距的，每个人所拥有的私人信息量及资源也是有限的；② 信息的获取需要付出相应的成本，经济活动中的各位参与者获取信息的能力和努力也各不相同。其造成的结果是经济活动参与者的交易活动和契约安排是在不完全、不对称的信息状态下进行的。在碳排放信息披露的问题上，同样存在着信息不对称的问题。从企业角度，企业作为碳排放与减排的主体，掌握着自身碳排放及减排的大量信息。若这些信息不能够充分地向社会公开，外部人员就无法了解该企业在节能减排中所做的努力，因此当其在进行投资决策时，对企业的定位将从社会—经济—环境全面发展型企业定位为单纯营利性企业，从而影响对未来趋势的预测与判定。对于大力实行节能减排措施的企业，由于其成本投入增加，管理难度提升，企业相对利润有所降低，但因企业不注重有关节能减排的信息披露，而引起不明内情的外部投资方对其投资的减少，迫使企业只能在环保方面缩减开支。社会资源的分配就会越来越倾向于高盈利但是低环保水平的企

业,即会出现所谓的劣币驱逐良币现象。

为了避免上述现象的发生,除了企业自身加大节能减排信息披露之外,政府应制定法律法规,对企业碳信息进行强制性披露,并就碳排放信息披露内容的划定、披露企业门槛的设立、披露中使用的碳核查技术等,在立法的层面进行整顿,建立起一套完善的、基于环保市场的碳信息披露机制。

三、外部性理论与排污权交易理论

如果从经济性的角度分析来看,环境问题其实也是一个经济问题,企业的经济利润或财务状况相当程度上影响了企业对节能环保技术的应用与政策的执行。在西方经济学理论中,人们常用经济活动的外部性来阐述环境问题形成的原因和过程。经济活动的外部性可以从外部性的产生主体角度或者外部性的接受角度来定义,其本质上都可以定义为市场作用机制之外的一种经济活动主体对另外一种经济活动主体产生的外部影响,且其影响不能通过市场本身的价格体系进行交易。从马歇尔的"外部经济理论",到庇古的"庇古理论",再到科斯的"科斯定理",外部性经济理论的发展越来越成熟,人们对于经济活动外部性对环境问题的影响的认识也越来越深刻。经济活动中的外部性可以分为正外部性与负外部性两种,正外部性指的是市场之外的正面的积极的影响,负外部性指的是市场之外的负面的消极的影响。环境问题的产生就是经济活动负外部性的表现:某些个人/组织的经济活动、社会生产对环境造成的不利的影响,而这些影响又未被当前的市场机制计入在经济活动的成本计算中。

因此,解决环境问题的根本途径在于将其内部化,从政府层面而言,其内部化需要做的工作就是将其影响纳入到市场机制中,其途径在于将污染物的排放许可做成一种商品,建立排污权交易市场,以新建市场的方式将其外部性转化为内部性,这就是排污权交易理论的产生。排污权交易制度其实是科斯定理在环境问题领域的实际应用,其核心是在控制污染物总排放量一定的情况下,允许企业/个人之间在市场机制允许范围内对污染物排放权进行交易。排污权的建立是在满足环境负荷要求的情况下,在环境自我净化能力范围之内权利的建立。排污权交易制度的建立允许排污权像商品一样在市场机制下买入、卖出,在市场的自我调节作用下实现污染物的低成本治理,其实质是一种双赢的污染治理模式。排污权交易是解决经济负外部性的方案,是碳交易市场规范运行的理论前提。

四、产品生命周期与碳足迹理论

由美国哈佛大学雷蒙德·弗农教授提出的"产品生命周期理论",确立了一种产品从进入市场到最终淘汰的全过程理念,包括引入、成长、成熟和衰退四个阶段。从环保角度,产品生命周期理论基于系统出发,对整个产品体系在其生命周期中方方面面对环境的影响,对资源的消耗做出客观详尽的评估。"全生命周期评估"(LCA)是其在环境影响评估领域的重要方法,该方法从原材料的开采、运输、加工、装配、生产销售、使用维护到最终的废弃处理,分目标与范围划定、清单分析、影响评估和解释说明四个阶段进行环境影响评价分析。生命周期理论的出现,划定了企业碳排放信息的具体范围,即碳排放不仅要考虑生产运行阶段的影响,在初期研究开采以及后期处理过程中也是至关重要。

关于产品的每一个生命周期环节、企业的每一个生产运营阶段,都会涉及温室气体的排放,要彻底跟踪碳排放的相关信息,必须详细到每一阶段,深入到每一个环节,"碳足迹"信息的盘查理论也是在此理论的基础上建立的。伴随着政府与社会公众压力的日益增大和自身及投资方对碳信息情况的需求,越来越多的企业开始逐渐关注自己的碳足迹信息,准备从产品设计源头开始,减少产品整个生命周期中的温室气体排放量。作为最直观综合的环保节能新指标,碳足迹对企业正确理解和确切落实循环经济新要求提出了更加严格的实践标准,而低碳经济的实现则是这种指标的具体市场化落实。只有当企业的管理层和员工层能同时认识到节能环保的重要性,积极参与国家级碳信息披露项目,通过了解企业自身的碳足迹以进一步正确了解碳排放量,才能针对性地约束和控制企业行为,从而达到节能减排的目的。

循环经济理论和可持续发展理论是人类社会从片面追求经济发展模式改变为经济与自然环境平衡发展模式的长久发展战略的理论基础;环境信息披露(尤其是碳信息披露)是社会环境问题在可持续发展理论指导下发展到此阶段的必然要求。委托—代理理论是现代企业运营模式的理论基础;而信息不对称理论则是外部相关利益者要求企业经营者进行碳信息披露的直接诱因。经济活动的外部性(负外部性)理论为人类社会经济活动对环境产生负面影响提供了理论根据;而排污权交易理论则提出了以内部化方式解决经济负外部性从而解决环境问题的指导思想,是碳交易市场规范运行的理论基础。产品生命周期理论为碳足迹排查目标和范围的规范提供了依据;碳足迹排查理论则为碳信息披露的正确执行和评估提供了科学计算依据。

第二节　合法性理论

任何经济领域的活动都是在一定的政治、社会和制度的背景下展开的,不可能脱离这些外部因素来孤立的看待经济问题,需要更广泛地考虑企业与其环境之间的相互关系。而早期的自愿披露研究局限于经济学理论框架之下,对企业所处的环境做出了简化。基于信息不对称和代理理论构建分析体系,无论是委托—代理理论、信息传递理论还是超额收益理论都是在效用最大化的理性人假设下,从经济角度寻找自愿披露的动机。研究者们开始转向从社会学、政治学寻找环境信息披露的理论基础,合法性理论、利益相关者理论、制度理论进入人们的视野。

合法性概念源自社会学领域,19 世纪末由西方学者 Weber 正式提出。他将合法性概念运用于政治学领域,使其成为政治学和社会学概念和主流范式。Weber 认为任何统治都必须唤起并维持民众对其合法性的信仰,这种信仰构成了统治的可靠基础,以保证统治关系中最低限度的服从愿望。后来,学者进一步将合法性概念引入到组织和企业研究中。Parson(1960)将组织合法性定义为对组织行动是否合乎社会价值体系所做出的一般认识和假定,这也是对组织合法性最早的界定。在此基础上,Suchman(1995)给出了综合且较权威的定义,合法性是在社会现有的规则、观念、信仰和价值体系下,对企业行为是否合乎社会期望的一般认识和感知。可以看出,组织合法性研究将合法性看做是一个组织价值体系与其所在的社会制度之间的一致性。无论是政治合法性还是组织合法性的获取都使其主体拥有某种稀缺性资源,进而保证主体的持续性。同样,由于企业是存在于社会系统的组织,不拥有任何资源的内在权力,只有社会认可其合法性才能存在。换句话说,任何一个企业都不可能在社会价值观不一致的基础上可持续性发展。

合法性理论是指公司在社会中运营,社会给予了公司所必需的具有稀缺性的如自然资源、基础设施、人力资源等关键性资源,因此公司作为社会中的一个"公民",必须遵守社会规则的约束才能实现自身的利益和目标,并保证公司的可持续发展(Suchman,1995;Milne and Patten,2002)。Suchman指出,当前有关组织合法性的研究主要从战略和制度两个视角展开,而这里合法性理论概念的给出则更多的是出于战略性的视角。基于战略视角的组织合法性是可以管理的,组织有目的地操纵可激发人们想象的象征系统以获取社会的支持。组织将合法性看成可以操纵的资源,对合法性进程实施高程度的控制,进而用这种具有竞争性的资源完成其目标(Ashforth and Gibbs,1990;Suchman,1995)。合法性理论是从组织或组织披露的角度来评估公司的责任(O'Donovan,2002;O'Dwyer,2002),将企业行为与其所处的外部环境联系在一起。一般来说,当组织与社会的价值观不一致,存在利益冲突时,组织的合法性就可能受到威胁,组织需要采取一系列行动来弥补企业和社会价值观之间的合法性差距(legitimacy gap),以重新达到合法性状态(Ashforth and Gibbs,1998)。Lindblom(1994)对实现的合法性状态与实现这一状态的过程做出了严格区别,企业获取、维持、修补合法性的过程便是合法化(也称为合法性管理)。无论是组织合法性的状态以及为实现合法性这一过程最终需要得到相关公众(relevant publics)的认可(Buhrneu et al,1998)。因此,组织必须时刻关注社会价值观的变化,它的变化可能直接决定企业的合法性。组织的合法性是一个动态的概念,一个组织可能由于多种原因被社会认为不具备合法性,随着社会期望的变化,以前被接受的企业现在可能不再被接受。

企业追求合法性能实现内部的认同和获取外部的信任,接近和获取企业发展所必需的资源,管理者必须采取适当的方法进行合法性管理,保证企业的合法性。企业通常可以通过改变自己、改变外部环境这两个途径来获取合法性(Zimmerman and Zeitz,2002)。从外部环境视角出发,Suchman(1995)提出了依从环境、选择环境和操纵环境三种获取组织合法性的战略。在此基础上,Zimmerman和Zeitz(2002)补充了创造环境获取合法性的战略。依从环境,即在组织所处的环境中努力满足相关公众的要求。当企业将各种活动限制在现有的制度框架内,就容易获取合法性(Suchman,1995)。采取这类战略的企业往往需要严格遵守文化秩序和制度要求,不轻易突破现有的认知框架(Meyer and Rowan,1991)。组追所处的外部环境是多层次和多维度的(Zimmerman and Zeitz,2002),企业可以采用选择环境战略,对环境进行扫描细分,选择对自己最为友善的亚环境为自己的经营环境从而获取合法性。相比前两种战略,控制环境战略和创造环境战略则更为主动。控制环境,即影响和改变现有的环境来实现组织和环境的匹配,这种控制包括为建立组织所需的支撑基础进行的事先干预(Suchman,1995)。创造环境战略是指创造新的有利环境,创造新的支持组织行为的相关公众来获取合法性。信息披露便是企业合法性管理的重要手段和具体表现。从事前管理的角度来看,信息披露是企业树立良好社会形象的主动预防,是对即将发生的增加披露的合法性压力的提前反应(Parker,1986),能帮助获取和维持合法性。从事后管理的角度来看,信息披露作为合法性危机出现的事后补偿,用于修复合法性差距。影响合法性的是公司的信息披露而不是未披露的公司行为的改变(Newson and Deegan,2002)。环境信息披露为组织提供了一种不必改变组织经济格式就可以维持组织合法性的方法(Neu,1998)。公司获得、修补以及维护合法性进行合法性管理的策略有四条(Lindblom,1994;Suchman,1995;Bebbington,Larrinaga and Moneva,2008;Laine,2009):① 公司的社会性披露需要传递出公司在实现利益和发展目标时存在与社会公众预期相一致的变化。② 组织在宣传和信息传递方面要努力证明其发展目标与社会公众是相适宜的。这并非意味着其在经营业绩上的变化,主要是指观念上的转变。③ 组织的发展目标与社会流行观点相一致,不会改变其经营业绩,但提升了组织的合法性地位。④ 组织在其发展目标中融入社会流行因素,其重点还是在信息传递和宣传方面,这种改变不会弥补其内在的合法性差距,但是调整了社会公众的预期。

合法性策略运用的典型例子便是"利益相关者参与"(stakeholder engagement)。利益相关者参与是指组织采用结构化方法,包括问卷调查、小组研讨、开放论坛、网络会议等,与利益相关者进行多方位、多层次的交流(O'Dwyer,2005),管理层从事这种交流的动机是为了追求合法性。近年来,实证研究的结果使人们对利益相关者参与这类改变企业实践的机制的有效性产生了疑虑。"管理层获取"是影响管理者参与效果的重要因素。管理层获取是指管理层在与利益相关者交流时的选择性、控制性、有限独立性、非承诺性和有限影响性等(Ball,Owen and Gray,2000;Owen,Swift and Humphrey，2000；Thomson and Bebbington，2005；Cooper and Owen，2007；Baker，2010）。因此，管理层获取可以被视为管理层关注企业价值最大化时承担社会责任的体现。在这种情况下，利益相关者的参与往往是为了改善公司的形象，而非真正的承担社会责任。

第三节　利益相关者理论

按照传统的企业理论，企业价值最大化就意味着在社会福利的假定下（Jensen，1988），企业活动的终极目标是为了股东利益最大化。环境问题是企业经营活动的一个方面，管理者关心的是环境对企业和股东的影响，实证研究多从代理理论的视角来看，认为管理者同样可以管理环境。但 20 世纪 60 年代以来，传统的股东利益最大化模式开始受到挑战。研究者们发现这一企业模型片面地追求财务绩效和经济绩效，从而忽略了许多其他的社会问题，因此他们将企业的参与者由企业内部拓展到与企业利益相关的内外部众多参与人员中（Donaldson and Preston，1995；Mitchell，Agle and Wood，1997）。利益相关者概念最早由斯坦福研究所提出，是指"那些如果没有他们支持企业组织将不复存在的群体"。Freeman 则给出了利益相关者的经典定义，利益相关者是指可以影响企业目标实现或受其实现的影响的所有团体和个人。这一定义使得企业利益相关者的内涵得到了极大的扩展，不仅将传统股东、员工、供应商和客户包含在内，更将政府、社区、环境等受企业目标实现影响的个体或团体纳入利益相关者范畴。Wood、Agle 和 Mitchell 给出了成为利益相关者的必要条件是影响力（power）、合法性（legitimacy）和紧急性（urgency），至少需要符合其中一条属性才能构成企业的利益相关者。

企业的成长发展离不开利益相关者的参与与投入，他们或注入专用性资产，或分担着企业经营风险，或为企业的发展活动付出代价，总是以各种形式影响着企业目标的实现或受其实现的影响。利益相关者理论认为每一个参与企业的合法的个人或团体的利益都需要被关注，企业追求的是利益相关者的整体利益。企业是所有利益相关者之间的一系列多边契约，管理者是一组总契约的代理人，而不仅仅是股东的代理人。管理者不仅要为股东，还要为其他所有利益相关者服务。这就为环境信息披露的必要性提供了潜在解释,即企业要满足利益相关者的需求,公司的战略发展要与社会和环境责任相一致,企业要在经济绩效与环境目标之间取得平衡(Ansoff,1965;Ullmann,1985;Deegan,2002;Roberts,1992;Parker,2005)。环境信息披露是企业与相关利益者对话的方式和渠道,是提高公司透明度和履行受托责任的手段。同时信息披露也是利益相关者进行监督的重要手段,社会责任和环境信息披露进一步拓展信息的监督作用,不仅保护股东利益,同时也保护其他相关利益群体的利益(Brown and fraser,2006)。尽管利益相关者之间存在很多共同利益,但由于企业的利益相关者涉及社会各领域的个人或团体,群体的差异决定各利益相关者也存在一定的利益冲突,所关心的企业信息往往也不同。在对待不同利益相关者的利益诉求上,利益相关者理论分为两派。伦理论认为公司由各个利益平等的相关利益者组成,他们对公司如何影响他们的相关信息具有同样的知情权,没有特定群体具有优先权。管理论则认为不同的利益相关者具有不同的期望,与公司关系的疏近程度不同,应当根据他们的资源掌握度、执行力量和获取有影响力媒介和消费者程度区别管理。企业需要对不同利益相关者之间加以权衡,并且应对重要的利益相关者的利益诉求更为关注(Mitchell et al,1997;Robert,1992)。利益相关者文献中出现了大量其他用来识别关键利益相关者的方法。除此之外,企业还需面临环境业绩与盈利能力,短期业绩损失和长期经营成果权衡的挑战。通过碳税、碳交易计划、CDP 项目的展开将企业的外部性内化为企业面对的社会预期和未来的合法性,将是可能的实施途径。

在股东理论和利益相关者理论之间,需要公平地考虑各方利益诉求。开明的股东利益最大化理论(enlightened shareholder theory)鼓励股东与其他利益相关人建立合作关系(Sternberg,2000;ICAEW,2004;Hopwood,2009),但是一旦发生利益冲突,该理论最终还是强调股东利益(Freshfields,Bruckhaus and Deringer,2005;Jensen,2001)。换言之,管理层考虑相关者的利益的目的还是为追求股东的利益服务。但是在这种逻辑思维下,管理层追求更广泛的利益,比如"社会和环境的可持续发展"是很容易转换为"企业经营的可持续发展"的(Gray,2010;Hopwood,2009)。

合法性理论、利益相关者理论同处社会政治框架(Gray,Kouth,Lavers,1995),认可组织和经营环境的关系,均假设公司通过相关披露对社会其他组织产生影响能力。但两者对环境信息披露行为关注的视角却有所不同。合法性理论关注的是企业与社会之间的关系，企业试图体现出社会对它们的预期，即企业希望通过环境信息，让公众认为它的活动是合法的，从而减轻企业的社会压力，但企业的行为可能与报告不同。而社会往往是由各利益主体组成，企业合法性面临的制度环境其实就是各类利益相关者，合法性就是指企业行为应当符合利益相关者的期望和要求，从而获得各利益相关者对企业的认可。利益相关者理论强调的便是企业识别出这些利益主体并通过环境信息的披露满足利益相关者的利益诉求，考虑的是企业与利益相关者的关系。一些学者基于合法性和利益相关者理论相融合一致的角度，提出构建企业环境信息披露的理论分析框架，企业合法性获取也开始从外部利益相关者和内部利益相关者两个角度加以展开。

第四节　制度性理论

战略视角和制度视角是合法性研究的主要方向，为企业组织的合法性提供了互补性的解释（Pansal and Roth，2000）。制度性理论便是从制度视角来展开对环境信息披露问题的探讨的，它为理解组织和环境相关关系和组织对制度过程的反应方式提供了独特的视角。制度性理论（institutional theory）强调企业遵守规则的制度性压力，企业需要遵守各种规则制度来传递可信的、一致的以及合法的信息给外部人。换句话说，许多企业披露环境信息并非由于效率的考虑而是出于社会文化和规章制度的压力（Bansal and Roth，2000）。

制度性理论的起源，可追溯到 19 世纪经济学、政治学和社会学，它建立在新制度经济学之上。制度学派认为人的行为经常不受功利主义的驱动，无法用理性行为理论加以分析，而会在强制、模仿以及规范的压力下，出于合法性的考虑而趋同（Meyer and Rowan，1977；Dimaggio and Powell，1991）。理性行为本身的选择偏好来自制度，制度化的理性神话都在以内在的形式构建，而非先验的、外在的存在（Dimaggio and powell，1991；Thelen and Steinnmo，1992；Hall and Soskice，2003）。并且这种构建往往通过教育、法制、专业训练、文化传承的形式形成并达到一定的社会持续性来加以完成（Lambell，2007；den Hord and de Bakker，2007）。制度性理论认为组织嵌套于一系列从强制性监管到较少正式规范性压力范围内,建立合法性的正式和非正式的规则中(North,1990)。组织的制度环境对组织运营产生影响(Meyer and Dimaggio,1991)。根据 Scott 的组织合法性的分类,制度由管制、规范和认知三支柱构成,并且管制合法性、规范合法性和认知合法性对应于三支柱的三个维度。管制性制度包括法律法规、行政制度、行业标准等强制性要求的规定,它强调对规章制度的遵守以获取合法性(Suchman,1995)。规范性制度则侧重于评估较深层次的道德,包括被社会普遍接受的价值观、行为规范,并且它更有可能被组织内化。处于竞争性的模仿则是认知性制度的常见表现形式,它强调遵守共同的标准界定和参照体系(Suchman,1995)。正是这些制度构成了企业面临的社会合法性的要求。企业主要通过强制性认同、规范认同和模仿认同这三种机制作用于 Scott 所提出的管制、规范和认知制度来获取合法性,形成一个从有意识到无意识,从合法强制到理所当然的连续过程(Hoffman,1999)。在这一过程中,组织努力与规范、传统以及社会影响保持一致,导致组织结构和行为越来越相似,出现了同构化和同质化,制度性理论称之为制度性同形(March James and G. Johan Polsen,1984)。制度性同形分为三类:强制性同形、规范性同形和模仿性同形(Dimaggo Powell,1983)。强制性同形是指组织依赖的其他组织向它施加的正式或非正式压力的影响,组织行为的趋同性。规范性同形源于专业化进程,是职业团体的规范期望而采取的行为。模仿同形是对不确定性的反应,组织跟随或模仿其他组织的某种举创以保持组织的合法性或竞争优势(Unerman and Bennett,2004)。

可以看出,制度性理论开始不再把组织行为简单理解为管理者为达到特定目的的活动,将其视为对制度压力和不确定性的反应。组织活动也不再完全由管理者自由裁定,相反它们活动是基于制度性压力下社会选择的结果。换句话说,制度性理论淡化委托—代理理论,认为当一项活动为人们普遍接受并采用,组织之间往往相互模仿并形成制度性压力。例如,当一些公司发现其他公司采用详尽具体的环境信息披露策略,在政策和制度压力下,往往也参照模仿这一行为。近年来,制度性理论在环境信息披露的研究应用中逐渐增多,制度性理论也受到一些学者的推崇。他们认为和合法性理论相比,制度理论可以更好地解释社会环境信息披露、社会责任报告在一些情况下可能是更为一般化的社会环境式意识制度化的结果,因而在环境信息披露上具有更强的解释能力和普遍性。在理解组织如何应对周围不断改变的社会和制度压力和期望以维持其合法性方面,制度性理论是合法性理论和利益相关者理论之外的最好解释和补充(Deegan and Unerman, 2006)。

第五节　自愿披露理论

自愿性信息披露是上市公司基于公司形象、投资者关系、回避诉讼风险等动机主动披露信息,如管理者对公司长期战略及竞争优势的评价、环境保护和社区责任、公司实际运作数据、前瞻性预测信息。自愿性信息披露通常认为有三个理论基础,分别是委托—代理理论、信号理论和超额收益理论。委托—代理认为,代理成本的存在会使得公司的价值降低,因此知道利益冲突的投资者将不愿意承担由此带来的成本。但是如果市场没有投资者,企业的价值会削弱,甚至面临破产的风险,经理人员也面临失业的风险。因此市场上迫切需要一种有效且低成本的评价公司及其经理人员的存在,而向外界披露及时、相关、可靠的信息正好能帮助投资者解决这个问题,因而它可成为管理当局降低代理成本的有效手段。信号理论认为,好消息的公司,为了将自身与坏消息的公司区别开来,就有动机通过各种渠道如定期报告,向外界传递信号,以引起市场的积极回应,从而推高股价,提高公司的价值。而那些不披露信息的公司会被默认为是坏消息的公司,其股价就会下降,公司价值就会降低。超额收益理论认为更加充分的信息披露是非常必要的,企业应该主动提高自己透明度,尽可能将所有信息准确而有效地从企业传递到外界,以实现自己追求的超额利润。

可以看出,无论是从委托—代理理论、信号传递理论还是超额收益理论来看,信息的充分披露是非常必要的,自愿性披露是其中重要的一环,企业具有自愿性信息披露的动机。同时,自愿性披露还具有其他的一些好处,例如自愿性披露所带来的信息不对称的减轻将有利于降低资本成本(Barry and Brown, 1984, 1985, 1986),提高证券的流动性(Diamond and Verrcchia, 1991; Kim and Verrchia, 1994)和增加财务分析师的信息供给(Lang and Lundholm, 1996)。

自愿披露理论框架、社会—政治理论框架构成了环境信息披露研究文献中理论研究的基本方向,其中的每种理论都有其独特的研究角色、理论逻辑和重要地位,构成了碳信息披露的理论基础。环境信息披露的理论研究也开始打破经济学框架,拓展到社会学、政治学、组织学领域。无论利益相关者理论、合法性理论还是制度性理论都要改变新古典经济学的纯经济思维,将企业的经济活动放在政治和社会的大环境中加以考量,将环境信息披露看做是协调企业和社会关系、组织关系和相关利益者关系的工具。企业是社会更广泛的系统组织的部分,它们影响着社会系统的其他组织,也被其他组织所影响,组织处于外部压力之下。合法性认为,外部环境来源于宏观的社会,相关公众通过对企业合法性的认可为其具有稀缺性的资源和社会认可,保证了公司发展的可持续性。利益相关者认为,外部压力来自于影响组织目标实现也受其目标实现影响的利益相关者。制度性理论认为外部压力是促使组织趋同的制度压力,并通过规范、强制和模仿三种制度机制影响企业行为。利益相关者理论、合法性理论、制度性理论之间具有理论渊源和重叠关系,并且由于这些理论认识角度不同,都具有自己的相对优势,能够在特定的背景和条件下提供部分解释。环境信息披露具有多面性,无法单纯依靠一种理论或一种方法完全解释,没有一种理论可以完全取代其他理论,这些理论相互补充、相互依靠共同构成了环境信息披露的理论基础。

本章参考文献

Adams, C. A. Internal Organisational Factors Influencing Corporate Social and Ethical Reporting: Beyond Current Theorising. *Accounting, Auditing & Accountability Journal*, 2002, 15(2): 223 - 250.

Ansoff, H. I. Corporate Strategy: An Analytic Approach to Business Policy for Growth and Expansion. McGraw-Hill, New York, 1965.

Ashforth, B. E., Gibbs, B. W. The Double-Edge of Organizational Legitimation. *Organization science*, 1960, 1(2): 177 - 194.

Baker, M. Re-Conceiving Managerial Capture. *Accounting, Auditing & Accountability Journal*, 2010, 23(7): 847 - 867.

Ball, A., Owen, D. L., Gray, R. External Transparency or Internal Capture? The Role of Third-party Statements in Adding Value to Corporate Environmental Reports. *Business Strategy and the Environment*, 2000, 9(1): 1 - 23.

Banerjee, S. B. Corporate Social Responsibility: The Good, the Bad, the Igly, Edward Elgar. Edward Elgar Publishing Ltd. 2007.

Bansal, P., Roth, K. Why Companies Go Green: A Model of Ecological Responsiveness. *The Academy of Management Journal*, 2000, 43(4): 717 - 736.

Barry, C., Brown, S. Differential Information and the Small Firm Effect. *Journal of financial economics*, 1984, 13(2): 283 - 294.

Barry, C., Brown, S. Differential Information and Security Market Equilibrium. *Journal of Financial and Quantitative Analysis*, 1985, 20(4): 407 - 422.

Barry, C., Brown, S. Limited Information as a Source of Risk. *The Journal of Portfolio Management*, 1986, 12(2): 66 - 72.

Bebbington, J., Larrinaga, C., Moneva, J. M. Corporate Social Reporting and Reputation Risk Management. *Accounting, Auditing & Accountability Journal*, 2008, 21(3): 337 - 361.

Buhr, N. Environmental Performance, Legislation and Annual Report Disclosure: The Case of Acid Rain and Falconbridge. *Accounting, Auditing & Accountability Journal*, 1998, 11(2): 163 - 190.

Buhr, N. A Structuration View on the Initiation of Environmental Reports. *Critical perspectives on accounting*, 2002, 13(1): 17 - 38.

Clarkson, P., Li, Y., Richardson, G., Vasvari, F. Revisiting the Relation between Environmental Performance and Environmental Disclosure: An Empirical Analysis. *Accounting, Organizations and Society*, 2008, 33(4~5): 303 - 327.

Cooper, S. M., Owen, D. L. Corporate Social Reporting and Stakeholder Accountability: The Missing Link. *Accounting, Organizations and Society*, 2007, 32(7~8): 649 - 667.

Cormier, D., Gordon, I. An Examination of Social and Environmental Reporting Strategies. *Accounting, Auditing & Accountability Journal*, 2001, 14(5): 587 - 617.

Deegan, C. Introduction: The Legitimising Effect of Social and Environmental Disclosures—A Theoretical Foundation. *Accounting, Auditing and Accountability Journal*, 2002, 15(3): 282 - 311.

Den Hond, F., De Bakker, F. G. A. Ideologically Motivated Activism: How Activist Groups Influence Corporate Social Change Activities. *The Academy of Management Review*, 2007, 32(3): 901 - 924.

Diamond, D., Verrecchia, R. Disclosure, Liquidity, and the Cost of Capital. *Journal of Finance*, 1991, 46(4): 1325 - 1359.

DiMaggio, P. , Powell, W. The Iron Cage Revisited: Institutional Isomorphism and Collective Rationality in Organizational Fields. *American Sociological Review*, 1983, 48(2): 147 - 160.

Donaldson, T. , Preston, L. E. The Stakeholder Theory of the Corporation: Concepts, Evidence, and Implications. *The Academy of Management Review*, 1995, 20(1): 65 - 91.

Gray, R. Is Accounting for Sustainability Actually Accounting for Sustainability... and How Would We Know? An Exploration of Narratives of Organisations and the Planet. *Accounting, Organizations and Society*, 2010, 35(1): 47 - 62.

Gray, R. , Kouhy, R. , Lavers, S. Corporate Social and Environmental Reporting: A Review of the Literature and A Longitudinal Study of UK Disclosure. *Accounting, Auditing and Accountability Journal*, 1995, 8(2): 47 - 77.

Hoffman, A. J. Institutional Evolution and Change: Environmentalism and the US Chemical Industry. *The Academy of Management Journal*, 1999, 42(4): 351 - 371.

Hopwood, A. G. Accounting and the Environment. *Accounting, Organizations and Society*, 2009, 34(3~4): 433 - 439.

Jensen, M. C. Takeovers: Their Causes and Consequences. *The Journal of Economic Perspectives*, 1988, 2(1): 21 - 48.

Kim, O. , Verrecchia, R. Market Liquidity and Volume Around Earnings Announcements. *Journal of Accounting and Economics*, 1994, 17(1): 41.

Kolk, M. D. , Levy, J. Pinkse. Corporate Responses in an Emerging Climate Regime: The Institutionalization and Commensuration of Carbon Disclosure. *European Accounting Review*, 2008, 17(4): 719 - 745.

Laine, M. Ensuring Legitimacy Through Rhetorical Changes? A Longitudinal Interpretation of the Environmental Disclosures of A Leading Finnish Chemical Company. *Accounting, Auditing and Accountability Journal*, 2009, 22(7): 1029 - 1054.

Lang, M. , Lundholm, R. Corporate Disclosure Policy and Analyst Behavior. *Accounting Review*, 1996, 71(4): 467 - 492.

Lindblom, C. The Implications of Organizational Legitimacy for Corporate Social Performance and Disclosure. Paper Presented at the the Critical Perspectives on Accounting Conference, New York, 1993.

Macve, R. , Chen, X. The Equator Principles: A Success for Voluntary Codes?. *Accounting, Auditing and Accountability Journal*, 2010, 23(9): 890 - 919.

Meyer, J. W. , Rowan, B. Institutionalized Organizations: Formal Structure as

Myth and Ceremony. in Powell, W. W. and DiMaggio, P. J. (Eds). The New Institutionalism in Organizational Analysis. University of Chicago Press, Chicago, IL, 1991, 41 - 62.

Meyer, J. W., Rowan, B. Institutionalized Organizations: Formal Structure as Myth and Ceremony. *The American Journal of Sociology*, 1977, 83(2): 340 - 363.

Milne, M. J., Patten, D. M. Securing Organizational Legitimacy: An Experimental Decision Case Examining the Impact of Environmental Disclosures. *Accounting, Auditing & Accountability Journal*, 2002, 15(3): 372 - 405.

Mitchell, R. K., Agle, B. R., Wood, D. J. Toward a Theory of Stakeholder Identification and Salience: Defining the Principle of Who and What Really Counts. *The Academy of Management Review*, 1997, 22(4): 853 - 886.

Neu, D., Warsame, H., Pedwell, K. Managing Public Impressions: Environmental Disclosures in Annual Reports. *Accounting, Organizations and Society*, 1998, 23(3): 265 - 282.

O'Donovan, G. Environmental Disclosures in the Annual Report: Extending the Applicability and Predictive Power of Legitimacy Theory. *Accounting, Auditing & Accountability Journal*, 2002, 15(3): 344 - 371.

O' Dwyer, B. Managerial Perceptions of Corporate Social Disclosure: An Irish Story. *Accounting, Auditing & Accountability Journal*, 2002, 15(3): 406 - 436.

O'Dwyer, B. Stakeholder Democracy: Challenges and Contributions from Social Accounting. *Business Ethics: A European Review*, 2005, 14(1): 28 - 41.

Owen, D. L., Swift, T. A., Humphrey, C., Bowerman, M. The New Social Audits: Accountability, Managerial Capture or the Agenda of Social Champions? *European Accounting Review*, 2000, 9(1): 81 - 98.

Parker, L. D. Social and Environmental Accountability Research: A View from the Commentary Box. *Accounting, Auditing & Accountability Journal*, 2005, 18(6): 842 - 860.

Roberts, R. W. Determinants of Corporate Social Responsibility Disclosure: An Application of Stakeholder Theory. *Accounting, Organizations and Society*, 1992, 17(6): 595 - 612.

Solomon, A., Lewis, L. Incentives and Disincentives for Corporate Environmental Disclosure. *Business Strategy and the Environment*, 2002, 11(3): 154 - 169.

Sternberg, E. Just Business: Business Ethics in Action, 2nd ed. Oxford University Press, USA, 2000.

Suchman，M. C. Managing Legitimacy：Strategic and Institutional Approaches. *The Academy of Management Review*，1995，20(3)：571 - 610.

Thomson，I. ，Bebbington，J. Social and Environmental Reporting in the UK：A Pedagogic Evaluation. *Critical Perspectives on Accounting* ，2005，16 (5)：507 - 533.

Ullmann，A. A. Data in Search of a Theory：A Critical Examination of the Relationships among Social Performance，Social Disclosure，and Economic Performance of U. S. Firms. *The Academy of Management Review*，1985，10(3)：540 - 557.

Zimmerman，M. A. ，Zeitz，G. J. Beyond Survival：Achieving New Venture Growth by Building Legitimacy. *The Academy of Management Review*，2002，27(3)：414 - 431.

Freshfields Bruckhaus Deringer. A Legal Framework for the Integration of Environmental，Social and Governance Issues into Institutional Investment. Report for the Asset Management Working Group of the UNEP Finance Initiative. Working Paper，http：//www. unepfi. org/fileadmin/documents/freshfields_legal_resp_20051123. 2005.

ICAEW. Sustainability：the Role of Accountants. Working Paper，www. icaew. com/index. cfm/route/127769/icaew_ga/en/Faculties/Financial_Reporting/Information_for_better_markets/IFBM reports/Sustainability_the_role_of_accountants. 2004.

第三章　碳信息披露框架的国际比较

第一节　碳信息披露项目 CDP

2000 年成立于英国的非政府组织碳信息披露项目 CDP（Carbon Disclosure Project）由 385 家机构联合发起设立，其目的在于建立以碳信息披露为基础的企业—投资者沟通平台，以理性的手段应对全球性气候变化问题。CDP 成立的目的有二：其一是为企业高层提供投资方需求的企业应对气候变化相关信息；其二为投资方针对气候变化对企业影响带来的风险与机遇，为其判断提供现实依据。根据 CDP 2014 年中国报告，CDP 的框架分为以下三个方面：

（1）战略管理（strategy management）。包括企业应对气候变化采取的管理机构与手段，企业针对气候变化制定的策略规划，企业实行减排的目标及具体措施以及除 CDP 之外企业其他的披露手段四个具体方面。

（2）风险与机遇（risks and opportunities）。风险指企业在应对全球气候变化问题时遭遇的各项挑战，包括来自气候变化的物理直接风险，政府政策变化的间接风险和其他风险等；机遇是指低碳发展的要求促进投资方关注于节能环保产业链及装备技术的开发从而开拓新的市场空间。

（3）排放（emission）。包括排放尤其是碳排放核算方法理论，排放的具体数据，详细能源使用情况，排放环境绩效指标，排放权的交易、区域性排放及其核算方法等内容。

CDP 成立之初，只对 Financial Times 评选出的全球 500 强公司发放问卷，但随着对碳信息需求的增加，调查对象已经扩展到全球近 5 000 多家企业，其中包括中国的 100 家企业。从全球来看，问卷调查的回复率也逐年提高,从最初的 47% 上升到了 2010 年的 82%。① CDP 不仅为投资者提供了可供未来投资决策参考的碳信息,还使越来越多的企业意识到碳减排的重要性,重视温室气体排放的监管,及早做好应对气候风险的战略部署。截止 2015 年 2 月,CDP 拥有全球范围内资产总额达 95 万亿美元的、总计 822 个管理机构投资者,供应链成员 66 家,世界 500 强企业中有 81% 支持回答 CDP 问卷,5 000 余家企业通过 CDP 披露其碳排放信息。

一、CDP 问卷基本框架

　　CDP 设计的碳信息披露问卷是每年不断更新并有相对应的一套标准化评分机制的,但其基本框架具有一定的稳定性。CDP 2010 问卷包括五个部分:治理、风险和机遇、战略、温室气体排放核算等和沟通。其具体模块指标归纳见表 3-1。

表 3-1　CDP 2010 问卷具体项目指标

指标	CDP 问卷索引	满分的范围	
		最小值	最大值
A:公司治理		4	5
A1:企业和个人责任	1.1~1.3	3	3
A2:个人绩效管理机制	1.4~1.5	1	2
B:风险和机遇		60	66
B1:法规风险	3.1~3.8	10	11
B2:有形风险	4.1~4.8	10	11
B3:其他风险	5.1~5.8	10	11
B4:法规机遇	6.1~6.8	10	11
B5:有形机遇	7.1~7.8	10	11

_____

　　① 2008 年 CDP 代表 385 家机构投资者,向全球 3 000 多家公司发出调查问卷,90% 的富时 100 公司、77% 的全球 500 公司和 64% 的 S&P 500 公司均回答了 CDP 问卷。2009 年 CDP 代表 475 家机构投资者,向全球 3 700 多家上市公司发出碳披露请求,95% 的富时 100 公司、82% 的全球 500 公司和 66% 的 S&P 500 公司均回答了 CDP 问卷。2010 年 CDP 代表 534 家机构投资者,向全球 4 700 多家上市公司发出问卷,70% 的 S&P 500 公司回答了问卷。

指标	CDP 问卷索引	满分的范围	
		最小值	最大值
B6:其他机遇	8.1～8.8	10	11
C:公司战略		7	14
C1:战略描述	9.1	3	3
C2:减排目标	9.2～9.6	1	3
C3:减排活动	9.7～9.9	3	5
C4:参与政策制定	9.10～9.11	0	3
D:温室气体排放核算、排放强度、能源及交易		59.5	82.5
D1:报告范围和方法	10.1～10.2;11.1～11.4	8	9
D2:范畴 1 直接温室气体排放	12.1～12.12	13	13
D3:范畴 2 间接温室气体排放	13.1～13.8;14.1～14.5	13	18
D4:范畴 3 其他间接排放	15.1～15.2	3	9
D5:可避免的温室气体排放、生物固碳产生的二氧化碳排放	16.1～16.2;17.1～17.2	2	4
D6:排放强度、排放历史、排放交易和抵消	18.1;19.1～19.2;20.1;21.1～21.3;21.4～21.5	20.5	29.5
E:温室气体沟通	22.1～22.3	1	2
总分		131.5	169.5

注:数据来源于本研究对 CDP 项目 Rating_Methodology_2010 的归纳整理。

从温室气体的治理来看,2010 年的 CDP 问卷从责任和个人绩效两个方面关注企业对气候变化的治理问题。责任是指是否有专门的机构或者专门的机制来应对气候变化问题。个人绩效是指在实现温室气体排放目标上是否设置了个人绩效管理机制。建立健全专门的职能部门和个人绩效激励机制,将有助于企业应对气候变化。CDP 问卷之所以向全球发放,是因为气候变化是一个全球性问题,需要全球共同努力,承担共同但有区别的责任,一起应对气候变化问题。

从风险和机遇的管理来看,风险包括了法规风险、有形风险和其他风险。具体来讲包括当前与气候变化相关的法律法规以及物理变化是否会对企业带来风险,这些风险是否会影响企业的绩效,为应对这些风险,企业采取措施的成本。面对与前述风险相对应的机遇,企业即将或者已经采取了哪些措施。

从低碳战略来看,战略是 2010 年 CDP 问卷中的新增模块,包括企业是否有减排目标、减排活动和参与应对气候变化问题的政策制定。问卷中设计了温室气体减排总量的问题,要求企业以具体、可衡量的数据来回答。设定温室气体的减排目标是应对气候变化的最基本的要求。减排活动是应对气候变化的基本措施,包括办公节能、提高生产效率等。参与环保部门或者监管机构关于气候变化的政策制定,实际上也是一种沟通的表现。

从温室气体排放核算来看,这一部分包括温室气体排放核算、排放强度、能源和交易。温室气体的排放包括三个范畴,范畴 1 是直接排放,温室气体来源于生产运营过程;范畴 2 是间接排放,温室气体的排放来源于供应链的上游或下游;范畴 3 是其他间接排放,温室气体并非来源于企业自身,但却因企业活动而产生。为了使企业披露的信息具有可比性,CDP 的问题涉及温室气体排放流程和计量温室气体的工具等。

从沟通来看,随着气候变化问题的日渐严重,碳排放信息越来越受到利益相关者的关注。但由于资本市场的不完全有效和信息不对称,企业需要与外界进行沟通。良好的沟通有助于投资者和企业做出合理的决策。与会计年报和企业社会责任报告类似,CDP 问卷是企业与外界沟通的有效方式之一。

二、CDLI 指数评分

CDP 每年会公布企业碳信息披露指数(carbon disclosure leaders index,CDLI))的总得分。CDP 每年发放的碳信息披露问卷不断更新并有相对应的一套标准化评分机制(CDP scoring methodology,2008 年、2009 年、2010 年、2011 年、2012 年)。依据这一标准化评分机制,CDP 每年会对反馈问卷的公司进行碳信息披露情况评分,[①]并形成对外公布的企业 CDLI 指数总得分。CDLI 指数评分提供了全球范围内的领先公司在涉及温室气体治理、风险管理、碳核算、碳检测以及碳减排等方面活动的碳信息披露总体情况。

CDP 评分机制采用的是 0/1 评分与比例评分的混合评分规则。问卷中的问题如果只要求企业对碳信息披露情况进行简单的肯定或否定回答,则采用 0/1 评分规则,即回答该特定信息得 1 分,否则为零。比例评分主要针对需要定性或详细叙述答案的问题。其评分高低主要取决于公司是否从这三个角度进行了详细回答,即:① 是否提供了与公司相关的详细信息;② 是否提供了详细的案例或举例说明;③ 是否提供了量化的或货币化的信息数据(Cotter and Najah,2012)。比如 CDP 2010 问卷"风险与机遇"这一模块有一个关于法规风险的问题,"当前和/或潜在的与气候变化相关的法规要求会为贵公司带来重大风险吗?"无论公司回答会或不会,只要回答就得 1 分。然后给出肯定答案的公司需要紧接着回答"当前和/或潜在的重大法规风险是什么? 这些风险可能会影响到的国家/区域及出现的时间进度又如何?"等一类问题,该类问题则是采用比例评分法,按照公司是否详细说明,是否给出案例或举例,是否给出量化数据或其他货币化数据等加以说明来评分。而给出否定答案的公司则需要回答"请解释您为什么认为贵公司将不会面临当前和/或潜在的重大法规风险?"等一类问题,同样该类问题也是采用比例评分法。

对于重要而又具有实践意义的量化信息,CDP 问卷的评分机制也给予了特别的重视。比如公司如果回答了过去一年中在世界范围内 GHG 排放总量(特指范畴一)的数据,CDP 2009 问卷中其所获得分数为 3 分,而从 CDP 2010 问卷开始直到目前的 CDP 2012 问卷都给予的是 6 分。其原因是 CDP 项目认为该数据对于投资者和监管机构具有特别重要的意义。对于问卷中每一个问题的设计,CDP 项目都预先测算过该问题是否与企业具有相关性,并根据实际情况每年进行问卷的修正和调整,以便于问卷的回答

---

① 该标准化评分系统的总分由五个不同模块的具体得分加总而成。每份问卷的评分都是由两个独立的审阅者依据评分系统与规则完成,当两位独立审阅者出现较大评分差异时,会引入第三位审阅者来进行补评。

能真正反映公司在面对气候变化问题时所披露信息的质量。

总体而言,CDLI 具有这么几点优势:① CDLI 评分机制是 CDP 项目在普华永道(PwC)作为其全球顾问和专家指导下设计和开发出来的,因此会大大优于普通研究者自行设计的问卷与方法(Cotter and Najah,2012)。② CDP 问卷涉及气候变化面临的多种问题,包括碳治理机制、碳战略、碳核算、碳风险和机会以及碳沟通和参与等公司的各个方面。因此,CDLI 评分能较好地反映公司碳信息披露的深度与广度。尽管 CDLI 指数披露是自愿性披露,但是 Cotter 和 Najah(2012)的研究发现,“公司倾向于在其年度报告和可持续发展报告中披露一部分他们在 CDP 报告中披露的信息”,也就是说“CDP 报告中披露越多的公司在其年度报告中也会披露越多”。③ 采用 CDLI 评分机制有助于分析和解释披露信息的相关性、重要性和实质内容,而不是仅记录披露信息的数量和长度(Al-Tuwaijri, Christensen and Hughes,2004;Ingram and Frazier,1980)。④ CDLI 指数评分获得了广泛的支持和运用。比如 google 就在其 google finance 中的“Key Stats and Ratio”中开始报告 CDLI 指数评分,也有越来越多的研究者在其学术研究中开始运用 CDLI 指数评分(比如,Griffin, Lont and Sun,2012;Luo and Tang,2014;Prado-Lorenzo and Garcia-Sanchez,2010;Tang and Luo,2011 等)。

第二节　其他主要国际碳信息披露框架

一、《气候风险披露指南》

2005 年由加拿大特许会计师协会 CICA(Canadian Institute of Chartered Accountants)颁布的《气候风险披露指南》(Buiding A Better MD&A Climate Change Disclousures),是国际上第一份专门由会计师团体发布的气候变化信息披露框架。该框架提议以下内容可以从投资者需求的角度进行披露。

(1)财务声明(financial statements):在实现碳税制度、碳减排的目标前提下,同时努力执行碳排放区域规划与碳排放交易活动等政策,并且将该系列活动都记录在公司企业的财务报表中,以便向投资者准确披露。

（2）管理讨论与分析—MD&As（management's discussion and analysis）：气候变化信息中的战略制定与风险评估不能充分在公司的财务报表中得到体现，因此其他相关的重要信息应当在管理分析和讨论—MD&As中披露。相比于财务报表，MD&As披露部分更能引起相关监管机构的重视。

（3）首席执行官/首席财务官认证（CEO/CFO certifications）：公司企业的CEO/CFO对于部门在财务报表以及MD&As中披露的相关气候变化信息负责并对其真实性与准确性加以保证。

（4）民事责任（civil liability）：上市公司的高管和部门负责人对于企业在相关财务报表以及MD&As中披露的气候变化信息承担法律责任，对于因披露内容的准确性与及时性而导致的民事诉讼风险应正确应对。

二、《可持续发展报告指南》

2006年10月由全球报告倡议组织GRI（The Global Reporting Initiative）在荷兰阿姆斯特丹发布的《可持续发展报告指南》（Sustainability Reporting Guidelines Version 3.0，简称G3），对可持续发展报告的内容以及形式作出了明确阐述，提出报告应包括战略现状、管理政策以及评估指标三项内容。

（1）战略概况（strategy and profile）：企业披露的信息内容应能够展现出该机构的整体背景，包括战略决策与机构背景，如相关规章制度、机构组织规模、产品生产销售状况等，从而使投资方或者利益相关者能充分了解企业的相关绩效，并对其发展与风险做出正确判断。

（2）管理策略（management approach）：企业披露的信息内容应表明该企业在处理特定领域的主题时遭遇的问题以及采取的措施，以便于使用者了解某些特定领域内企业的生产绩效。

（3）绩效指标（performance indicators）：企业披露的信息内容应从企业的经济、环境、社会三个方面披露相对正确可靠的绩效指标。经济指标包括企业为应对气候变化的系列措施给企业财务带来的影响，环境指标包括企业生产生活中具体的原材料、能源、电力以及排放等因素指标，社会指标指的是企业的经济活动与环境策略共同作用下对社会综合影响的指标。

三、《气候风险披露全球框架》

2006 年 10 月由气候风险披露倡议 CRDI(The Climate Risk Disclosure Initiative)颁布的《气候风险披露全球框架》(Using the Global Framework for Climate Risk Disclosure)着眼于投资者期望,通过与相对成熟的披露机构(如 CDP、SEC 和 GRI 等)结合的方式,对企业的气候变化信息披露要求进行规定。

(1)排放披露(emissions disclosure):包括企业的温室气体总体排放信息,还有自 1990 年以来的直接或间接排放信息及其未来预测,其披露方式建议在全球披露机构的对应区域进行披露。

(2)气候风险与排放管理策略分析(strategic analysis of climate risk and emissions management):企业未来可能面对的气候变化风险带来机遇与挑战,投资方要求企业管理层提供一份包括气候变化影响说明、排放管理措施以及应对气候变化治理策略三个方面的分析报告。气候变化影响说明主要阐述企业对气候变化风险的认知与关注度;排放管理措施主要包括企业为应对全球性气候变化所采取的实际措施;应对气候变化治理策略指的是企业管理层在面对气候变化风险中活动与公司治理的结合程度。

(3)物理风险评价(assessment of physical risks):投资方督促企业对全球气候变化风险关系到企业正常生产运行带来的物质性影响的过程进行披露。

(4)管制风险评价(assessment of regulatory risks):投资方希望企业就日益严苛的气候变化因子排放管制规范法律对企业运营带来的影响进行披露并对其未来趋势进行预测。

四、《气候变化披露指南》

2010 年 1 月 27 日由美国证券交易委员会 SEC(Security and Exchange Commission)通过的《气候变化披露指南》对企业主动披露的内容进行了如下建议:

(1)立法与规章影响(impact of legislation and regulation):企业必须对现有或将有的气候变化相关法律对自身企业造成影响的风险评估进行披露。

（2）国际公约（international accords）：正受或将受气候变化相关国际公约影响的企业应当充分考虑披露要求对企业造成的潜在压力。

（3）规章或商业趋势间接结果（indirect consequences of regulation or business trends）：企业应当对气候变化相关法律法规以及商业趋势变化带来的间接结果造成的影响予以披露。

（4）气候变化物理影响（physical impacts of climate change）：企业应当就企业生产经营中对气候变化引起的各项物理效应（如全球变暖等）问题加以披露。

五、《气候变化报告框架草案》

2012 年 10 月由气候披露准则理事会 CDSB（Climate Disclosure Standards Board）颁布的《气候变化报告框架草案》（Climate Change Reporting Farmework-Edition 1.1）拟通过建立起一个全球性气候变化体系框架促进企业各项报告中对气候变化信息的披露。其目的在于利益相关者可在拥有大量气候变化信息的基础上对投资、风险、管理及未来发展做出正确的判断。其核心内容包含两部分。

（1）战略分析、风险与治理（strategic analysis，risk and governance）：其主体内容又由六部分构成，即战略分析、风险及治理以及在此基础之上的决策判断信息、管理行为准则、未来趋势与政府管理，其中风险指的是来自与全球气候变化引起的直接风险以及政府层面法律规章上的间接风险，战略分析包括企业应对气候变化直接挑战的策略以及应对政府法规变化的策略，治理指的是公司在应对气候变化节能减排方面采取的实际措施。

（2）温室气体排放（greenhouse gas emissions）：企业应当对其生产运营中产生的直接温室气体和间接温室气体及其总量进行披露，以方便投资方对企业未来可能面对的气候风险问题进行正确的评估判断。

第三节　碳信息披露国际框架的比较

我们对上述分析讨论的六个碳信息披露国际框架进行了整理，从性质、时间、内容和使用范围上对其归纳比较，见表 3-2。

表 3－2　碳信息披露国际框架比较

名称	性质	时间	内容		使用范围
			共性	个性	
CICA	只供框架，不做载体	2005	风险	CEO/CFO 担保	加拿大
CRDI		2006		历史、现在和未来的 GHG 排放信息	全球
CDSB		2012		不断更新	全球
GRI	既供框架，也做载体	2006		内容更关注可持续发展	全球
SEC		2010		专注风险	美国
CDP		2014		全面并更新	全球

从表 3－2 中可以看出，从披露的方便性考虑，GRI、SEC、CDP 以其既供框架，也做载体的性质，可以被选择为碳信息披露国际比较的数据来源，但从其披露内容的全面性以及适用范围的全球适应性方面考虑，SEC 显然不适合作为碳信息披露国际比较的数据来源。GRI 与 CDP 的具体差异将决定我们进行碳信息披露国际比较的数据来源。

本研究就碳信息披露国际比较用数据来源的目标碳信息披露框架 CDP(2014)问卷内容与 GRI(G4)指南从以下几个方面做了比较。

（1）治理方面

CDP 的 CC1 在治理方面从团体及个体责任、个体绩效两个方面向应答者提问，其分别对应于 GRI(G4)的一般标准披露项的 G4－34，G4－36，G4－51－b 和排放方面的 G4－DMA－b。相比而言，G4 在经济、环境、社会方面所提问的内容比 CDP 与之相关的提问内容更宽泛。

（2）策略方面

CDP 的 CC2 策略方面从风险管理方法、商业策略及参与政策制定三个方面向应答者提问，其分别对应于 GRI(G4)的一般标准披露项 G4－1，G4－2，G4－15，G4－16，G4－45，G4－46，G4－47；排放方面 G4－DMA－a，G4－DMA－b 及公共政策方面 G4－DMA－b。相比而言，G4 在可持续发展方面及经济、环境、社会方面所提问的内容比 CDP 与之相关的提问内容更宽泛。

（3）目标与措施方面

CDP 的 CC3 目标与措施方面从减排目标、避免温室气体排放及减排措施三个方面要求企业给予应答，其分别对应于 GRI（G4）的一般标准披露项中的 G4-1,G4-2;能源方面的 G4-EN7;排放方面的 G4-EN19-a,G4-EN19-e;产品与服务方面的 G4-DMA-b,G4-EN27 等项。在目标方面，GRI（G4）在可持续发展方面的提问要比 CDP 与之相关的提问内容更宽泛;但一些 CDP 的问题更加具体:如 CC3.1 要求提供具体的强度目标，而在 G4 指南中则仅包含目标与业绩的对比;在避免温室气体排放方面，G4 指南环境方面的提问比 CDP 更宽泛;但在产品与服务方面，G4 则没有温室气体排放的内容，而更关注的是节能;在减排措施方面，CDP 的内容则比 G4 更加具体。例如 CC3.3a 询问开发阶段的项目总数以及它们实施后预计的 CO_2 的减排指标;而 GRI 则需要进一步的信息，如 B. 报告气体及计算（不仅限于 CO_2,CH_4,N_2O,HFCs,PFCs,SF_6,NF_3），C. 报告选择基准年或基准线和选择的理由,D. 报告标准、核算方法和用例。

（4）气候变化风险方面

CDP 的 CC5 气候变化风险对应于 GRI（G4）的一般标准披露项中的 G4-2 及经济业绩中的 G4-EC2 项;CDP 要求应答者陈述风险的类型，如果没有陈述，则必须给予解释;而 GRI（G4）则没有相关的内容。

（5）气候变化机遇方面

CDP 的 CC6 气候变化机遇作为独立存在的一章内容要求企业给予应答，而 GRI（G4）则是将风险与机遇合并在一般标准披露项中的 G4-2 及经济业绩中的 G4-EC2 项中要求组织给予应答;同样，GRI（G4）则更关注可持续发展的内容，而 CDP 则更关注机遇的类型;如果应答者在 CDP 中没有陈述具体机遇的类型，则 CDP 要求应答者必须给予解释;而 GRI（G4）则没有相关的内容。

（6）排放核算方面

CDP 在 CC7 排放核算方面从基准年选择、排放核算方法、引起全球变暖的潜在因素及引起排放的起源四个方面要求企业给予披露,GRI（G4）中的 G4-EN15-d,G4-EN15-e,G4-EN15-f,G4-EN16-c,G4-EN16-d,G4-EN16-e 相关排放方面的问题与其对应;但在基准年披露方面，除了披露基准年和基准年排放指标外，GRI（G4）比 CDP 多了要求给出选择基准年的理由以及和由基准年排放指标带来的排放显著变化的因果关系等内容;在核算方法上,CDP 要求应答者选择适用方式和方法,并提供用例和来源,而 GRI(G4)没有要求;在披露引起全球变暖的潜在因素方面,GRI(G4)要求提供相关全球变暖的潜在源和比例,而 CDP 则要求细分引起全球变暖的气体源;在引起排放的起源方面,GRI(G4)只要求提供排放源的主要因素,而 CDP 则除了要求报告这些因素外,还要提供实际的排放因素,像燃料、材料、能源相对应的排放因素及测量单位等。

(7) 排放数据方面

CDP 的 CC8 要求披露者从边界选择、范围 1 排放数据、范围 2 排放数据、越界项、数据准确性、外部核查与保证、生物固碳的二氧化碳排放几个方面披露碳排放数据;GRI(G4)则在一般标准披露项 G4 - 20,G4 - 32 - b,G4 - 32 - c,G4 - 33 - a,G4 - 33 - b,及碳排放方面 G4 - EN15 - a,G4 - EN15 - c,G4 - EN15 - e,G4 - EN15 - g,G4 - EN16 - a,G4 - EN16 - d,G4 - EN16 - f,G4 - EN17 - c 披露相关内容。在确定边界方面,CDP 和 GRI(G4)一致要求使用气候变化报告框架的企业须选择财务控制作为报告范围 1 和 2 的排放数据的边界,并在 CC9.2e 和 CC10.2d 法律框架中提供气候变化报告框架的分录。在范围 1 和范围 2 的排放总量数据计算方面,GRI(G4)要求温室气体排放总值须在诸如购买、销售或有偿转让或冲抵等温室气体排放交易之前确定,而 CDP 除了范围 1 排放总量计算方式与 GRI(G4)要求一致外,在范围 2 的排放总量计算方面,CDP 允许企业在披露中反映范围 2 定义的低碳电力购买行为的相关内容,但要求提供购买值,且购买的电力其发电和耗用需在同一电网内,同时 CDP 就范围 2 的核算方法在技术说明"核算范围 2 排放"中给出,并提醒应答者可访问"www. cdp. net/guidance"。越界项方面,对于在所选报告中范围 1 和范围 2 定义的每一个排放的来源,如果在报告中没有被披露的话,则 CDP 要求说明为什么没有被披露;而在 GRI(G4)中,如果所披露的信息没有涵盖一般标准披露项 G4 - 20 中相关材料方面的定义的话,则相关组织需报告出来;GRI(G4)允许组织参照 G4 - 17 实体名单可选择公布和不公布实体名单,但 CDP 要求必须公布。在外部核查和保证方面,在 GRI(G4)中,组织指出其报告中相关内容索引(G4 - 32 - B)中的每个标准披露是否已经对外保证,而 CDP 只要求给出第三方检测或审查的信息,并要求更进一步的详细检测和核查数据,如报告的范围1和范围2检测比重等;它同时要求应答者随附核查声明的复印件。另外,在CC8.6和CC8.6b中,CDP允许没有第三方验证或保证,但要求收集使用连续排放监测系统(CEMS)的数据作为监管制度的一部分;在GRI(G4)中,要求组织需陈述其披露管理是否是基于国家、地区或行业规定和政策在碳排放方面的要求,而CDP没有此相关要求。在生物固碳二氧化碳排放方面,CDP只是邀请应答者直接地或间接地披露相关源自生物固碳的二氧化碳排放信息;而在GRI(G4)中,则要求企业,依据"生物二氧化碳排放"的定义,在范围1和范围3中分开报告由生物固碳引起的对温室气体排放有影响的二氧化碳排放信息。

(8)范围1排放数据分解方面

在范围1排放数据分解方面,CDP CC9要求从国家和地区对范围1排放进行细分,并尽可能从业务部门、设施、温室气体的种类、活动和法律结构等方面进行分解;而GRI G4-EN15-b则要求从透明度和可比性方面细分被计算进范围1排放总量的气体的排放数据。

(9)范围2排放数据分解方面

在范围2排放数据分解方面,CDP CC10要求从国家和地区细分范围2的排放,包括购买和消耗电力、热能、蒸汽或冷气及其他低碳能源,然后再进一步从业务部门、设施、温室气体的种类、活动和法律结构等方面进行分解;而GRI G4-EN3则建议组织可以从透明度及可比性方面分解能量消耗数据和范围2排放数据。

(10)能源方面

能源方面,CDP CC11要求披露能源支出在总营运支出中的占比;而GRI(G4)则更关注总营运支出指标。GRI(G4)和CDP都要求给出燃油消耗及电力、热能、冷气和蒸汽采购及消耗的数据。对于自产能源的耗用,在GRI(G4)和CDP中,都不会进行重复计算。GRI(G4)要求企业披露销售的电力、热能、制冷和蒸汽相关数据,而在CDP中,企业则不需要将销售给其他组织的自发电、热能、制冷或蒸汽的能源消耗进行计算和报告,但必须依据范围1将其生产所产生的排放进行计算,并在燃油消耗目录中表现出来。GRI(G4)要求将燃油消耗不仅按种类分类,还要按可再生能源和不可再生资源进行细分,但CDP没有要求这么做。对于能源单位,CDP使用MW·h(兆瓦时)为单位,而GRI(G4)则是焦耳。CDP要求企业披露电力、热能、蒸汽或制冷量的详细数据,并作为范围 2 披露的构成电力、热能、蒸汽或制冷等低碳排放能量的因素及相关耗值,而 GRI(G4)对相关企业消耗能量的相关标准、核算方法和用例的详情更加关注。另外,GRI(G4)对于定义之外的能量消耗、能量强度及节能都给予了明确的定义,而 CDP 则无相关内容。

(11)碳排放业绩方面

CDP CC12 要求企业从碳排放历史和碳排放强度两个方面披露碳排放业绩,GRI(G4)则在 G4 - EN18 - a,G4 - EN18 - b,G4 - EN18 - c,G4 - EN19 - a,G4 - EN19 - c,G4 - EN19 - e 中做了相关披露要求。GRI(G4)要求企业披露通过减排措施而减少温室气体排放的总量,但由通过降低产能和其他不在其指定范围内的措施而减少的温室气体排放量不能计算在内;企业可以将范围 1、范围 2 和范围 3 的减排结果分开披露,气体的计算、核算方式及用例也必须分开披露。而在 CDP 中,企业被要求给出影响全球碳排放总量变化的原因(范围 1 和范围 2 合并)及提供由这些因素带来的范围 1 和范围 2 排放的变化百分比;另外,在减排活动和原因方面,可以包括撤资、收购和改变边界等;与以前年度的排放量的变化可以是降低、增加或不变。在 CDP 中的比较对象是以前年度,而在 GRI(G4)中则是报告中选择的基准年度或基准线。在 GRI(G4)中,企业须提供至少一个范围 1 或范围 2 或范围 3 或范围 1 与范围 2 的合并的温室气体排放的比例。比例的分母由组织选择,同时要求组织披露气体及气体强度比率。在 CDP 中,组织需要提供范围 1 和范围 2 的排放强度比率与单位现金总收入及全时当量员工相结合,同时要求提供强度单位以利于业务操作;此外,CDP 要求每一个提供的比率须给出与以前年度相比的变化百分数、变化量及变化的原因。GRI(G4)在披露范围 3 碳排放强度指标方面不做硬性要求,而 CDP 只要求给出范围 1 和范围 2 的排放强度。

(12)碳排放交易方面

CDP 在 CC13 要求披露碳排放交易计划或额度或采购方面交易数据,而 GRI(G4)没有要求。

(13)范围 3 碳排放数据方面

CDP CC14 从范围 3 碳排放、外部核查与保证、范围 3 排放与排放业绩及参与价值链四个方面来披露范围 3 碳排放的数据,GRI(G4)则在一般标准披露项

G4 - 32 - b,G4 - 32 - c,G4 - 33 - a,G4 - 33 - b 及碳排放 G4 - EN17 - a,G4 - EN17 - b,G4 - EN17 - d,G4 - EN17 - f,G4 - EN17 - g,G4 - EN19 - a, G4 - EN19 - c,G4 - EN19 - e 中提出要求。在范围 3 碳排放方面,GRI (G4)要求企业披露范围 3 排放的总量,标明范围 3 任务分类及包含计算在内的活动;企业可以通过分类和填写 WRI 和 WBCSD"温室气体协议合作价值链(范围 3)计算与报告标准"的活动分解数据;CDP 也要求进一步细化范围 3 排放指标与以前数据的百分比;GRI(G4)要求进一步的细化范围 3 排放指标,并标出引起重新计算基准年排放指标的显著变化因素;CDP 应答者可以报告气体包括基于"排放计算方法"的计算。在外部核查和保证方面,在 GRI(G4)中,企业指出其报告中相关内容索引(G4 - 32 - B)中的每个标准披露是否已经对外保证;CDP 只要求给出第三方检测或审查的信息,并要求更进一步的详细检测和核查数据,同时要求应答者对提供的随附核查声明的复印件担保。在范围 3 排放与排放业绩方面,GRI(G4)指定企业报告通过减排措施引起的温室气体排放降低的总量,但由降低产能和其他不在其指定范围内的因素带来的温室气体排放降低的量不能计算在内;企业可以将范围 1、范围 2 和范围 3 分开报告;同时要求在 G4 - EN19 - b 和 G4 - EN19 - d 中分开披露气体的计算、核算方式及用例。而在 CC14.3a 中,企业被要求单独给出改变范围 3 排放的原因;另外的减排活动和原因,在 CDP 中也包括撤资、收购及边界变化等;与以前年度的变化包括降低、增加和不变;CDP 对比的对象是以前年度,而 GRI 对比的对象则是基准年或基准线。在范围 3 参与价值链方面,GRI(G4)在披露参与温室气体排放和气候变化战略的价值链要素方面不提供特定的指导,但 CDP 却在 CC14.4a 至 CC14.4d 中提出了详细的要求。

　　通过上述碳信息披露 13 个方面的对比可以看出,GRI(G4)指南偏重于政策方向和粗犷指标的披露,而 CDP 更注重于具体的指标;GRI(G4)指南在可持续发展方面、经济、环境、社会方面的内容要比 CDP 更广泛,但在整个披露指标内容的全面性方面不如 CDP;CDP 在指标细分方面给出了明确的要求,而 GRI 没有,在可操作性上,CDP 要优于 GRI(G4);此外,CDP 采取发问卷主动邀请企业参与碳信息披露项目应答的方式,其问卷样本比较多,涵盖的国家比较广,且在我国境内可以直接访问其官网,查阅参与碳信息披露项目企业的应答;而 GRI(G4)则是采取由企业主动披露的方式,其样本数少于 CDP 样本,且在国内查不到相关企业参与披露的样本。鉴于 CDP 在战略管理、风险与机遇、排放等方面的完整性和可操作性,以及具有可以获得较多对比样本这样的优势,本研究选择基于碳信息披露项目(CDP)框架披露的企业碳信息数据作为比较数据来源。

本章参考文献

Al-Tuwaijri, S., Christensen, T. E., Hughes, K. E. The Relations Among Environmental Disclosure, Environmental Performance and Economic Performance: A Simultaneous Equations Approach. *Accounting, Organizations and Society*, 2004, 1 (29): 447 - 471.

Chen, G. Q., Chen, Z. M. Carbon Emissions and Resources Use by Chinese Economy 2007: A 135-sector Inventory and Input—Output Embodiment. *Communications in Nonlinear Science and Numerical Simulation*, 2010, 15 (11): 3647 - 3732.

Cormier, D., Gordon, I. An Examination of Social and Environmental Reporting Strategies. *Accounting, Auditing & Accountability Journal*, 2001, 14(5): 587 - 617.

Dhakal, S. GHG Emissions from Urbanization and Opportunities for Urban Carbon Mitigation. *Current Opinion in Environmental Sustainability*, 2010, 2(4): 277 - 283.

Finkbeiner, M. Carbon Footprinting—Opportunities and Threats. *The International Journal of Life Cycle Assessment*, 2009, 14(2): 91 - 94.

Global Reporting Initiative. GRI G4 Guidelines and ISO 26000: 2010 How to Use the GRI G4 Guidelines and ISO 26000 in conjunction. 2010.

Griffin, P. A., Lont, D. H., Sun, Y. The Relevance to Investors of Greenhouse Gas Emission Disclosures, 2012. Working Paper, University of California, University of Otago, 3 October 2011.

Guan, D., Hubacek, K., Weber, C. L., et al. The Drivers of Chinese CO_2 Emissions from 1980 to 2030. *Global Environmental Change*, 2008, 18(4): 626 - 634.

Hertwich, E. G., Peters, G. P. Carbon Footprint of Nations: A Global, Trade-Linked Analysis. *Environmental Science & Technology*, 2009, 43(16): 6414 - 6420.

Ingram, R., Frazier, K. Environmental Performance and Corporate Disclosure. *Journal of Accounting Research*, 1980, 18: 614 - 622.

Li, Y., Hewitt, C. N. The Effect of Trade Between China and the UK on National and Global Carbon Dioxide Emissions. *Energy Policy*, 2008, 36(6): 1907 - 1914.

Lin, B. , Sun, C. Evaluating Carbon Dioxide Emissions in International Trade of China. *Energy Policy*, 2010, 38(1): 613 - 621.

Luo, L. , Tang, Q. L. Carbon Tax, Corporate Carbon Profile and Financial Return. *Pacific Accounting Review*, forthcoming, 2014.

Matthews, H. S. , Hendrickson, C. T. , Weber, C. L. The Importance of Carbon Footprint Estimation Boundaries. *Environmental Science & Technology*, 2008, 2(16): 5839 - 5842.

Ou, X. , Xiaoyu, Y. , Zhang, X. Life-Cycle Energy Consumption and Greenhouse Gas Emissions for Electricity Generation and Supply in China. *Applied Energy*, 2011, 88(1): 289 - 297.

Ou, X. , Zhang, X. , Chang, S. , et al. Energy Consumption and GHG Emissions of Six Biofuel Pathways by LCA in (the) People's Republic of China. *Applied Energy*, 2010, 86: 197 - 208.

Peters, G. P. Carbon Footprints and Embodied Carbon at Multiple Scales. *Current Opinion in Environmental Sustainability*, 2010, 2(4): 245 - 250.

Prado-Lorenzo, J. M. , Garcia-Sanchez, I. M. The Role of the Board of Directors in Disseminating Relevant Information on Greenhouse Gases. *Journal of Business Ethics*, 2010, 97: 391 - 424.

Wiedmann, T. Editorial: Carbon Footprint and Input—Output Analysis—An Introduction. *Economic Systems Research*, 2009, 21(3): 175 - 186

Zhang, X. P. , Cheng, X. M. Energy Consumption, Carbon Emissions, and Economic Growth in China. *Ecological Economics*, 2009, 68(10): 2706 - 2712.

第四章 中印碳信息披露项目 CDP 的比较

中印两国的基本国情有许多相似之处,两者都是人口大国,目前都是发展中国家。但经过近 30 年的发展,中国目前的经济总量已处于世界第 2 位,而印度的经济总量处于世界第 10 位,约为中国经济总量的五分之一。虽然印度经济总量低于中国,但中印两国的全球经济增速都较高,而且印度被评为未来 10 年内增速最快的国家。

中印两国在经济发展中面临许多相同的问题和挑战,但两国所采取的应对方式却不尽相同,从而构成了中印两国相互比较、相互借鉴的基础。

2014 年,根据富时全球亚太指数(FTAW06)和富时中国 A600 指数投资权重分析,CDP 向中国市场价值最高的前 100 家企业发送了碳信息披露调查问卷,向印度市场价值最高的前 200 家企业发出碳信息披露请求。中国 100 家受邀的企业中,45 家企业通过在线系统对问卷进行了回复,印度 200 家受邀企业中,有 59 家企业向 CDP 进行了回复。

第一节 中印企业参与 CDP 的行业分布对比

2014 年中印企业参与 CDP 碳信息披露项目应答关键数据如表 4 - 1 所示。

表 4 - 1   2014 年中印参与碳信息披露项目关键数据①

项目	中国		印度	
受邀披露企业数	100		200	
平均披露得分	11		75	
	企业数	比例(%)	企业数	比例(%)
2014 年向 CDP 披露的样本比例	45	45	59	30

---

① 数据来源于 CDP 官网(www.cdp.org)。

（续表）

	企业数	比例(%)	企业数	比例(%)
董事会或高管负责气候变化事宜	35	78	57	98
将气候变化整合到企业商业战略	40	89	54	92
通过减碳措施达到了碳减排	4	9	33	56
帮助第三方减少温室气体排放	27	60	38	65
企业就气候变化与政策制定者沟通	13	29	57	98
对气候变化问题的管理建立了激励机制	9	22	41	71
报告绝对减排目标	5	13	22	38
报告主动减排措施	39	87	54	92
报告减排目标	8	18	57	98
报告 2 个或以上范围 3 排放类型	4	11	55	94
报告政策变化机遇	40	89	53	90
报告政策风险	41	93	51	88
报告检验后范围 1 排放	3	7	37	63
报告检验后范围 2 排放	3	7	37	63

从中国与印度企业参与 CDP 碳信息披露项目问卷调查应答内容关键数据对比表可以看出：在回复比例方面中国超过了印度；在董事会或高管负责气候变化事宜、将气候变化整合到企业商业战略、帮助第三方减少温室气体排放、报告主动减排措施、报告政策变化机遇、报告政策风险方面，中印企业的得分比例相当；但在通过减碳措施达到了碳减排、企业就气候变化与政策制定者沟通、对气候变化问题的管理建立了激励机制、报告绝对减排目标、报告减排目标、报告 2 个或以上范围 3 排放类型、报告检验后范围 1 排放、报告检验后范围 2 排放等项目上，中国企业与印度企业相比存在较大的差距。

CDP 碳信息披露项目的问卷涵盖了全球行业分类标准（global industry classification standard，GICS）的 10 个行业。

一、中国应答企业行业分类统计

2014 年,中国参与 CDP 碳信息披露项目调查的企业按行业分布统计情况见表 4-2,图 4-1。

表 4-2 中国应答企业按行业分类统计

企业所处行业	中国应答企业按行业分类统计		
	回复问卷	没有回复	查看另一企业
消费者非必需品	5	13	0
消费者必需品	3	4	0
能源	5	3	0
金融	17	12	0
医疗保健	4	3	0
工业	4	6	0
信息技术	2	5	0
基础材料	1	4	0
电信服务	3	1	0
公共事业	1	4	0

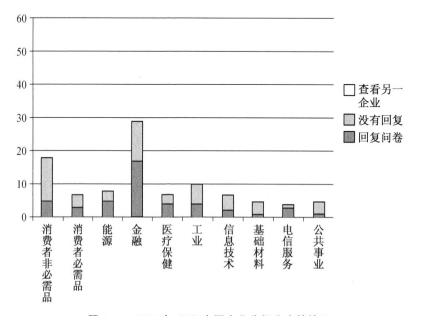

图 4-1 2014 年 CDP 中国企业分行业应答情况

　　从中国参与 CDP 碳信息披露项目应答企业按行业分类统计的结果可以看出,CDP 碳信息披露项目共邀请中国 100 家企业参与问卷调查,其中中国企业对于 CDP 碳信息披露项目调查问卷的应答,有 45 家企业作出了非重复的回复(unique responses),另外的 55 家企业没有给予应答;在给予应答的 45 家企业所处行业中,金融、能源、消费者非必需品和工业及医疗保健行业占主导地位。

二、印度应答企业行业分类统计

　　2014 年,印度参与 CDP 碳信息披露项目调查的企业按行业分布统计情况见表 4-3,图 4-2。

表 4-3　印度应答企业按行业分类统计

企业所处行业	印度应答企业按行业分类统计		
	回复问卷	没有回复	查看另一企业
消费者非必需品	7	15	0
消费者必需品	3	6	6
能源	4	8	0
金融	8	41	0
医疗保健	2	16	1
工业	2	21	2
信息技术	7	3	0
基础材料	12	15	2
电信服务	1	4	0
公共事业	2	12	0

　　从印度参与 CDP 碳信息披露项目应答企业按行业分类统计的结果可以看出,CDP 碳信息披露项目共邀请印度 200 家企业参与问卷调查,其中印度企业对于 CDP 碳信息披露项目调查问卷的应答,有 48 家企业作出了非重复的回复(unique responses),另外的 11 家企业沿袭了控股母公司的 CDP 回复问卷,有 141 家企业没有应答;在给予应答的 48 家企业所处行业中,基础材料、信息技术、金融和消费者非必需品行业占主导地位。

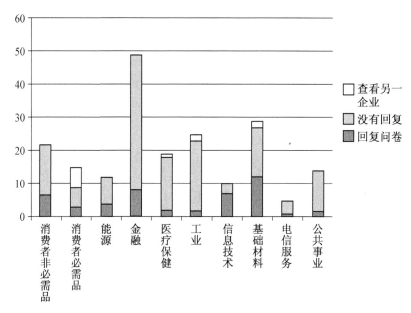

图 4-2 2014 年印度企业参与 CDP 项目分行业回复情况

三、中印应答企业行业分类对比

从中印两国参与 CDP 碳信息披露项目调查企业按行业分类的统计表来看,两国应答企业的行业分布差异还是比较明显的,具体见表 4-4,图4-3。

表 4-4 中印应答企业按行业分布统计对比表

企业所处行业	印度		中国		中印应答差异("—"为低)
	应答企业数	应答率	应答企业数	应答率	
消费者非必需品	7	31.82%	5	27.78%	−4.04%
消费者必需品	9	60.00%	3	42.86%	−17.14%
能源	4	33.33%	5	62.50%	29.17%
金融	8	16.33%	17	58.62%	42.29%
医疗保健	3	15.79%	4	57.14%	41.35%
工业	4	16.00%	4	40.00%	24.00%

（续表）

企业所处行业	印度		中国		中印应答差异
	应答企业数	应答率	应答企业数	应答率	（"—"为低）
信息技术	7	70.00%	2	28.57%	−41.43%
基础材料	14	48.28%	1	20.00%	−28.28%
电信服务	1	20.00%	3	75.00%	55.00%
公共事业	2	14.29%	1	20.00%	5.71%

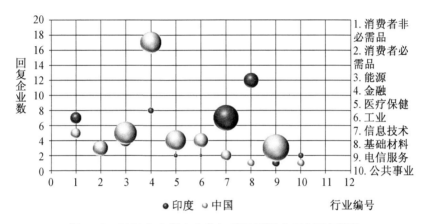

图 4-3 2014 年中印企业参与 CDP 项目分行业回复情况

从中印参与 CDP 碳信息披露项目调查给予应答企业按行业分类对比统计表中可以看出：在信息技术、基础材料、消费者必需品及消费者非必需品四个行业，印度参与 CDP 碳信息披露项目调查给予应答企业的比例高于中国；在电信服务、金融、医疗保健、能源、工业及公共事业行业，中国参与 CDP 碳信息披露项目调查给予应答企业的比例高于印度。其中，在信息技术、基础材料、消费者必需品行业的比例方面，印度比中国分别高出41.43%、28.23%和17.14%，中国与印度相比差距较大；而在电信服务、医疗保健、金融、能源、工业行业的比例方面，中国比印度分别高出55%、42.29%、41.35%、29.17%和24%，中国要比印度更好一些。

第二节　中印企业应答 CDP 问卷质量对比

一、CDP 2014 问卷具体项目指标

　　CDP 碳信息披露项目调查问卷共分管理、风险与机遇和排放三个方面 14 个项目向企业进行问卷调查;其中 CC1～CC4 项属于管理类项目,CC5～CC6 项为风险与机遇类项目,CC7～CC14 项为排放类项目,CC15 项为应答者签字项;其指标、问卷索引及评估分值见表 4-5。

表 4-5　CDP 2014 问卷具体项目指标表

指标	CDP 问卷索引	满分的范围	
		最小值	最大值
A:管理			
A1:治理	CC1.1～CC1.2	2	4
A2:战略	CC2.1～CC2.3	11	18
A3:目标与措施	CC3.1～CC3.3	9	15.5
A4:沟通	CC4.1	1	3
B:风险和机遇			
B1:气候变化风险	CC5.1	6	27
B2:气候变化机遇	CC6.1	6	27
C:排放			
C1:排放核算	CC7.1～CC7.4	3	3
C2:排放数据 1,边界、范围 1 范围 2 排放、数据准确性、例外情况	CC8.1～CC8.5	22	25
C2:排放数据 2,范围 1 范围 2 检验、生物固碳的二氧化碳	CC8.6～CC8.9	10	11
C3:范围 1 排放细分	CC9.1～CC9.2	1	4
C4:范围 2 排放细分	CC10.1～CC10.2	1	4
C5:能源	CC11.1～CC11.4	5.5	5.5

（续表）

指标	CDP 问卷索引	满分的范围	
		最小值	最大值
C6:排放绩效	CC12.1~CC12.4	6.5	9.5
C7:排放权交易	CC13.1~CC13.2	2	8
C8:范围三排放	CC14.1~CC14.4	14	19
D:签字	CC15.1	1.5	1.5
总分		101.5	185

注:数据来源于本研究对 CDP 项目 CDP 2014 Climate Change Scoring Methodology 的归纳整理。

二、中印企业应答 CDP 问卷按问题类型对比

鉴于 2014 年中印有些企业在对 CDP 碳信息披露项目调查问卷进行应答时选择了非公开披露,所以作者从 CDP 官网只获得了 48 个印度企业和 17 个中国企业问卷应答样本。

本书根据 CDP 碳信息披露项目问卷的指标,对应答按"CDP2014 问卷具体项目指标表"所列项目,从应答企业数、作出肯定回复企业数方面进行逐项对比。

1. 对于 CC1 治理部分的应答对比

本研究对中印企业就 CDP 碳信息披露项目调查问卷的中相关 CC1 治理部分的应答情况分别进行了统计和对比,具体如表 4-6,表 4-7。

表 4-6　中印企业对 CC1 项目回复情况对比表

序号	问题	印度		中国		差异
		份数	比例	份数	比例	
CC1.1	组织内为气候变化直接负责的最高层级是什么?	48	100.00%	17	100.00%	0.00%
CC1.1a	负责人的职位或负责委员会名称	48	100.00%	9	52.94%	47.06%
CC1.2	公司是否激励气候变化问题管理行为,包括实现目标	48	100.00%	12	70.59%	29.41%
CC1.2a	对气候变化问题管理进行激励的细节	39	81.25%	9	52.94%	28.31%

表 4-7　中印企业对 CC1 项目肯定回复情况对比表

序号	问题	印度		中国		差异
		份数	比例	份数	比例	
CC1.1	组织内为气候变化直接负责的最高层级是什么	48	100.00%	13	76.47%	23.53%
CC1.1a	负责人的职位或负责委员会名称	48	100.00%	9	52.94%	47.06%
CC1.2	公司是否激励气候变化问题管理行为,包括实现目标	38	79.17%	9	52.94%	26.23%
CC1.2a	对气候变化问题管理进行激励的细节	39	81.25%	9	52.94%	28.31%

从上述两表中印企业应答 CDP 碳信息披露调查问卷对 CC1 治理部分的回复的情况来看,中国企业除了对 CC1.1 项回复的份数百分比与印度企业相同外,对于 CC1.1a、CC1.2 及 CC1.2a,无论是从回复数量,还是在回复的符合性方面的比例都小于印度企业,且差距较大。中国企业在治理方面与印度企业对比的结果表明中国企业在环境的治理问题上,企业内部指定专人或专门的机构对治理负责和建立节能减排奖励制度的比例只有样本企业的一半,其比例是非常低的。

2. 对于 CC2 战略部分的应答对比

相关 CC2 战略部分的中印企业应答统计和对比如表 4-8,表 4-9 所示。

表 4-8　中印企业对 CC2 项目回复情况对比表

序号	问题	印度		中国		差异
		份数	比例	份数	比例	
CC2.1	选择最能描述企业关于气候变化风险与机遇的风险管理程序的选项	48	100.00%	15	88.24%	11.76%
CC2.1a	请提供企业关于气候变化的风险和机遇的风险管理程序的详细信息	43	89.58%	2	11.76%	77.82%

序号	问题	印度		中国		差异
		份数	比例	份数	比例	
CC2.1b	请描述企业风险和机遇识别程序如何应用于公司与资产层面	43	89.58%	4	23.53%	66.05%
CC2.1c	如何确定风险和机遇的优先次序	42	87.50%	2	11.76%	75.74%
CC2.1d	为何没有指定对风险和机遇的评估与管理程序,未来是否引入此种程序	5	100%	5	33.33%	66.67%
CC2.2	是否将应对气候变化纳入企业战略	48	100.00%	15	88.24%	11.76%
CC2.2a	请描述将气候变化纳入企业战略的过程以及该过程的结果	45	93.75%	8	47.06%	46.69%
CC2.2b	请解释为何气候变化未被纳入企业战略	3	100.00%	5	55.56%	44.44%
CC2.3	是否参与以下直接或间接影响气候变化政策的行为	48	100.00%	12	70.59%	29.41%
CC2.3a	在什么问题上直接参与政策制定	23	47.92%	4	23.53%	24.39%
CC2.3b	企业是否为行业协会理事或提供会费外的资助	29	60.42%	1	5.88%	54.53%
CC2.3c	请详细描述那些很可能对气候变化立法表示立场的行业协会	21	43.75%	1	5.88%	37.87%
CC2.3d	企业是否公开披露所有资助的研究机构的名单	9	18.75%	1	5.88%	12.87%
CC2.3e	是否资助任何进行公共事业或宣传的研究机构	9	18.75%	1	5.88%	12.87%
CC2.3f	形容该工作并解释如何与企业气候变化战略挂钩	9	18.75%	1	5.88%	12.87%

（续表）

序号	问题	印度		中国		差异
		份数	比例	份数	比例	
CC2.3g	请提供你参与其他相关活动的详细信息	12	25.00%	2	11.76%	13.24%
CC2.3h	企业进行了哪些程序以确保直接或间接影响政策制定的活动与企业总体气候变化战略一致	40	83.33%	6	35.29%	48.04%
CC2.3i	解释为何没有参与政策制定	8	100.00%	2	18.18%	81.82%

表 4－9　中印企业对 CC1 项目肯定回复情况对比表

序号	问题	印度		中国		差异
		份数	比例	份数	比例	
CC2.1	选择最能描述企业关于气候变化风险与机遇的风险管理程序的选项	48	100.00%	9	52.94%	47.06%
CC2.1a	请提供企业关于气候变化的风险和机遇的风险管理程序的详细信息	43	89.58%	2	11.76%	77.82%
CC2.1b	请描述企业风险和机遇识别程序如何应用于公司与资产层面	43	89.58%	4	23.53%	66.05%
CC2.1c	如何确定风险和机遇的优先次序	42	87.50%	2	11.76%	75.74%
CC2.1d	为何没有指定对风险和机遇的评估与管理程序,未来是否引入此种程序	5	100.00%	2	13.33%	86.67%
CC2.2	是否将应对气候变化纳入企业战略	45	93.75%	10	58.82%	34.93%
CC2.2a	请描述将气候变化纳入企业战略的过程以及该过程的结果	45	93.75%	8	47.06%	46.69%

（续表）

序号	问题	印度		中国		差异
		份数	比例	份数	比例	
CC2.2b	请解释为何气候变化未被纳入企业战略	3	100.00%	4	44.44%	55.56%
CC2.3	是否参与以下直接或间接影响气候变化政策的行为	41	85.42%	7	41.18%	44.24%
CC2.3a	在什么问题上直接参与政策制定	23	47.92%	4	23.53%	24.39%
CC2.3b	企业是否为行业协会理事或提供会费外的资助	21	43.75%	1	5.88%	37.87%
CC2.3c	请详细描述那些很可能对气候变化立法表示立场的行业协会	21	43.75%	1	5.88%	37.87%
CC2.3d	企业是否公开披露所有资助的研究机构的名单	8	16.67%	0	0.00%	16.67%
CC2.3e	是否资助任何进行公共事业或宣传的研究机构	9	18.75%	1	5.88%	12.87%
CC2.3f	形容该工作并解释如何与企业气候变化战略挂钩	9	18.75%	1	5.88%	12.87%
CC2.3g	请提供你参与其他相关活动的详细信息	12	25.00%	2	11.76%	13.24%
CC2.3h	企业进行了哪些程序以确保直接或间接影响政策制定的活动与企业总体气候变化战略一致	40	83.33%	6	35.29%	48.04%
CC2.3i	解释为何没有参与政策制定	8	100.00%	2	18.18%	81.82%

　　从上述两表中印企业应答 CDP 碳信息披露调查问卷对 CC2 企业战略部分的回复的情况来看,中国企业在 CDP CC2 企业相关节能减排战略部分对 CC2.1 及 CC2.2 的应答与印度企业相比,无论是从回复数量上,还是在符合性方面的比例都小于印度企业,且差距较大。中国企业在企业战略方面与印度企业对比的结果表明中国企业在引入气候变化风险管理机制和将气候变化纳入企业战略的比例只有样本企业的一半,其比例是非常低的。

3. 对于 CC3 碳排放目标与措施部分的应答对比

中印企业就 CDP 碳信息披露项目调查问卷的中相关 CC3 碳排放目标与措施部分的应答对比如表 4-10,表 4-11 所示。

表 4-10　中印企业对 CC3 项目回复情况对比表

序号	问题	印度		中国		差异
		份数	比例	份数	比例	
CC3.1	报告年度是否设定减排目标(执行中或已完成)	47	97.92%	8	47.06%	50.86%
CC3.1a	详细说明碳减排绝对目标	7	14.58%	6	35.29%	−20.71%
CC3.1b	详细说明碳减排强度目标	32	66.67%	1	5.88%	60.78%
CC3.1c	说明强度目标对绝对目标的影响	32	66.67%	1	5.88%	60.78%
CC3.1d	详细说明本报告年度所有目标的执行进度	36	75.00%	6	35.29%	39.71%
CC3.1e	解释为何没有设置目标,以及预测未来五年企业碳排放将如何变化	11	91.67%	1	9.09%	82.58%
CC3.2	企业的产品或服务是否直接使第三方避免温室气体排放	48	100.00%	16	94.12%	5.88%
CC3.2a	详细说明企业的产品或服务如何直接使第三方避免温室气体排放	30	62.50%	4	23.53%	38.97%
CC3.3	本报告年度内是否启动减排举措	48	100.00%	16	94.12%	5.88%
CC3.3a	说明在不同阶段的项目数量,执行阶段的请估计减排 CO_2 当量	42	87.50%	12	70.59%	16.91%
CC3.3b	报告年度内实施的举措,请在下表详细填写	44	91.67%	11	64.71%	26.96%
CC3.3c	用何种方法推动对减排行动的投资	42	87.50%	9	52.94%	34.56%
CC3.3d	解释为何没有减排措施	4	80.00%	1	25.00%	55.00%

表 4 - 11 中印企业对 CC3 项目肯定回复情况对比表

序号	问题	印度		中国		差异
		份数	比例	份数	比例	
CC3.1	报告年度是否设定减排目标（执行中或已完成）	36	75.00%	6	35.29%	39.71%
CC3.1a	详细说明碳减排绝对目标	7	14.58%	6	35.29%	−20.71%
CC3.1b	详细说明碳减排强度目标	32	66.67%	1	5.88%	60.78%
CC3.1c	说明强度目标对绝对目标的影响	32	66.67%	1	5.88%	60.78%
CC3.1d	详细说明本报告年度所有目标的执行进度	36	75.00%	6	35.29%	39.71%
CC3.1e	解释为何没有设置目标,以及预测未来五年企业碳排放将如何变化	11	91.67%	1	9.09%	82.58%
CC3.2	企业的产品或服务是否直接使第三方避免温室气体排放	30	62.50%	8	47.06%	15.44%
CC3.2a	详细说明企业的产品或服务如何直接使第三方避免温室气体排放	30	62.50%	4	23.53%	38.97%
CC3.3	本报告年度内是否启动减排举措	43	89.58%	13	94.12%	−4.53%
CC3.3a	说明在不同阶段的项目数量,执行阶段的请估计减排 CO_2 当量	42	87.50%	12	70.59%	16.91%
CC3.3b	报告年度内实施的举措,请在下表详细填写	44	91.67%	11	64.71%	26.96%
CC3.3c	用何种方法推动对减排行动的投资	42	87.50%	9	52.94%	34.56%
CC3.3d	解释为何没有减排措施	4	80.00%	1	25.00%	55.00%

从上述两表中印企业应答 CDP 碳信息披露调查问卷对 CC3 碳排放目标与措施部分的回复情况来看,中国企业在 CC3.1 报告年度是否设定减排目标中有 6 家企业给予了积极应答,且这 6 家企业除联想对碳排放绝对目标和强度目标均报告之外,其他 5 家都只有报告绝对目标;印度企业有 36

家报告了年度设定的减排目标,且 36 家中,有 29 家选择报告强度目标,4
家选择报告绝对目标,3 家同时报告了两个目标。这说明中国企业碳减排
的目标设定基本是绝对目标,而印度企业的目标设定更注重强度目标。在
CC3.2 企业的产品或服务是否直接使第三方避免温室气体排放方面,中印
企业差不多 60% 的企业都进行了积极应答,但在详述企业的产品或服务如
何直接使第三方避免温室气体排放时,印度企业都进行了积极陈述,而中国
企业进行积极应答的比例只有一半。这表明中国企业与印度企业相比,在
对企业的产品或服务如何直接使第三方避免温室气体排放的了解还不够深
入。在本报告年度内是否启动减排举措问题的应答上,中国企业比印度企
业有更积极的响应,但在制定具体减排措施和回答为何没有制定减排措施
方面,印度有 44 家企业制定了具体的减排措施,4 家企业陈述了没有制定
减排措施的理由;而中国企业只有 11 家制定了减排措施,1 家陈述了没有
制定减排措施的理由,制定减排措施和陈述没有制定减排措施理由的比例
分别比印度低 26.96% 和 55%。这说明中国企业由于只注重减排的绝对目
标而没有关注减排的强度目标,因而在制定减排措施时,不能对排放源进行
深入分析和有针对性地制定根据排放源减少碳排放的具体措施。

4. 对于 CC5 及 CC6 气候变化风险与机遇部分的应答对比

中印两国企业分别就 CDP 碳信息披露项目调查问卷中的相关 CC5 及
CC6 气候变化风险与机遇部分的应答在相关项目的份数和符合相关项目
评判要求的份数上相同,其对比见表 4-12。

表 4-12　中印企业对 CC5、CC6 项目回复情况对比表

序号	问题	印度		中国		差异
		份数	比例	份数	比例	
CC5.1	企业是否识别出潜在使企业经营、收入或费用产生实质性变化的固有气候变化风险	46	95.83%	15	88.24%	7.60%
CC5.1a	固有风险驱动来源于政治发展变化的描述	43	89.58%	8	47.06%	42.52%
CC5.1b	来源于物理参数发展变化的描述	42	87.50%	1	5.88%	81.62%

（续表）

序号	问题	印度		中国		差异
		份数	比例	份数	比例	
CC5.1c	来源于其他气候相关发展变化的描述	39	81.25%	2	11.76%	69.49%
CC5.1d	解释为何不考虑暴露固有风险驱动来源于政治发展变化的原因	5	100.00%	0	0.00%	100.00%
CC5.1e	不披露来源于物理参数发展变化的原因	4	66.67%	4	25.00%	41.67%
CC5.1f	不披露来源于其他气候相关发展变化的原因	7	77.78%	4	26.67%	51.11%
CC6.1	企业是否识别出潜在使企业经营、收入或费用产生实质性变化的固有气候变化机遇	46	95.83%	11	64.71%	31.13%
CC6.1a	固有机遇驱动来源于政治发展变化的描述	44	91.67%	5	29.41%	62.25%
CC6.1b	来源于物理参数发展变化的描述	34	70.83%	1	5.88%	64.95%
CC6.1c	来源于其他气候相关发展变化的描述	37	77.08%	1	5.88%	71.20%
CC6.1d	解释为何不考虑暴露固有机遇驱动来源于政治发展变化的原因	3	75.00%	2	16.67%	58.33%
CC6.1e	不披露来源于物理参数发展变化的原因	9	64.29%	4	25.00%	39.29%
CC6.1f	不披露来源于其他气候相关发展变化的原因	7	63.64%	4	25.00%	38.64%

　　从上述中印企业应答 CDP 碳信息披露调查问卷对 CC5 和 CC6 气候变化风险与机遇部分的回复情况来看，中印两国企业在气候变化带给企业变化的风险与机遇的概念认识上基本一致，大家都意识到潜在使企业经营、收入或费用产生实质性变化的固有气候变化风险与机遇，但在具体从政治、物理参数和其他气候相关发展变化方面作具体分解和分析时，中国企业明显

比印度企业差很多。

5. 对于 CC7 排放核算部分的应答对比

中印两国企业分别就 CDP 碳信息披露项目调查问卷中的相关 CC7 排放核算部分的应答在相关项目的份数和符合相关项目评判要求的份数上相同,其对比如表 4‑13 所示。

表 4‑13　中印企业对 CC7 项目回复情况对比表

序号	问题	印度		中国		差异
		份数	比例	份数	比例	
CC7.1	提供基准年和基准年排放量(范围 1 和 2)	46	95.83%	10	58.82%	37.01%
CC7.2	给出用于收集活动数据、计算范畴 1 和范畴 2 排放量的标准、协议或方法的名称	47	97.92%	9	52.94%	44.98%
CC7.2a	如果在 CC7.2 中选择"其他",请给出用于收集活动数据、计算范畴 1 和范畴 2 排放量的标准、协议或方法的名称	5	100.00%	1	100.00%	0.00%
CC7.3	提供潜在导致全球变暖的来源	46	95.83%	9	52.94%	42.89%
CC7.4	提供企业已应用的排放因子及其来源(披露)	44	91.67%	8	47.06%	44.61%
CC7.4	提供企业已应用的排放因子及其来源(完整披露)	44	91.67%	5	29.41%	44.61%

从上述中印企业应答 CDP 碳信息披露调查问卷对 CC7 排放核算部分的回复情况来看,印度企业差不多都可以提供基准年和基准年排放量,而中国只有近 60% 的企业能提供基准年和基准年排放量的数据。结合"给出用于收集活动数据、计算范畴 1 和范畴 2 排放量的标准、协议或方法的名称"的应答结果,则可以理解为中国企业在相关节能减排管理标准和管理方案方面的学习和研究要比印度企业欠缺得多。在中国企业给出的用于收集活动数据、计算范畴 1 和范畴 2 排放量的标准、协议或方法的名称的选择中,7个企业选择了"中国企业节能与温室气体管理方案",1 个企业为在香港注册的企业,采用的是"香港环保署颁发的建筑物温室气体排放与清除计算及

报告指南",2 家国际性企业采用的 ISO14064—1 的标准。在提供导致全球变暖的潜在来源方面,中国大部分企业只选择了二氧化碳,而印度企业在选项上除了二氧化碳外,还选择了甲烷、氧化亚氮、氢氟碳化物等。在提供企业已应用的排放因子及其来源中,中国企业只有 5 家企业给予了正确的应答,而其他企业只简单选择了几个碳排放的来源,而对排放因子没有描述;而印度企业对碳排放因子及来源的描述则比较完整;未能提供完整披露的中国企业没有表现出显著的单一行业的特征,因此可以认为相关碳排放的来源与引起排放的因子的宣传在中国需要更一步深入。

6. 对于 CC8 排放数据部分的应答对比

中印两国企业分别就 CDP 碳信息披露项目调查问卷中的相关 CC8 排放数据部分的排放边界、范围 1 和范围 2 当量、数据准确性、例外情况及碳排放相关鉴证和相关生物固碳二氧化碳排放方面的应答对比如表 4 - 14,表 4 - 15 所示。

表 4 - 14　中印企业对 CC8 项目回复情况对比表

序号	问题	印度		中国		差异
		份数	比例	份数	比例	
CC8.1	请选择企业正在使用的范围 1 和 2 温室气体清单的边界	48	100.00%	9	52.94%	47.06%
CC8.2	提供企业全球范围 1 排放总量(CO_2 当量)	48	100.00%	8	47.06%	52.94%
CC8.3	提供企业全球范围 2 排放总量(CO_2 当量)	48	100.00%	7	41.18%	58.82%
CC8.4	所选边报告界内是否有未披露的范围 1 和 2 排放源(如:设施、特殊温室气体、活动、地理范围等)	46	95.83%	9	52.94%	42.89%
CC8.4a	提供所选边报告界内未披露的范围 1 和 2 排放源的细节	24	50.00%	3	17.65%	32.35%
CC8.5	请估计企业全球范围 1、范围 2 排放总量(CO_2 当量)的不确定性水平并具体化在数据采集、处理和计算方面的不确定性的来源	47	97.92%	8	47.06%	50.86%

(续表)

序号	问题	印度 份数	印度 比例	中国 份数	中国 比例	差异
CC8.6	表明报告的范围 1 排放的检验或鉴证状态	47	97.92%	9	52.94%	44.98%
CC8.6a	提供对范围 1 排放进行检验或鉴证的细节,并附相关说明	34	94.44%	3	100.00%	-5.56%
CC8.6b	提供企业遵守的对持续排放监测系统(CEMS)指定使用的监管制度的细节	1	8.33%	0	0.00%	8.33%
CC8.7	表明报告的范围 2 排放的检验或鉴证状态	47	97.92%	8	47.06%	50.86%
CC8.7a	提供对范围 2 排放进行检验或鉴证的细节,并附相关说明	34	94.44%	2	66.67%	27.78%
CC8.8	请指出任何除 CC8.6,CC8.7 和 CC14.2 中验证的排放数据以外的由于第三方检验工作而被检验的数据点	40	83.33%	5	29.41%	53.92%
CC8.9	企业是否与源于生物固碳的二氧化碳排放有关	45	93.75%	11	64.71%	29.04%
CC8.9a	请提供源于生物固碳的二氧化碳排放量(CO_2 当量)	13	100.00%	0	0.00%	100.00%

表 4-15　中印企业对 CC8 项目肯定回复情况对比表

序号	问题	印度 份数	印度 比例	中国 份数	中国 比例	差异
CC8.1	请选择企业正在使用的范围 1 和 2 温室气体清单的边界	48	100.00%	9	52.94%	47.06%
CC8.2	提供企业全球范围 1 排放总量(CO_2 当量)	48	100.00%	8	47.06%	52.94%
CC8.3	提供企业全球范围 2 排放总量(CO_2 当量)	48	100.00%	7	41.18%	58.82%

序号	问题	印度		中国		差异
		份数	比例	份数	比例	
CC8.4	所选边界报告内是否有未披露的范围 1 和 2 排放源（如：设施、特殊温室气体、活动、地理范围等）	25	52.08%	3	17.65%	34.44%
CC8.4a	提供所选边报告界内未披露的范围 1 和 2 排放源的细节	24	50.00%	2	11.76%	38.24%
CC8.5	请估计企业全球范围 1、范围 2 排放总量（CO_2 当量）的不确定性水平并具体化在数据采集、处理和计算方面的不确定性的来源	47	97.92%	7	41.18%	56.74%
CC8.6	表明报告的范围 1 排放的检验或鉴证状态	36	75.00%	3	17.65%	57.35%
CC8.6a	提供对范围 1 排放进行检验或鉴证的细节，并附相关说明	34	94.44%	3	100.00%	−5.56%
CC8.6b	提供企业遵守的对持续排放监测系统（CEMS）指定使用的监管制度的细节	1	8.33%	0	0.00%	8.33%
CC8.7	表明报告的范围 2 排放的检验或鉴证状态	36	75.00%	3	17.65%	57.35%
CC8.7a	提供对范围 2 排放进行检验或鉴证的细节，并附相关说明	34	94.44%	2	66.67%	27.78%
CC8.8	请指出任何除 CC8.6，CC8.7 和 CC14.2 中验证的排放数据以外的由于第三方检验工作而被检验的数据点	25	52.08%	1	5.88%	46.20%
CC8.9	企业是否与源于生物固碳的二氧化碳排放有关	13	27.08%	0	0.00%	27.08%
CC8.9a	请提供源于生物固碳的二氧化碳排放量（CO_2 当量）	12	92.31%	0	0.00%	92.31%

从上述中印企业应答 CDP 碳信息披露调查问卷对 CC8 排放数据核算部分的回复情况来看，印度企业除了在披露 CC8.1，CC8.2，CC8.3 数据方

面的百分比比中国企业高之外,在 CC8.6 和 CC8.7 提供数据源经过第三方检验和鉴证的百分比也明显高于我国企业;印度 70% 以上的企业的范围 1 和范围 2 的排放数据都来自于第三方的监测,而我国只有 11%～18% 的企业的排放数据来自于第三方的监测结果。这说明,我国在对一般性企业的碳排放检测上与印度还存在着比较明显的差距。除了监测范围没有印度宽泛外,在监测的内容上也没有印度全面,在 CC8.9 相关生物固碳的二氧化碳排放方面,我国企业是零披露。

7. 对于 CC9 及 CC10 排放数据细分部分的应答对比

CDP CC9 要求企业针对范围 1 碳排放数据按照国家(地区)及企业部门、设施、温室气体种类、活动及法律结构方面进行细分,CC10 要求企业针对范围 1 碳排放数据按照国家(地区)及企业部门、设施、活动及法律结构方面进行细分;由于参与企业自身的特点,在按国家(地区)分类上的选择是各不相同,而且是合理的,所以没有什么可比性。因此,本研究主要对企业是否对排放数据按照企业部门、设施、温室气体种类、活动及法律框架等细分进行对比,具体情况见表 4-16。

表 4-16 中印企业对 CC9 及 CC10 项目回复情况对比表

序号	问题	印度		中国		差异
		份数	比例	份数	比例	
CC9.2	企业能够提供何种范围 1 排放细分	40	83.33%	5	29.41%	53.92%
CC9.2a	按企业部门	17	42.50%	1	25.00%	17.50%
CC9.2b	按设施	19	47.50%	0	0.00%	47.50%
CC9.2c	按温室气体种类	15	37.50%	3	75.00%	−37.50%
CC9.2d	按活动	13	32.50%	1	25.00%	7.50%
CC9.2e	按法律结构	1	2.50%	0	0.00%	2.50%
CC10.2	企业能够提供何种范围 2 排放细分	40	83.33%	5	29.41%	53.92%
CC10.2a	按企业部门	18	45.00%	2	50.00%	−5.00%
CC10.2b	按设施	21	52.50%	0	0.00%	52.50%
CC10.2c	按活动	8	20.00%	2	50.00%	−30.00%
CC10.2d	按法律结构	1	2.50%	0	0.00%	2.50%

从中印披露结果对比可以看出,尽管印度企业在排放数据细分方面的比例也很低,但中国企业在这方面比印度企业更差。也就是说,中国企业对于排放源的分析是不够的。这样的结果与中国前几年粗犷型经济发展模式培养出的习惯是吻合的。

8. 对于 CC11 及 CC12 能源与排放绩效部分的应答对比

在 CDP CC11 和 CC12 部分,CDP 要求企业披露其能源支出与企业总支出的比例、排放当量与总收入的比例,并对这些数据进行相关细分,以便统一评估企业在节能减排方面的绩效。印度共 43 家企业对上述两项数据进行了完整披露,而中国只有 6 家企业对上述两项数据进行了完整披露。

本研究就中印双方企业完整披露的信息、对能源支出与总支出之比和排放当量与总收入之比进行对比,以期探讨碳信息披露对节能减排结果的影响,具体数据见表 4-17,表 4-18。

表 4-17 中印企业对 CC11 能源支出在运营总费用占比指标对比表

项目	印度		中国		差异
	数量	比例	数量	比例	
完整披露企业	43	89.58%	8	47.06%	42.52%
0%~5%	23	53.49%	4	50.00%	3.49%
5%~10%	4	9.30%	1	12.50%	−3.20%
10%~15%	1	2.33%	0	0.00%	2.33%
15%~20%	2	4.65%	1	12.50%	−7.85%
20%~25%	2	4.65%	0	0.00%	4.65%
25%~30%	3	6.98%	0	0.00%	6.98%
35%~40%	1	2.33%	0	0.00%	2.33%
40%~45%	4	9.30%	0	0.00%	9.30%
50%~55%	1	2.33%	0	0.00%	2.33%
55%~60%	1	2.33%	0	0.00%	2.33%
70%~75%	0	0.00%	1	12.50%	−12.50%
75%~80%	1	2.33%	0	0.00%	2.33%
90%~95%	0	0.00%	1	12.50%	−12.50%

表 4 - 18　中印企业对 CC12 排放总量与运营收入比例指标对比表

项目	印度		中国		差异
	数量	比例	数量	比例	
完整披露企业	43	89.58%	6	35.29%	54.29%
较去年降低企业	27	62.79%	3	50.00%	12.79%
%变化量及平均变化率	4.02	0.09%	63.16	10.53%	-10.44%

从中印披露结果对比可以看出,中国与印度企业能源支出所占运营费用 10% 以下的企业比例差不多,10%～50% 的企业,印度比中国企业数多出 20%,而 50% 以上,则中国比印度企业数多出 20%。在排放方面,参与调查披露的样本企业,印度 43 家,中国 6 家,排放总量与企业收入之比与上一年相比,印度企业有 27 家总排放是下降的,有 16 家是增加的;而中国企业则是 3 家下降,3 家上升;企业平均下降率印度是 0.09%,中国为 10.53%。对比出的指标说明,印度企业在产业结构上更加节能,而中国高能耗企业还占一定的比例。也正是如此,中国企业节能减排的空间还是相当大的;从另一方面说,中国政府的节能减排措施,或者说宏观调控是起作用的。

9. 对于 CC13 及 CC14 碳交易与供应链碳排放的应答对比

在 CDP CC13 和 CC14 部分,CDP 要求企业披露其进行碳排放交易和范围 3 碳排放数据及活动情况。中印企业在碳交易及供应链碳排放方面的数据对比如表 4 - 19 所示。

表 4 - 19　中印企业对 CC13 及 CC14 项目肯定回复情况对比表

序号	问题	印度		中国		差异
		份数	比例	份数	比例	
CC13.1	是否参与任何排放权交易机制	5	10.42%	1	5.88%	4.53%
CC13.1a	就参与的所有排放权交易机制填写下表	5	100.00%	1	100.00%	0.00%
CC13.1b	企业与已参与或计划参与的碳排放权交易机制相关的战略	14	29.17%	3	37.50%	-8.33%

（续表）

序号	问题	印度		中国		差异
		份数	比例	份数	比例	
CC13.2	报告期内公司是否创造或购买基于项目的碳信用额度	12	25.00％	2	11.76％	13.24％
CC13.2a	详细说明报告期内公司创造或购买基于项目的碳信用额度	12	100.00％	1	50.00％	50.00％
CC14.1	请计算组织范围 3 排放，披露并解释例外情况	45	93.75％	5	29.41％	64.34％
CC14.2	表明报告的范围 3 排放的检验或鉴证状态	24	53.33％	1	20.00％	33.33％
CC14.2a	提供对范围 3 排放进行检验或鉴证的细节，并附相关说明	23	95.83％	1	100.00％	−4.17％
CC14.3	能否通过某种方法对报告年和去年范围 3 排放进行比较	30	66.67％	1	20.00％	46.67％
CC14.3a	说明影响范围 3 排放变化的原因并与按原因比较排放变化	30	100.00％	1	100.00％	0.00％
CC14.4	企业是否参与价值链任一方的温室气体排放和气候变化战略	33	68.75％	5	29.41％	39.34％
CC14.4a	参与价值链的途径、优先参与的战略和判定成功的方法	31	93.94％	3	60.00％	33.94％
CC14.4b	请提供参与的供应商数量和在费用中的占比以表现企业参与的规模	18	54.55％	1	20.00％	34.55％
CC14.4c	如果企业取得供应商温室气体排放数据与气候变化战略，请说明如何利用这些数据	17	51.52％	1	20.00％	31.52％
CC14.4d	解释为什么没有与价值链就气候问题发展合作战略的原因以及未来是否发展	12	80.00％	4	33.33％	46.67％

在进行碳交易活动方面，中国和印度两国企业的参与比例相当，都处于一个较低的水平；而创造碳交易额度方面，印度企业的比例要比中国企业的

高 13~19 个百分点。这说明，碳交易在中国和印度都是刚刚开始，只是印度企业对碳交易的关注度要比中国企业更高一些。

在供应链的碳排放控制方面，印度企业明显要比中国企业更加关注对价值链的碳排放的控制。中国企业在这方面的意识和关注度需要进一步提高。

总结上述中印企业应答 CDP 调查问卷的逐项对比，我们可以发现：

在环境的治理问题上，中国企业内部指定专人或专门的机构对治理负责和建立节能减排奖励制度的比例只有样本企业的一半，与印度企业的100％相比，其比例是非常低的。说明中国企业内部对于节能减排管理的重视程度不够。

在引入气候变化风险管理机制和将气候变化纳入企业战略方面，中国企业回复有效性的比例只有样本企业的一半；无论是从回复数量上，还是在符合性方面的比例都小于印度企业，且差距较大。说明在企业战略方面引入气候变化风险管理机制的中国企业数量远远低于印度企业。

在碳减排的目标设定方面，中国企业基本设定的是绝对目标，而印度企业的目标设定更注重强度目标。说明中国企业对节能与减排关联度的关注度低于印度企业对节能与减排关联度的关注度。

在对企业的产品或服务如何直接使第三方避免温室气体排放问题方面，中国企业的管理层与印度企业相比，在概念理解和实际执行上相对较浅。

在对对排放源进行深入分析和制定减排措施方面，中国企业与印度企业相比，不够细化，不能有针对性地制定出减少排放源碳排放的具体措施。

在气候变化带给企业变化的风险与机遇的概念认识程度上，中印两国企业基本一致，大家都意识到潜在使企业经营、收入或费用产生实质性变化的固有气候变化风险与机遇；但在具体从政治、物理参数和其他气候相关发展变化方面作具体分解和分析时，中国企业明显比印度企业差很多。说明中国企业对于气候变化带给企业变化的风险与机遇的认识仍停留在表面上。

在相关节能减排管理标准和管理方案方面，中国企业对于相关标准的学习与研究要比印度企业欠缺得多。说明中国政府在此方面的管理力度或者说管理方法上需作进一步关注。

在提供导致全球变暖的潜在来源方面,印度企业对碳排放因子及来源描述完整性远远高于中国企业,且未能提供完整披露的中国企业没有表现出显著的单一行业的特征。说明中国企业对于相关碳排放的来源与引起排放的因子的知识了解不多。

在对一般性企业的碳排放检验和审计方面,中国与印度还存在着比较明显的差距;从对比结果来看,印度已开始要求企业申报碳排放数据,并对企业披露的碳排放数据进行审计,而中国还未开始。

在排放数据细分方面,尽管印度企业进行细分的比例也很低,但中国企业在这方面比印度企业更差;中国企业对于排放源的分析不够。

在节能减排绩效方面,中国高能耗企业的数量比例比印度高,而平均减排比例比印度低。从对比结果来看,印度在产业结构上比中国更加节能;但中国企业节能减排的空间要比印度企业大。

在进行碳交易活动方面,中国和印度两国企业的参与比例相当,都处于一个较低的水平;而创造碳交易额度方面,印度企业的比例要比中国企业的高 13～19 个百分点。这说明,碳交易在中国和印度都是刚刚开始,只是印度企业对碳交易的关注度要比中国企业更高一些。

在供应链的碳排放控制方面,印度企业明显要比中国企业更加关注对价值链碳排放的控制。中国企业在这方面的意识和关注度需要进一步提高。

从整个 CDP 项目问卷应答情况来看,除联想集团外,中国企业与印度企业相比,对选择"YES"或"NO"问题的回答的比例比较高,而进一步陈述的比例比较低。表明中国企业在碳排放管理上还比较粗放,具体细节的关注度不够,同时基础数据不全面。

第三节　中国碳信息披露现状分析与发展启示

一、中国企业参与 CDP 的动因分析

通过中印两国企业参与 CDP 碳信息披露项目调查问卷的应答情况对比,从应答比例来看,中国应答企业的比例明显高于印度;但从应答质量来看,中国企业应答的质量水准远远低于印度企业。

中国政府没有任何强制性政策规定中国企业必须参与 CDP 碳信息披露项目调查,因此促使中国企业积极参与 CDP 碳信息披露项目调查的动因成为本研究需要分析的问题之一。

随着中国经济的发展及环境气候的变化,循环发展理论和可持续发展经济理论越来越被大众所接受,人们越来越注重经济发展与自然环境平衡;中国经济发展已经开始从"资源消耗—产品制造—废弃物处置"模式向"资源消耗—产品制造—资源再生"转变。作为经济发展的主力,企业应担负更多的社会责任、降低成本、提高能源使用效率,增强企业的市场竞争力,在改变自身发展理念的同时,越来越需要提升自身在节能减排方面的管理水平。

参与 CDP 项目调查,企业可以对气候变化所带给自己的风险和机遇有更全面的认知;按照 CDP 对能源消耗和碳排放细分的要求对自身能源消耗及碳排放情况进行梳理,可以帮助企业有针对性地对能耗大、碳排放强度大的设施进行技术改造,从而起到降低企业的运营成本的目的。

企业投资者,不管投资者是政府还是社会自然人,对于环境及气候变化带给企业的风险与机遇更加关注,并在认知方面也不一定与企业经营者完全相同。基于委托—代理理论和信息不对称理论,为规避投资风险和把握投资机遇,企业投资者在企业碳信息披露方面对企业经营者也提出了更高的要求,因此在 CDP 项目 CC1 碳排放企业管理机构负责人一项,大部分企业都是由董事会成员或 CEO 担任其负责人。

目前在全球供应链中,越来越多的国家在实行非贸易壁垒政策;而碳保护政策正是非贸易保护的一种。更多的国家,特别是发达国家都需要供应链的企业在环保方面通过 ISO14064—1:2006"量化和报告温室气体排放和减排管理水平的规范与指导"标准体系认证。

中国自改革开放以来,一直是外向型经济,主要以出口为主。同样,为冲破国际贸易中的碳排放壁垒,中国企业在引进 ISO14064—1:2006 环保管理体系,积极采取节能减排措施的同时,希望通过 ISO14064—1:2006 环保管理体系的认证,取得全球贸易的自由权。CDP 碳信息披露项目的设置与 ISO14064—1:2006 的规范吻合度非常高,通过参与 CDP 碳信息披露项目的调查可以从中学习到碳排放管理的经验,同时借助 CDP 评估标准也可以对自身节能减排绩效做一次正确评判。

参加 CDP 项目调查向国际投资者展示了企业积极应对气候变化的信

息与策略,加强了国际竞争力。

中印两国参与 CDP 调查的应答企业所处行业对比结果显示,电信服务、医疗保健、金融、能源、工业行业这几个应答企业参与比例领先印度的行业中,电信服务、医疗保健、金融这几个传统低能耗企业如何进一步降低能耗成为企业管理的课题,而能源与工业行业如何突破碳保护非贸易壁垒,获得全球"绿色"通行证,也是其需要解决的问题。

二、中印企业参与 CDP 调查的应答质量分析

中印两国企业参与 CDP 调查应答情况的对比结果表明在节能减排的管理、气候变化的风险与机遇的认识、碳排放数据的细分、碳排放基础数据的记录和分析及对价值链的碳排放控制方面,中国企业与印度企业相比有明显的差距;在国家产业分布方面,中国高能耗企业占比要比印度高,而中国企业碳排放平均下降比例要比印度高。尽管目前印度的经济发展落后于中国,但分析两国经济发展的产业政策和节能减排政策,不难发现影响两国企业参与 CDP 调查应答结果差异的原因。

1. 两国产业政策对 CDP 应答结果的影响

上世纪 90 年代初,中国以廉价的劳动力、土地资源以及竞争性的地方政府优惠政策,吸引了来自世界的大量的制造资本,从而成为全球的制造工厂,同时也带动了中国本土制造业、服务业的兴起和发展。在此过程中,很多被发达国家禁止的或被设置了较高准入门槛的高能耗、高排放、高污染的产业被转移到了中国。尽管中国的经济得到了快速发展,但中国的大气、水源和土地等自然环境遭到了严重的破坏,使中国经济呈现过度工业化的特征。

在中国以制造业带动经济发展的同时,印度选择了以服务业带动经济增长的产业策略。印度政府通过政府对本土企业在国家投资或者外资企业强制合资的政策的引导支持建立了完整先进的现代计算机工业体系;通过以各项优惠政策鼓励信息企业出口的策略,而国际市场又正处于迅速发展之际,带动了信息产业规模发展;通过行政立法手段,加大对知识产权的保护力度,吸引更多的跨国公司技术外包项目流入印度;通过开发国内通信市场的手段,使私有资本介入由国有资本垄断的电讯业,通过竞争促使通讯服务企业提高效率、降低成本,从而使整个行业得到迅速发展。尽管目前印度

经济依然呈现欠工业化的特征,但其软件产业及信息技术带动的服务外包业,在世界范围内都取得了成功。从其服务业占 GDP 的比重、吸收的就业人数,以及近年较快的增长速度来看,印度的软件服务业发展是非常成功的。印度一些主要电讯服务项目的价格,包括国际话费、因特网接入费用等,也都低于中国,为印度普及和推广信息技术创造了条件。2014 年印度有 231 百万吨二氧化碳当量,比 2013 年增加 45 百万吨当量,其增量全部来源于新加入碳信息披露项目的一家全球最大的矿业公司和印度政府超大型电力项目的执行。剔除印度政府超大型电力项目的影响,印度企业范围 1 和范围 2 的二氧化碳排放当量都低于预定的增量目标。

因为中国高能耗、高排放的企业占比要比印度高得多,故在温室气体减排和环境污染治理方面的难度和广度要比印度大得多。

2. 两国节能减排政策对 CDP 应答结果的影响

中印两国自 20 世纪 90 年代开始大力发展本国经济之初就陆续出台了系列相关节能减排方面的政策,并通过行政手段、经济政策和信息宣传政策三个方面的努力,实施国家节能减排战略。

印度政府配合其产业政策,自 1990 年起,启动印度可再生能源开发署(the Indian Renewable Energy Development Agency,IREDA)融资计划,推动可再生能源的开发;并从政策手段层面、经济激励层面和宣传推广层面制定了一些相关推进节能减排实施的政策。通过引入国家节能奖励计划,鼓励印度企业加强能源管理,培养印度民众节能意识。通过颁发和修订《节能法》,强制实行燃料、能源税及可再生能源法规等能源管理,并将高耗能工业行业的企业和服务业用户定位为特定能源用户,进行重点监管。通过确定该行业中企业的单位能耗(SEC),根据能耗最低的企业设定目标单位能耗,总结各个企业制定实现目标单位能耗的减排途径和定期修订标准的方法,缩小在单位能耗方面表现最佳与表现最差的企业之间的差距,不断降低企业的单位能耗。通过立法,确立能效管理局(BEE)的法律地位,并授权使其制定强制性节能标准并监督执行。通过建立保证金制度和风险投资基金以推动节能减排政策的实施;同时颁布《执行、实现和交易(PAT)以及准备长远发展与实施标准》,并成立节能服务有限公司(EESL),强制要求特定能源用户在实现节能目标的同时参与碳交易计划,通过对企业采取强制性的具体节能目标,迫使企业通过市场机制从其他企业采购多余能量来完成自身节能目标,从而提升印度企业的能源使用效率。对比结果表明印度系列法规和政策的颁布成为印度企业将节能减排纳入企业发展战略并增大对气候变化投资的主要驱动。特别是 2012 年至 2013 年印度证券交易委员会命令排名前 100 的印度企业披露环境及社会责任数据的规定,对印度企业参与 CDP 碳信息披露项目调查和推动印度企业对环境及社会责任方面投资起到了非常重要的作用。印度政府在相关气候变化政策法规的变化,也迫使印度企业积极参与政策的制定与监管,入同业公会,就气候变化问题特别是能源相关问题直接与政策制定者沟通,以保证企业经营行为与监管变化同步并维持竞争优势。相关燃料能源税与法规以及可再生能源的法规对排放密集型企业气候行动的实施具有最强的监管力度,而相关碳交易计划方面的政策,对印度企业的战略选择具有重要的驱动作用。在政策驱动印度能耗密集型产业采取积极有效的节能减排措施的同时,也推动印度企业选择节能减排技术由短期回报向长期回报转变。尽管产品效率规定及标准、自愿协议、碳税、产品标签规定及标准和大气污染物排放限值对于非排放密集型行业的企业节能减排法规力度不强,但各行业大部分企业的营运收入已经与碳排放脱钩。节能减排良好的绩效提升了印度企业主动参与CDP 碳信息披露项目调查的积极性,如图 4-4 所示。

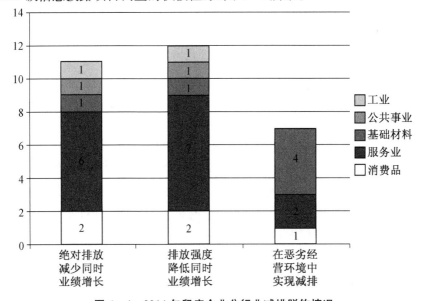

图 4-4　2014 年印度企业分行业减排脱钩情况

鉴于 20 世纪 90 年代初开始的中国经济快速发展战略,中国经济总量得以快速发展,远远超过了印度。但同时带来自然环境的严重恶化。为实行中国国民经济的持续发展,中国政府从治理大气、水源、土地污染入手,制定相关政策及法律规章以应对环境污染和气候变化。

1998 年 1 月 1 日,《中华人民共和国节约能源法》开始执行,标志着我国的节能工作正式纳入制度化和规范化的进程。确立了节能在中国经济社会发展中的关键地位,为中国的节能计划提供了有力的法律保障。

2002 年 10 月 28 日,《中华人民共和国环境影响评价法》颁布执行,从总量控制、清洁生产和节能减排三方面对环境影响评价作出了规定。

2004 年 6 月 30 日,《能源中长期发展规划纲要(2004—2020 年)》(草案)通过执行,草案强调要在全国范围内形成能源节约型的生产和消费模式,发展节能经济,建设技能社会。

2006 年,《"十一五"规划纲要》中正式提出了节能减排的概念,其要求到 2010 年国内生产总值能耗减少约 20%,主要污染物排量总量降低约 10%,指出节能减排是建设资源节约型与环境友好型社会的必然要求,为达到设计目标,重大相关产业政策与支持措施包括千家企业节能行动和十大重点节能工程开始执行。

2007 年,国务院正式发布《节能减排综合性工作方案》,其中明确提出了关闭小型电站以及逐步淘汰落后产能的要求。

2008 年,《重点用能行业单位产品能耗限额标准执行情况监督检查》开始执行,在考虑各种原材料、燃料以及产业容量的基础上,对既存和新建工厂的能效标准进行了强制规定,并发布了一系列产业能效标准。

2010 年,国务院国家发改委决定对低碳政策进行试点运行并宣布选取五省八市作为低碳发展区域,对试点要求开发低碳发展计划,建立低碳发展支撑政策,加速产业低碳化改革,建立温室气体收集与管理系统和推广低碳生活与消费模式。5 月,中国人民银行与银监会出台《关于进一步做好支持节能减排和淘汰落后产能金融服务工作的意见》,要求各银行业金融机构在授信时对企业的能效情况进行审核,并在支持节能减排和淘汰落后产能方面进行金融创新。

2012 年,国务院发布《节能减排"十二五"规划》,在总结"十一五"规划节能减排工作的基础上,确立"十二五"规划的主要任务是优化调整产业结构,推动能效水平,提高和强化主要污染物减排。同时开始《万家企业节能低碳行动实施方案》以及《温室气体自愿减排交易管理暂行办法》的实施。2月,中国银监会发布《绿色信贷指引》,要求银行建立客户的环境风险评估标准,供评级、授信、管理等使用。

2013 年,中国开始正式成立碳排放交易试点并开启运营,截至 2014年,深圳、北京、上海、天津、重庆、湖北和广东 7 个碳交易试点正常交易。

中印两国节能减排的政策颁布对比见图 4-5。

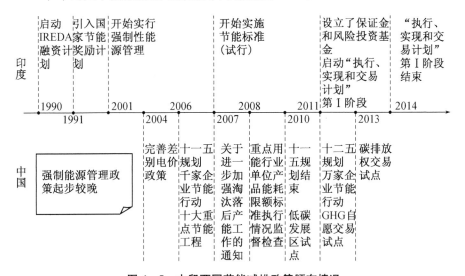

图 4-5　中印两国节能减排政策颁布情况

注:消费品行业包括消费者非必需品行业与消费者必需品行业。服务业包括信息技术、电信服务和金融业。

中国政府通过颁布一系列节能减排的法规,推行节能减排政策,进行产业结构调整等措施,从国家层面遏制了自然环境的恶化,中国企业在应对气候变化风险和机遇的识别能力得到了提高,参与碳信息披露的意识得到了增强,在公开信息方面、与利益相关方沟通方面更为积极和透明。尽管中国企业参与 CDP 披露调查的企业不多,但通过 CDP 问卷以外的途径发布企业应对气候变化和温室气体减排情况等相关信息的企业占比还是比较高。但中国政府的一系列政策和措施只在国民经济宏观调控上,对中国企业影响很大,而在企业如何进行节能减排的方法上缺乏足够的指导。

三、中国碳信息披露发展启示

从中印两国企业参与 CDP 碳信息披露调查应答的对比情况来看,虽然中国企业在应答质量方面低于印度企业,但碳信息披露在中国的进步还是很明显的。

在碳信息披露方面,参与 CDP 碳信息披露调查应答的中国企业数量大幅上升,对应对节能减碳政策与企业需求的变化更加敏感,节能减排和应对全球气候变化的意识也更加强烈。

在管理与战略方面,中国企业应对气候变化管理与战略水平有了提升,企业对气候变化问题愈加重视,并开始形成自上而下的推动力量,制定相关目标并逐步实现。

在风险与机遇方面,回复企业共识别出 25 个气候变化风险,19 个气候变化机遇,平均每 1.3 个风险中可以识别出 1 个机遇。随着企业风险管理能力的不断提升,风险与机遇比将不断降低。

在排放方面,企业排放数据的缺乏以及担心排放披露所带来的风险,反映了企业数据收集及报告体系不完善和与投资者或消费者相关的风险处理能力不足。

整体来看,在管理战略和风险机遇两部分,企业回复率较高,披露情况良好,但是论及排放部分,披露情况仍有待改善,探究其原因主要是企业普遍认为具体详尽的排放数据有可能会影响到投资方决策判断。尤其是工业、能源、基础材料等高排放行业企业,在如何节能减排的实施上缺乏政府层面的指导,在单位产业增加值能耗和排放量的数据较高,在能源成本效益、节能减排具体施行和应对气候变化策略等方面存在较高的风险,所以对自身应对气候变化成效(主要体现在排放强度和实际减排量上)、风险机遇控制能力以及与投资者沟通互动等能力方面缺乏信心,因此披露相关数据更加谨慎。

从对中印两国企业参与 CDP 碳信息披露应答对比的分析结果可以看出,国家应对气候变化政策的变化是企业进行碳信息披露的动因。国家相关节能减排政策和相关推行措施对企业节能减排的方法缺乏足够的指导,造成企业节能减排绩效不高,数据收集及报告体系不完善,缺乏碳信息披露的信心,影响了企业碳信息披露的质量。通过对中印企业参与 CDP 碳信息披露项目的应答对比与分析,我们认为要推动中国企业碳信息披露的发展,在国家节能减排政策引导的基础上,下列几点经验可以借鉴。

1. 实行强制披露制度

多源头的压力,对进一步提高企业碳信息披露的意识起着重要的作用。印度政府的强制性披露政策和印度证券交易委员会对上市企业披露环境信息和社会责任报告的命令,以及中国相关联交所对上市企业披露环境信息和社会责任报告的强制要求,有力地推动了企业碳信息的披露。我国可以借鉴上述经验,实行企业环境信息和社会责任报告强制披露制度;借鉴CDP 的经验,结合 ISO14064—1:2006 环境保护体系的要求,建立一个我国企业统一的碳信息披露框架,要求我国企业通过统一的平台进行碳信息披露。

2. 加强碳减排方法指导

节能减排的绩效好坏,对企业进行碳信息披露的积极性和碳信息披露的质量影响很大。印度政府成立专门机构,通过确定高能耗行业中企业的单位能耗(SEC),根据能耗最低的企业设定目标单位能耗,总结各个企业制定实现目标单位能耗的减排途径和定期修订标准的方法,缩小在单位能耗方面表现最佳与表现最差的企业之间的差距,不断降低企业的单位能耗。在提高企业节能减排绩效的同时,提升了企业收集碳排放数据的专业性,从而提高了企业碳信息披露的主动性和积极性。中国政府可以借鉴印度的经验,成立多级政府的专业工作小组,进驻企业,从企业的实际情况出发,探索企业节能减排的实现方法,以提升企业节能减排的绩效,从而使企业从主观上愿意进行碳信息披露,达到提升企业碳信息披露和披露质量的目的。

3. 强化碳排放的核算及审计

依据外部性理论和产品生命周期理论,通过减产的方式肯定可以达到节能减排的目的。减去不必要的产能可以帮助社会民众培养节约能源的习惯,从而达成环保的目的。但如果过度减产,则对经济发展会产生负面影响。因此,对行业碳排放总目标的控制必须强化。企业碳信息披露的目的,就是使投资者和外部相关者全面了解和正确评估企业经营对气候变化的影响,因此企业碳信息披露的质量必须得到保证。建立碳排放核算制度,设立碳会计,对产品生产进行碳足迹计算,以及对企业碳排放的核算建立强制审计制度就显得很有必要。碳排放的核算和审计,不仅可以帮助企业分析出节能减排关键点所在,实现企业节能减排的目标,而且可以保证企业碳信息披露的数据的准确性。同时碳排放的核算是保证在行业碳排放总目标控制条件下碳交易顺利进行的基础。

本章参考文献

蔡博峰. 城市温室气体清单研究[J]. 气候变化研究进展,2011,7(1):23 - 28.

陈华,王海燕,荆新. 中国企业碳信息披露:内容界定、计量方法和现状研究[J]. 会计研究,2013,12:18 - 24+96.

陈茜. 企业碳信息披露质量综合评价模型研究及应用[D]. 南京理工大学,2014.

邓宣凯,刘艳芳,李纪伟. 区域能源碳足迹计算模型比较研究[J]. 生态环境学报,2012,21(9):1533 - 1538.

贺建刚. 碳信息披露,透明度与管理绩效[J]. 财经论丛,2011(4):87 - 92.

简丽霞. 我国上市公司碳会计信息披露影响因素实证研究[D]. 北京交通大学,2012.

孟弘. 低碳经济背景下加快推进我国排污权交易的建议[J]. 科技管理研究,2011,12:89 - 92.

强化应对气候变化行动——中国国家自主贡献[N]. 人民日报,2015 - 07 - 01022.

石敏俊,王妍,张卓颖,等. 中国各省区碳足迹与碳排放空间转移[J]. 地理学报,2012,10:1327 - 1338.

孙猛. 中国能源消费碳排放变化的影响因素实证研究[D]. 吉林大学,2010.

孙瑞红. 基于碳排放清单的九寨沟自然保护区碳足迹及碳管理研究[D]. 上海师范大学,2013.

孙玮. 碳信息披露发展研究综述[J]. 经济与管理,2013,27(5):90 - 93.

田翠香,刘雨,李鸥洋. 浅议我国企业碳信息披露现状及改进[J]. 商业会计,2012,10:15 - 17.

王爱国. 我的碳会计观[J]. 会计研究,2012,05:3 - 9+93.

王宁宁. 低碳时代企业碳信息披露的探讨[J]. 商业会计,2012,1(2):120 - 121.

魏素艳. 西方国家环境信息披露:实践、特点与启示[J]. 财会通讯(学术版),2005,7:40 - 43.

夏德建,任玉珑,史乐峰. 中国煤电能源链的生命周期碳排放系数计量[J]. 统计研究,2010,27(8):82 - 89.

肖序,郑玲. 低碳经济下企业碳会计体系构建研究[J]. 中国人口. 资源与环境,

2011,8:55-60.

张彩平,谭德明. 国际碳信息披露十年回顾与展望[J]. 南华大学学报(社会科学版),2013,05:50-53.

张巧良,宋文博,谭婧. 碳排放量、碳信息披露质量与企业价值[J]. 南京审计学院学报,2013,02:56-63.

张姗,刘静. 低碳经济时代我国碳排放权会计处理的两阶段性[J]. 会计之友,2011(9):59-60.

章金霞,白世秀. 国际碳信息披露现状及对中国的启示[J]. 管理现代化,2013,02:123-125.

赵荣钦,黄贤金,钟太洋. 中国不同产业空间的碳排放强度与碳足迹分析[J]. 地理学报,2010,65(9):1048-1057.

周五七,聂鸣. 碳排放与碳减排的经济学研究文献综述[J]. 经济评论,2012(5):144-151.

朱学义. 我国环境会计初探[J]. 会计研究,1999,04:27-31.

庄贵阳. 中国经济低碳发展的途径与潜力分析[J]. 国际技术经济研究,2005,8(3):79-87.

Chen G. Q. , Chen Z. M. Carbon Emissions and Resources Use by Chinese Economy 2007: A 135-Sector Inventory and Input—Output Embodiment. *Communications in Nonlinear Science and Numerical Simulation* , 2010, 15(11): 3647-3732.

Dhakal S. GHG Emissions from Urbanization and Opportunities for Urban Carbon Mitigation. *Current Opinion in Environmental Sustainability* , 2010, 2(4): 277-283.

Finkbeiner M. Carbon Footprinting—Opportunities and Threats. *The International Journal of Life Cycle Assessment* , 2009, 14(2): 91-94.

Global Reporting Initiative. GRI G4 Guidelines and ISO 26000: 2010. How to Use the GRI G4 Guidelines and ISO, 2014, 26000.

Guan D. , Hubacek K. , Weber C. L. , et al. The Drivers of Chinese CO_2 Emissions from 1980 to 2030. *Global Environmental Change* , 2008, 18(4): 626-634.

Hertwich E. G. , Peters G. P. Carbon Footprint of Nations: A Global, Trade-Linked Analysis. *Environmental Science & Technology* , 2009, 43(16): 6414-6420.

Li Y. , Hewitt C. N. The Effect of Trade between China and the UK on National and Global Carbon Dioxide Emissions. *Energy Policy* , 2008, 36(6): 1907-1914.

Lin B. , Sun C. . Evaluating Carbon Dioxide Emissions in International Trade of China. *Energy Policy* , 2010, 38(1): 613-621.

Matthews H. S., Hendrickson C. T., Weber C. L. The Importance of Carbon Footprint Estimation Boundaries. *Environmental Science & Technology*, 2008, 42 (16): 5839 - 5842.

Ou X., Xiaoyu Y., Zhang X. Life-Cycle Energy Consumption and Greenhouse Gas Emissions for Electricity Generation and Supply in China. *Applied Energy*, 2011, 88 (1): 289 - 297.

Ou X., Zhang X., Chang S., et al. Energy Consumption and GHG Emissions of Six Biofuel Pathways by LCA in (the) People's Republic of China. *Applied Energy*, 2009, 86: S197 - S208.

Peters G. P. Carbon Footprints and Embodied Carbon at Multiple Scales. *Current Opinion in Environmental Sustainability*, 2010, 2(4): 245 - 250.

Wiedmann T. Editorial: Carbon Footprint and Input—Output Analysis—An Introduction, 2009.

Zhang X. P., Cheng X. M. Energy Consumption, Carbon Emissions, and Economic Growth in China. *Ecological Economics*, 2009, 68(10): 2706 - 2712.

第五章　碳信息披露与权益资本成本

21世纪之前,众多研究信息披露与资本成本关系的文献大部分都基于财务信息的披露(Core,2001;Healy and Palepu,2001;Leuz and Wysocki,2008)。大部分文献都认为财务信息披露质量和资本成本负相关,即更好的财务信息披露会降低企业的资本成本。比如 Merton(1987)指出,更好的信息披露可以促使投资者意识到企业的存在性,从而会增加投资,因此企业风险被分散,继而降低资本成本。另外,又有学者表明高质量的信息披露或者具体详尽的企业信息披露会在很大程度上减少资本成本(Hughes,Liu and Liu,2007;Lambert,Leuz and Verrecchia,2007)。更好的信息披露能有效减少投资者之间或者投资者与管理者之间的信息不对称。Francis、Khurana 和 Pereira(2005)采用 Easton(2004)的方法估算权益资本成本,研究发现有较大融资需求的公司有较高的信息披露水平,而且这些公司的信息披露越充分,权益资本成本就越低。

第一节　问题的提出

随着越来越多非财务信息的披露,学者们也对非财务信息披露与资本成本之间的关系产生了兴趣。只要企业披露的这些信息有相关价值,即这些非财务信息可以用来预测企业未来的风险、机遇、业绩等,便可以用来研究企业的非财务信息披露与资本成本的关系。大量研究表明,企业社会责任报告(corporate social responsibility reporting,CSR)就是一份具有相关价值的信息披露报告(Margolis and Walsh,2001;Orlitzky,Schmidt and Rynes,2003;Al-Tuwaijri,Christensen and Hughes,2004)。在非财务信息中占有另一重要地位的是环境信息。Plumlee、Brown 和 Marshall (2008)不仅检验了环境信息的自愿披露和企业价值的关系,还分析了环境信息披露的方式和行业对这些关系产生的影响。结果发现环境信息披露质量越高,权益资本成本越低。我们的研究关注的就是碳信息披露影响企业权益融资成本的关系。

投资者的监控以及来自投资者和资本市场的压力是企业进行有效碳披露的重要因素。但是投资者愿意实施监督的原因有二:一是碳信息具有价值相关性;二是碳信息能够影响股价和融资成本,是重要的价格风险因子。相当数量的研究证明了包括碳信息在内的社会责任信息是价值相关的(Margolis and Walsh,2001;Orlitzky,Schmidt and Rynes,2003;Al-Tuwaijri,Christensen and Hughes,2004),但是这一信息影响企业价值的渠道与财务信息却不尽相同(Dhaliwal,Li,Tsang and Yang,2011),其中政府法规以及由此带来的遵循成本(compliance cost)是主要因素,社会公众压力、潜在的投资者偏好以及由此产生的企业声誉也是重要的影响渠道(Richardson and Welker,2001;Lev,Petrovits and Radhakrishnan,2010)。

碳信息与财务信息的重要不同在于,碳信息对企业财务绩效的影响具有很大的不确定性,这种不确定性来源于法规、技术及政治三个方面(Barth and McNichols,1994;Milne,1991;Cropper and Oates,1992)。由于这种不确定性,导致管理层无法准确全面地披露碳信息。同时,还存在另一种重要情况,即管理层掌握碳信息,但出于管理目的或市场目的,仅披露部分信息,如仅披露所谓的“好消息”,而对于管理层到底是出于无意还是有意抑制部分信息的披露,外部投资者是无法确定的(Li,Richardson and Thornton,1997)。外部投资者无法准确判断企业是否进行有效的碳披露,但是当企业碳信息披露状况超出投资者容忍限度时,投资者可以启动惩罚机制,但这种不确定性以及惩罚监督成本会影响惩罚机制的启动。相应地,资本市场也会对企业碳信息的不完全披露及投资者是否启动惩罚机制做出反应。

因此碳信息是否具有重要的价值相关性,能否成为价格风险因子,会决定投资者和管理层对于碳信息的重视程度。然而企业特有的信息能否被视为价格风险因子,即对融资成本产生影响,有一个关键的理论问题需要解决:即理性投资者是否能够有效分散信息风险(Francis,Lafond,Olsson and Schipper,2004)。Leuz 和 Verrecchia(2004)的研究表明,在拥有众多企业的经济系统中,由于系统中构成要素的相互抵消作用,信息风险是无法全部被分散掉的。Lambert、Leuz 和 Verrecchia(2007)在该模型的基础上做了进一步发展,他们构建了一个在完全竞争假设条件下,市场均衡时的资产定价模型,研究发现由于不可分散的市场风险的原因(也即企业现金流与市场现金流之间的协方差),较高的信息质量会导致较低的资本成本[①]。因此对于碳信息披露质量能否促进企业融资成本的降低,成为价格风险因子这一内容的检验,有助于了解碳信息披露对于企业价值和投融资策略的影响。

第二节　研究假设与变量设计

一、研究假设

已有的环境经济学文献认为存在两种环境绩效的类型:即好的环境绩效企业和差的环境绩效企业。环境绩效好的企业严格遵守当前的环境规则,而环境绩效差的企业则花费最少的遵循成本。因此环境绩效好的企业可以享受到严格遵循环境规则的好处(比如绿色商誉,即由于变革变相提高竞争对手成本而带来的成本上的好处),而环境绩效差的企业则没有这种好处,反而存在由于未来碳减排标准提高后导致成本增加的风险(Cormier et al.,1993;Cormier and Magnan,1997;Hughes,2000)。自愿披露理论(voluntary theory)认为公司为了避免逆向选择问题而倾向于披露“好消息”抑制“坏消息”(Dye,1985;Verrecchia,1983)。因此环境绩效好的公司更愿意向投资者及潜在股东披露环境信息或披露更多的环境信息,以便于提高公司声誉,增加企业价值(Li,Richardson and Thornton,1997;Bewley and Li,2000)。Clarkson、Fang 和 Li and Richardson(2008)的实证研究也表明,环境绩效好的企业通过那些环境绩效差的企业很难模仿的自愿性披露来传递信号,表明他们属于环境优秀类型的企业。因此他们推

[①] 该模型也同时认为,信息风险会影响企业的 Beta 系数,但一个预定的、前瞻性的 Beta 系数是能够完全反映预期收益的截面差异。只有在 Beta 系数是用残差估计的情况下,也就是说如果信息风险的代理变量估计的是 Beta 的残差,那么该代理变量才能称之为价格风险因子。基于此,Core、Guay 和 Verdi(2008)分析认为采用时间序列模型来证明价格风险因子的假设是不可靠的,显著的正相关系数并不能说明问题。

断认为,自愿性环境信息披露以增量方式丰富了当前的财务信息披露,从而增加了企业的价值。

当投资者确定了企业的类型,即是否属于环境绩效好的企业,他们可以推断环境管理好的企业会更有竞争力,同时相对于环境绩效差的企业未来会承担更少的环境负债。Clarkson 等(2011)的研究表明环境绩效有显著改善的企业随后几年的财务绩效也会有显著的改善,这个发现支持了环境绩效会增加企业未来竞争力这一论断。

投资者确定环境绩效好的企业更有竞争力,这使得他们在投资时会对环境绩效好的企业具有偏好,从而降低了这些企业的融资成本。而环境绩效好的企业依据自愿披露理论,其环境信息披露质量也较好,也就是说通过环境信息披露来传递的信号,从而引起投资者的偏好并降低信息不对称性。因此环境信息披露对资本成本有直接影响。Plumlee、Brown、Hayes 和 Marshall(2010)调查了企业自愿性环境披露的质量和企业价值与资本成本的关系,他们在美国《排放毒性化学品目录》(GRI)披露的基础上自行设计了一套披露指数,以 5 个行业的 490 家企业 2000—2005 年的数据为样本,研究发现在披露质量和资本成本之间既存在正相关也存在负相关关系,而这取决于披露的类型和属性。

除了自愿性环境信息披露可作为财务信息披露的增量外,社会责任信息披露也是重要的非财务性信息披露。Richardson 和 Welker(2001)研究认为,社会责任报告(CSR)对资本成本有直接影响,其原理要么是通过投资者对社会责任的偏好从而影响投资,要么是通过减少了信息不对称从而降低了风险。他们运用 1990—1992 年加拿大管理会计师协会监管的公司的数据,发现了财务披露与资本成本之间存在显著负相关关系。同时他们发现社会披露水平和资本成本之间存在显著正相关关系,这说明更多的社会性披露会增加资本成本,而导致这一结果的一个原因就是在实证中未对实际社会绩效进行有效的控制。Dhaliwal、Li、Tsang 和 Yang(2011)检验了自愿披露性 CSR 信息是否会降低企业的资本成本。他们研究认为 CSR 活动会影响企业的绩效和企业价值在于其活动帮助企业避免了潜在的政府规则并降低了未来的遵从成本。承担社会责任高的企业能够在销售和财务绩效上有优势主要源于消费者和投资者的偏好,而且这些企业也会面临着较低的诉讼风险和未来的污染治理成本。自愿性披露会降低有关企业社会绩效的信息不对称性,建立在这个观点基础上,他们发现拥有高资本成本的企业倾向于发布独立 CSR 报告,而且披露 CSR 报告质量较好的企业倾向于较低的资本成本。

同样的,作为重要的环境信息内容,已有的研究表明碳信息披露好的企业也以增量方式传递信号,丰富当前的财务信息披露,影响企业的价值并对企业融资成本产生直接影响,从而影响企业的投融资决策(Chapple, Clarkson and Gold,2013)。CDP 项目的碳信息披露让利益相关者较大程度地了解了面对气候变化时,企业在治理、沟通上面临的风险与机遇、公司战略的选择以及温室气体排放方面的信息,这有助于他们做出合理的投资决策。

基于此,本文提出如下研究假设。

H1:碳信息披露水平与权益资本成本负相关,即企业碳信息披露越充分,该企业的权益资本成本越低。

上述假设 H1 中的碳信息披露是指碳信息披露的总水平,根据 CDP 问卷的构成,为了研究每一模块碳信息披露水平与权益资本成本的关系,分别提出以下四个相关假设:

H1a:温室气体治理披露与权益资本成本负相关,即企业对温室气体治理的披露水平越高,权益资本成本越低。

H1b:与碳排放相关的风险应对和机遇披露与权益资本成本负相关,即企业对于面临温室气体的应对措施和可能获得的机会的充分披露与该企业的权益资本成本呈反向变动。

H1c:战略披露与权益资本成本负相关,即企业对碳减排目标、减排活动和参与应对气候变化问题政策制定的披露越充分,企业的权益资本成本越低。

H1d:温室气体排放披露水平与权益资本成本负相关,即企业关于温室气体排放核算、排放强度、能源和交易等信息的披露与企业的权益资本成本反向变动。

二、变量设计

本研究关注的是碳信息披露与权益资本成本的关系,参考已有的相关研究(Dhaliwal, Li, Tsang and Yang,2011;Clarkson, Li, Richardson and Vasvari，2008；Bewley and Li，2000），设定的控制变量有代表企业偿债能力、盈利能力、营运能力和市场绩效等财务指标，以及与信息披露相关的合法性风险等指标。具体的变量选择和定义见表5-1。

表5-1　研究变量的设计

变量类型	变量符号	变量名称
因变量	COC	权益资本成本
自变量	CD	碳信息披露总水平
	$CD1$	碳治理披露水平
	$CD2$	风险与机遇披露水平
	$CD3$	低碳战略披露水平
	$CD4$	碳排放核算披露水平
控制变量	LEV	财务杠杆
	ROA	资产收益率
	AT	资产周转率
	$TOBINQ$	托宾Q值
	FIN	筹资活动量
	$BETA$	β系数
	$SIZE$	企业规模
	MB	账面市值比
虚拟变量	$LITIGATION$	合法性风险
	IND	行业

其中，权益资本成本（COC）沿用 Easton（2004）中的 PEG 公式。具体模型如下：

$$Re=\frac{\sqrt{eps_2-eps_1}}{p_0} \tag{5-1}$$

式中，Re 代表 t_0 期的权益资本成本；eps_1 和 eps_2 分别代表 t_1 期和 t_2 期的预期每股收益；p_0 代表 t_0 期的年末收盘价。该模型基于每股收益的增长率为正的前提假设，因此用 t_2 期的预期每股收益减去 t_1 期的预期每股收益。本研究在估算权益资本成本时选用该模型，当样本的 t_2 期的预期每股

收益小于 t_1 期的预期每股收益时,该样本被剔除。因此本研究中 eps_1 和 eps_2 分别采用预期的 2011 年和 2012 年的每股收益;p_0 采用 2010 年的年末收盘价。eps_1、eps_2 和 p_0 的数据来自于 Reuters Finance 网站。根据公式计算得到的是 2010 年的权益资本成本。

模型二中的碳信息总体披露水平(CD)采用 CDP 项目官方网站上公布的企业碳信息披露指数的总得分,即 CDLI 指数总评分。模型三、四、五、六分别为 CDP 的碳信息披露问卷中前四个主要部分的得分,即温室气体治理模块的得分、风险与机遇模块的得分、低碳战略模块的得分和温室气体排放核算模块的得分,分别用 $CD1$、$CD2$、$CD3$ 和 $CD4$ 表示。[①]

财务杠杆(LEV)用资产负债率表示,代表企业的偿债能力。资产负债率越高说明企业的财务风险越大,而理性的投资者都厌恶风险或规避风险。当企业有较高的财务杠杆时,投资者要求的投资回报率就较高,站在企业的角度,权益资本成本就相应较高。因此,预测企业的权益资本成本和财务杠杆正相关。

资产收益率(ROA)用"息税前净利润 EBIT/资产总额"表示,作为企业的财务绩效指标,代表企业的盈利能力。获利能力强的企业,投资者承担的风险相应较小,那么要求补偿这种风险的期望收益率就低。从而,预期企业的权益资本成本与资产收益率负相关。

资产周转率(AT)用"总销售额/资产总额"表示,代表企业的营运能力。当企业的资产周转率较好的时候,筹资压力相对较小,权益资本成本相对较低。预测企业权益资本成本与资产周转率负相关。

托宾 Q 值,用"(普通股的市场价值+优先股、长期负债和流动负债的账面价值)/资产账面价值"表示,代表市场绩效。企业的市场绩效越好,投资者面临的风险越小,要求的期望报酬率就越小,所以预期企业的权益资本成本与托宾 Q 值负相关。

筹资活动量(FIN)用"全年筹集到的资金总额/资产总额"表示。参考

---

① CDP 项目官方网站上仅公布了 S&P 500 企业的碳信息披露指数 CDLI 的总得分,而对每个模块的具体得分并没有公布。因此我们研究者依靠 CDP 项目 Rating_Methodology_2010 这一评分系统与规则对 S&P 500 企业每一份问卷的 5 个模块共 22 组问题进行了手工评分,并同时将该评分转化为百分制得分,以便于与 CDLI 得分比较。手工评出的企业碳信息披露总体得分与 CDP 项目公布的 CDLI 得分没有显著差异,这在一定程度上证明了手工评分的准确性。

Richardson、Teoh 和 Wysocki(2004)的研究,全年筹集到的资金包括发行的普通股和优先股减去回购的普通股和优先股,再加上发行的长期债券减去回收的长期债券的余额。企业筹集到的资金越多,则企业的筹资压力越小,因此预测企业的权益资本成本与筹资活动量负相关。

合法性风险(LITIGATION)由 Skinner(1997)提出,他研究认为面临高风险的企业倾向于披露更多信息来避免潜在的诉讼。而根据本书的假设,披露越多的信息,权益资本成本就越低。因此,预期权益资本成本与合法性风险负相关。参考 Dhaliwal、Li、Tsang 和 Yang(2011)的研究,如果企业面临高合法性风险(SIC codes of 2833 - 2836,3570 - 3577,3600 - 3674,5200 - 5961,and 7370),则变量值为 1,否则为 0。

另外,根据 Fama-French 的风险三因子分析,引入权益资本成本的传统控制变量 β 系数(BETA)、企业规模(SIZE)、账面市值比(MB)以及行业(IND)控制变量。其中行业(IND)属于虚拟变量,S&P 500 共有十个行业参与 CDP 问卷调查。由于不同的行业参与 CDP 的程度不同,本文设置了九个行业控制变量,并赋值 0 和 1。

第三节　模型构建与描述性分析

一、模型构建

本研究设立 5 个回归模型来分别检验假设 H1、H1a 、H1b、H1c 和 H1d。具体模型如下。

$$COC_{2010} = \alpha_0 + \alpha_1 CD_{2010} + \alpha_2 LEV_{2010} + \alpha_3 ROA_{2010} + \alpha_4 AT_{2010} + \alpha_5 TOBINQ_{2010} + \alpha_6 FIN_{2010} + \alpha_7 LITIGATION + \alpha_8 BETA_{2010} + \alpha_9 SIZE_{2010} + \alpha_{10} MB_{2010} + \sum IND_i + \varepsilon \qquad (5-2)$$

式中:α_0 是常数项,ε 是回归残差,$\alpha_1 \sim \alpha_{10}$ 为回归方程的参数,i 取 $1 \sim 9$。

$$COC_{2010} = \beta_0 + \beta_1 CD1_{2010} + \beta_2 LEV_{2010} + \beta_3 ROA_{2010} + \beta_4 AT_{2010} + \beta_5 TOBINQ_{2010} + \beta_6 FIN_{2010} + \beta_7 LITIGATION + \beta_8 BETA_{2010} + \beta_9 SIZE_{2010} + \beta_{10} MB_{2010} + \sum IND_i + \mu \qquad (5-3)$$

式中:β_0 是常数项,μ 是回归残差,$\beta_1 \sim \beta_{10}$ 为回归方程的参数,i 取 $1 \sim 9$。

$$COC_{2010} = \gamma_0 + \gamma_1 CD2_{2010} + \gamma_2 LEV_{2010} + \gamma_3 ROA_{2010} + \gamma_4 AT_{2010} +$$
$$\gamma_5 TOBINQ_{2010} + \gamma_6 FIN_{2010} + \gamma_7 LITIGATION + \gamma_8 BETA_{2010} + \gamma_9 SIZE_{2010}$$
$$+ \gamma_{10} MB_{2010} + \sum IND_i + \omega \qquad (5-4)$$

式中:γ_0 是常数项,ω 是回归残差,$\gamma_1 \sim \gamma_{10}$ 为回归方程的参数,i 取 $1 \sim 9$。

$$COC_{2010} = \delta_0 + \delta_1 CD3_{2010} + \delta_2 LEV_{2010} + \delta_3 ROA_{2010} + \delta_4 AT_{2010} +$$
$$\delta_5 TOBINQ_{2010} + \delta_6 FIN_{2010} + \delta_7 LITIGATION + \delta_8 BETA_{2010} + \delta_9 SIZE_{2010}$$
$$+ \delta_{10} MB_{2010} + \sum IND_i + \varphi \qquad (5-5)$$

式中:δ_0 是常数项,φ 是回归残差,$\delta_1 \sim \delta_{10}$ 为回归方程的参数,i 取 $1 \sim 9$。

$$COC_{2010} = \theta_0 + \theta_1 CD4_{2010} + \theta_2 LEV_{2010} + \theta_3 ROA_{2010} + \theta_4 AT_{2010} +$$
$$\theta_5 TOBINQ_{2010} + \theta_6 FIN_{2010} + \theta_7 LITIGATION + \theta_8 BETA_{2010} + \theta_9 SIZE_{2010} +$$
$$\theta_{10} MB_{2010} + \sum IND_i + \sigma \qquad (5-6)$$

式中:θ_0 是常数项,σ 是回归残差,$\theta_1 \sim \theta_{10}$ 为回归方程的参数,i 取 $1\sim9$。

二、样本选择与描述性分析

本研究碳信息披露的数据主要来自于 2009 年和 2010 年的碳披露项目 CDP,该项目拥有目前全球最全面的碳信息数据库。截止 2010 年,全球范围内调查对象已有 4 700 多家,回复该调查的有 3 700 多家。

我们的研究对象为标准普尔 500 强(S&P 500)企业,剔除不符合要求的样本包括:① 未参与回复 CDP 问卷的企业;② 因无法获得原始数据或无法采用 PEG 模型计算权益资本成本的企业(要求获得企业 2011 年、2012 年、2013 年连续三年的预期每股收益 eps 和年末的收盘价,同时 $eps_{2012} >$ eps_{2011},$eps_{2011} > eps_{2010}$);③ 缺失或无法通过计算获得控制变量和虚拟变量的企业。共得到 161 组有效样本。用于计算因变量权益资本成本的数据(预期的每股收益)来自于 Reuters Finance 网站。其他自变量、控制变量的数据主要来自于 Compustat 数据库、CRSP 数据库、Google Finance 和 Daily Finance 等网站,数据分析主要采用 Stata 软件处理。

表 5-2 列示了 S&P 500 的行业分布情况、每个行业 CDP 调查项目的回复率以及每个行业研究样本的企业数。表 5-3 列示了相关变量的描述

性分析。

表 5 - 2 研究样本的行业分布情况

行业类别	所有企业数量	该行业企业数量占 S&P 500 的比例	回复问卷的企业数量	回复问卷企业占该行业企业数量的比例	样本企业数量	样本占该行业企业回复数量的比例
非必需消费品 (Consumer Discretionary)	80	16％	49	61.25％	12	24.49％
必需消费品 (Consumer Staples)	41	8.2％	37	90.24％	20	54.05％
能源(Energy)	39	7.8％	23	58.97％	9	39.13％
金融 (Financials)	78	15.6％	51	65.38％	28	54.90％
医疗(Health Care)	52	10.4％	37	71.15％	19	51.35％
工业 (Industrials)	58	11.6％	37	63.79％	21	56.76％
信息技术 (Information Technology)	77	15.4％	56	72.73％	21	37.50％
材料 (Materials)	32	6.4％	25	78.13％	12	48.00％
通讯(Telecomm- unications)	9	1.8％	6	66.67％	5	83.33％
公用事业 (Utilities)	34	6.8％	29	85.29％	14	48.28％
总数	500	100％	350		161	

数据来源:2010 年 S&P 500 的 CDP 报告及本研究的整理

从表 5 - 2 中可以看出,上述十个行业的 CDP 问卷的回复率基本都在 60％以上,总回复率达 70％,因此 CDP 调查项目的全球参与度比较高。回复率排在前三的依次是必需消费品行业(粮食和零售食品、饮料、烟草等)、公用事业(电力、燃气公用事业等)和材料行业(金属、采矿、化工、建材等)。回复率最低的是能源行业(石油、天然气和消费品燃料、能源设备和服务等),但是该行业对温室气体排放的影响最大。从理论上分析,处于该行业的企业应该更多地披露碳信息,以便投资者对其有充分了解,从而降低权益资本成本。在回复 CDP 问卷的企业中,通讯行业(多元化电信服务、无线通讯服务等)有效样本的比例最高,工业、医疗业、金融业和必需消费品行业的有效样本比例都在 50% 以上。因此从企业回复问卷的比例和有效样本占该行业企业数量的比例来看,必需消费品行业和公用事业对碳信息的披露较为关注。

表 5 - 3　相关变量的统计学分析

变量	样本数	极大值	极小值	均值	标准差
COC	161	4.065 5	0.001 6	0.079 1	0.390 4
CD	161	96	7	61.42	20.21
CD1	161	3.03	0	2.44	0.56
CD2	161	40.00	0	21.67	7.90
CD3	161	10.75	0.59	5.51	1.86
CD4	161	45.97	1.19	29.60	9.95
LEV	161	1.16	0.06	0.63	0.18
ROA	161	0.25	−0.14	0.06	0.06
AT	161	4.93	0.05	0.74	0.68
TOBINQ	161	6.65	0.05	1.49	0.96
FIN	161	0.87	0	0.06	0.12
LIGIGATION	161	1	0	0.35	0.48
BETA	161	3.18	0.31	1.02	0.55
SIZE	161	12.81	7.31	9.67	1.12
MB	161	20.59	−35.56	2.60	3.88

表 5 - 3 的数据显示了权益资本成本的极大值为 4.06,极小值为 0.001 6,极值之间的差距较大,均值为 0.079 1。标准差 0.39 说明 161 家

企业的权益资本成本总体水平差相距较大。表 5-3 还揭示了碳信息披露总水平、碳治理披露水平、风险与机遇披露水平、低碳战略披露水平和碳排放核算披露水平的统计数据特征,CD 满分为 100 分,161 家企业的平均得分为61.42 分,说明 S&P 500 的碳信息披露质量总体还是比较高的。从信息披露水平的最大值来看,没有一家企业能获得满分,但从具体的模块来看,有的企业可以获得该模块的满分。从最小值来看,有的企业的披露水平很低,总分最低的只有 7 分。根据表中显示的标准差(20.21),说明不同企业之间的碳信息披露水平差异较大。

三、相关性分析

表 5-4 揭示了各变量之间的相关性检验,从控制变量单变量的相关性检验结果看,各个控制变量之间的相关系数绝对值皆在 0.5 以下,有很大部分变量之间的相关系数在 0.1 以下,这说明控制变量之间的相关性比较弱,各个变量比较独立。

表 5-4 变量的相关性检验(N=161)

变量	COC	CD	LEV	ROA	AT	TOBINQ	FIN	LITIGA TION	BETA	SIZE	MB
COC	1	−0.239 ***	0.069 **	0.068	−0.022	0.103	0.147 **	−0.035	0.042	−0.039	0.121 *
CD		1	0.034	0.069	−0.029	−0.038	0.029	−0.008	−0.018	0.057	0.062
LEV			1	−0.394 ***	−0.078	−0.385 ***	0.096	−0.387 ***	0.222 ***	0.113	−0.163 **
ROA				1	0.199 ***	0.713 ***	−0.002	0.286 ***	−0.310 ***	0.147 **	0.156 **
AT					1	0.219 ***	0.052	0.265 ***	−0.021	0.027	0.008
TOBINQ						1	0.078	0.319 ***	−0.192 **	0.102	0.030
FIN							1	0.054	−0.004	−0.028	0.084
LITIGA TION								1	−0.061	−0.095	0.089
BETA									1	0.053	−0.175 *
SIZE										1	−0.042

注:表中为 pearson 系数,*** 表示检验在 1% 的水平上显著,** 表示检验在 5% 的水平上显著,* 表示检验在 10% 的水平上显著。

第四节　实证结果与稳健性检验

一、实证结果

本研究设计了 5 个回归模型来进行检验,OLS 模型的检验结果见表 5 - 5。另外,这 5 个方程除了自变量不一样以外,因变量和控制变量都趋于一致,而这可能会导致这一组模型残差误的相关性增加,因此又采用了 Seemingly Unrelated Regression System(SUR 模型)[①]来进行估计,估计的结果与 OLS 模型没有显著的区别。

表 5 - 5　模型的回归结果

COC_{2010}	模型(5 - 2)	模型(5 - 3)	模型(5 - 4)	模型(5 - 5)	模型(5 - 6)
$CD(CD_i)$	$-0.005\,0^{***}$ (-3.19)	$-0.090\,9^{*}$ (-1.67)	$-0.007\,7^{**}$ (-2.17)	$-0.038\,3^{***}$ (-2.72)	$-0.010\,8^{***}$ (-3.28)
LEV_{2010}	$0.308\,4^{***}$ (2.65)	$0.269\,6^{*}$ (1.78)	$0.325\,8^{**}$ (2.11)	$0.263\,8^{**}$ (2.01)	$0.311\,6^{***}$ (2.45)
ROA_{2010}	$0.595\,8$ (0.69)	$0.243\,4$ (0.28)	$0.280\,4$ (0.32)	$0.256\,9$ (0.30)	$0.681\,0$ (0.79)
AT_{2010}	$-0.026\,7$ (-0.56)	$-0.021\,9$ (-0.45)	$-0.025\,3$ (-0.52)	$-0.031\,4$ (-0.64)	$-0.023\,7$ $(-0..48)$
$TOBINQ_{2010}$	$0.045\,3$ (0.92)	$0.063\,4$ (1.25)	$0.064\,4$ (1.28)	$0.065\,1$ (1.30)	$0.042\,5$ (0.86)
FIN_{2010}	$0.426\,5^{**}$ (1.97)	$0.408\,9^{*}$ (1.64)	$0.378\,3^{**}$ (2.01)	$0.369\,0^{**}$ (1.98)	$0.451\,8^{**}$ (2.12)
$LITIGATION$	$-0.042\,6$ (-0.49)	$-0.028\,6$ (-0.32)	$-0.049\,3$ (-0.55)	$-0.040\,9$ (-0.46)	$-0.055\,5$ (-0.64)

---

①　单一的模型往往只包括一个方程,在这个方程中,我们一般假定其残差与其他变量独立不相关,并据此来进行统计学估计。但在一组类似的方程中,当我们无法确定残差是否独立不相关时,这称之为"Seemingly Unrelated Regression System",可以采用 SUR 模型来估计。Greene(2005)认为,相较于 OLS 模型,SUR 模型的估计更为准确可靠。

（续表）

COC_{2010}	模型(5-2)	模型(5-3)	模型(5-4)	模型(5-5)	模型(5-6)
$BETA_{2010}$	−0.073 9 (−1.05)	−0.081 5 (−1.12)	−0.−084 6 (−1.17)	−0.060 9 (−0.83)	−0.061 3 (−0.86)
$SIZE_{2010}$	−0.017 5 (−0.59)	−0.013 3 (−0.44)	−0.018 7 (−0.62)	−0.014 5 (−0.48)	−0.025 6 (−0.87)
MB_{2010}	0.014 1* (1.68)	0.013 8 (1.62)	0.014 3* (1.68)	0.014 2* (1.67)	0.013 6* (1.69)
_cons	0.226 2 (0.70)	0.111 7 (0.33)	0.076 7 (0.23)	0.122 2 (0.37)	0.311 2 (0.94)
IND	Yes	Yes	Yes	Yes	Yes
adj−R^2	0.274 0	0.273 3	0.283 3	0.281 7	0.280 9
N	161	161	161	161	161

注：表中 CD 在模型(5-2)中代表总体碳信息披露水平，CD_i 在模型(5-3)至模型(5-6)中分别代表碳治理披露水平 CD1、碳风险和机遇披露水平 CD2、低碳战略披露水平 CD3 和碳排放核算披露水平 CD4。*** 表示检验在 1%的水平上显著，** 表示检验在 5%的水平上显著，* 表示检验在 10%的水平上显著。

从回归结果看，本研究提出的 5 个研究假设都得到一定程度的验证。从碳信息的总体披露水平(CD)来看，该披露水平与企业权益资本成本(COC)呈显著负相关的关系($t=-3.19$，P 值<0.01)。从 CDP 问卷的每个子模块来看，碳治理披露水平(CD1)、碳风险和机遇披露水平(CD2)、低碳战略披露水平(CD3)和碳排放核算披露水平(CD4)与企业权益资本成本(COC)也分别负相关，这 4 个子模块的研究结果得出了与整体披露一致的结论。其中碳排放核算水平(CD4)和低碳战略披露水平(CD3)都在 1%的水平上与权益资本成本(COC)显著负相关($t=-3.28$，P 值<0.01；$t=-2.72$，P 值<0.01)；碳风险和机遇披露水平(CD2)在 5%的水平上与权益资本成本(COC)显著负相关($t=-2.17$，P 值<0.05)；只有碳治理水平与权益资本成本(COC)的显著性不高($t=-1.67$)，但两者仍然是负相关的关系，并通过了 10%的检验。这说明虽然气候变化对企业来讲是面临的风险，但若风险应对恰当也是机遇，因此投资者对于企业是否能抓住碳机遇予以了较高的关注度。而低碳战略和碳排放核算都是企业在当下为碳减排工

作做出的实际努力,投资者可能更愿意通过评价企业现有的努力效果来做出决策,因此其关注程度很高。

从模型的控制变量来看,5 个模型都包含了代表企业偿债能力、盈利能力、营运能力、财务绩效和市场绩效变量。模型的回归结果均显示反映企业负债水平的 LEV 与权益资本成本显著正相关。模型的主要控制变量中,反映企业财务绩效的 ROA 和反映企业市场绩效的 $TOBINQ$ 值与权益资本成本(COC)的相关性为正,与预期不符。而反映企业营运能力的资产周转率 AT 和反映合法性风险的 $LITIGATION$ 的回归系数等则基本与预期一致[①]。

进一步地,为了分析碳密集行业与非密集行业是否存在碳披露水平对资本成本影响的差异,根据 Tang 和 Luo(2011)的研究,将能源行业、材料行业、工业企业和公用事业等归于碳密集型行业,其余定为非密集型行业。引进虚拟变量 $INTENSITY$,如果该企业属于碳密集行业,则设为 1,否则为 0。同时加入交互项 $CD*INTENSIY$,建立模型:

$$COC_{2010} = \mu_0 + \mu_1 CD_{2010} + \mu_2 INTENSITY + \mu_3 CD_{2010} * INTENSITY$$
$$+ \mu_4 LEV_{2010} + \mu_5 ROA_{2010} + \mu_6 AT_{2010} + \mu_7 TOBINQ_{2010} + \mu_8 FIN_{2010} +$$
$$\mu_9 LITIGATION + \mu_{10} BETA_{2010} + \mu_{11} SIZE_{2010} + \mu_{12} MB_{2010} + \sum IND_i + \varepsilon$$
$$(5-7)$$

模型(5-7)的系列回归结果见表 5-6。检验结果与预期的相反,从碳信息的总体披露水平(CD)来看,交互项 $CD*INTENSIY$ 与企业权益资本成本(COC)呈显著正相关关系($t=2.03$,P 值<0.05)。同时,从子模块的检验来看,交互项 $CD3*INTENSIY$ 与企业权益资本成本(COC)呈显著正相关关系($t=1.68$,P 值<0.1),交互项 $CD4*INTENSIY$ 与企业权益资本成本(COC)也呈显著正相关关系($t=2.63$,P 值<0.01)。这说明,在碳信息披露水平相同的情况下,越是碳密集行业,其对权益资本成本的负向影响反而越小。或者说,相较于碳密集行业,非密集行业中碳信息披露水平降低权益资本成本的程度更为显著。分析其可能的原因,对于碳密集行业而言,投资者和社会公众对于其在碳减排和环境保护等方面产生的预期

---

① 考虑到企业的碳信息披露(CD)与合法性风险($LITIGATION$)存在较密切的关系,本研究进行了多重共线性的检验,VIF 的结果表明模型不存在多重共线性问题,说明这个问题不严重。

值较低,认为短期内无法有较显著的改善,即使有较好的碳信息披露也不一定会降低未来的碳减排成本和污染治理成本。而非密集行业,投资者和社会公众则认为其较好的碳信息披露水平,意味着对于碳减排工作的努力和策略,这会产生较好的效果,即企业未来面临着较低或很少的诉讼风险和污染治理成本。低碳战略披露水平(CD3),特别是碳排放核算披露水平(CD4)和碳密集行业的交互项(CD3 * INTENSIY 和 CD4 * INTENSIY)与企业权益资本成本(COC)显著的正相关关系则进一步说明了该问题,即非密集行业在低碳战略和碳排放核算披露等方面的努力对于投资者更具有作用,更容易增强投资者和社会公众的信心。

表 5 - 6　模型的回归分析结果

COC_{2010}	模型(7 - 1)	模型(7 - 2)	模型(7 - 3)	模型(7 - 4)	模型(7 - 5)
CD	−0.007 1*** (−3.76)				
$CD1$		−0.154 5** (−2.01)			
$CD2$			−0.010 9** (−2.23)		
$CD3$				−0.058 9** (−2.54)	
$CD4$					−0.016 4*** (−4.00)
$INTENSITY$	−0.495 7** (−2.26)	−0.486 5 (−1.59)	−0.318 2 (−1.53)	−0.384 8* (−1.77)	−0.543 9*** (−2.58)
$CD_i *$ $INTENSITY$	0.006 9** (2.03)	0.167 5 (1.36)	0.010 7 (1.20)	0.057 9* (1.68)	0.016 2*** (2.63)
LEV_{2010}	0.284 7** (1.96)	0.216 0 (0.97)	0.295 1* (1.67)	0.224 5* (1.68)	0.318 6** (2.01)
ROA_{2010}	0.416 6 (0.48)	−0.057 8 (−0.07)	0.097 7 (0.11)	0.095 4 (0.11)	0.755 3 (0.88)
AT_{2010}	−0.027 8 (−0.59)	−0.024 9 (−0.51)	−0.025 9 (−0.53)	−0.038 3 (−0.78)	−0.027 9 (−0.88)

（续表）

COC_{2010}	模型（7-1）	模型（7-2）	模型（7-3）	模型（7-4）	模型（7-5）
$TOBINQ_{2010}$	0.0481 (0.98)	0.0731 (1.44)	0.0683 (1.36)	0.0718 (1.43)	0.0379 (0.78)
FIN_{2010}	0.4669* (1.73)	0.4445* (1.71)	0.3679 (1.42)	0.3813* (1.69)	0.5065* (1.88)
$LITIGATION$	−0.0628 (−0.69)	−0.0472 (−0.50)	−0.0899 (−0.96)	−0.0576 (−0.62)	−0.0652 (−0.72)
$BETA_{2010}$	−0.0041 (−0.58)	−0.0035 (−0.51)	−0.0039 (−0.57)	−0.0031 (−0.46)	−0.0047 (−0.68)
$SIZE_{2010}$	−0.0186 (−0.64)	−0.0093 (−0.30)	−0.0214 (−0.71)	−0.0191 (−0.63)	−0.0332 (−1.13)
MB_{2010}	0.0148** (1.99)	0.0146** (1.82)	0.0148** (1.87)	0.0146* (1.72)	0.0140* (1.71)
_cons	0.4060 (1.23)	0.2949 (0.83)	0.2331 (0.69)	0.3263 (0.94)	0.5653 (1.66)
IND	Yes	Yes	Yes	Yes	Yes
adj−R^2	0.2797	0.2784	0.2879	0.2984	0.1178
N	161	161	161	161	161

注：表中 CD 在模型（7-1）中代表总体碳信息披露水平，CD_i 在模型（7-2）至模型（7-5）中分别代表碳治理披露水平 CD1、碳风险和机遇披露水平 CD2、低碳战略披露水平 CD3 和碳排放核算披露水平 CD4。*** 表示检验在 1% 的水平上显著，** 表示检验在 5% 的水平上显著，* 表示检验在 10% 的水平上显著。

　　总体而言，我们的研究结果表明碳密集行业相对于非碳密集行业，其碳信息披露对于权益资本成本的影响更小，这说明投资者潜在认为碳密集行业未来要承担的碳减排成本和诉讼风险远高于非密集行业，而且这一低值预期并不因为企业的碳信息披露工作做得好就会有很大程度的改变，或者说改变的效果没有非密集行业显著。因此这也意味着，碳密集行业在碳减排和碳信息披露方面未来有更多的任务需要完成，才能赢得投资者的信任。

二、稳健性检验

　　我们完成的稳健性检验工作主要有以下几方面。

（1）考虑到碳信息披露有可能对权益资本成本产生滞后性影响，我们选用 2011 年的权益资本成本来进行检验，同时引入是否为碳密集行业的虚拟变量 $INTENSITY$，具体模型见模型（5-8）。

$$COC_{2011} = \omega_0 + \omega_1 CD_{2010} + \omega_2 INTENSITY + \omega_3 CD_{2010} * INTENSITY$$
$$+ \omega_4 LEV_{2010} + \omega_5 ROA_{2010} + \omega_6 AT_{2010} + \omega_7 TOBINQ_{2010} + \omega_8 FIN_{2010} +$$
$$\omega_9 LITIGATION + \omega_{10} BETA_{2011} + \omega_{11} SIZE_{2011} + \omega_{12} MB_{2011} + \sum IND_i + \tau$$
$$(5-8)$$

模型（5-8）对 2010 年的碳信息披露水平与 2011 年的权益资本成本的相关性进行了检验，检验结果见表 5-7，尽管显著性有所降低（$t=-1.68$，P 值<0.1），但在考虑信息披露滞后性的情况下，碳信息披露水平与权益资本成本仍然显著负相关。另外，引入的交互项 $CD * INTENSIY$ 与企业权益资本成本（COC）也呈显著正相关关系（$t=1.76$，P 值<0.05），这说明就碳密集行业与非碳密集行业相比较而言，碳信息披露水平对权益资本成本的影响确实存在显著差异。

表 5-7　模型的回归分析结果

COC_{2011}	模型（5-8）	
CD	-0.000 2* (-1.68)	-0.000 2* (-1.82)
$INTENSITY$		-0.011 4** (-2.06)
$CD * INTENSITY$		0.002 2* (1.76)
LEV_{2010}	-0.005 0 (-0.29)	-0.004 7 (-0.28)
ROA_{2010}	-0.278 7*** (-4.08)	-0.277 5*** (-4.05)
AT_{2010}	0.001 4 (0.36)	0.001 4 (0.38)
$TOBINQ_{2010}$	0.004 6 (1.15)	0.004 6 (1.15)

（续表）

COC_{2011}	模型(5-8)	
FIN_{2010}	−0.013 7 (−0.65)	−0.015 0 (−0.71)
$LITIGATION$	0.000 1 (0.02)	0.000 3 (0.07)
$BETA_{2011}$	−0.011 0** (−2.02)	−0.011 4** (−2.06)
$SIZE_{2011}$	−0.000 2 (−0.09)	−0.000 2 (−0.07)
MB_{2011}	−0.000 2 (−0.25)	−0.000 2 (−0.26)
_cons	0.025 7 (0.99)	0.021 2 (0.80)
IND	Yes	Yes
adj−R^2	0.1691	0.172 8
N	161	161

注：表中 COC_{2011} 代表样本企业 2011 年度的权益资本成本，虚拟变量 $INTENSITY$ 表示属于碳密集行业的企业设为 1，否则为 0。*** 表示检验在 1% 的水平上显著，** 表示检验在 5% 的水平上显著，* 表示检验在 10% 的水平上显著。

（2）考虑到碳信息披露中最重要的是碳排放量具体数据的披露（以二氧化碳当量 CO_2-e 衡量），构建变量 GHG_{2010}，用企业年销售收入除以年碳排放量计算[①]，反映企业每增加 1 个单位碳排放量可以产生多少销售收入，同时引入是否为碳密集行业虚拟变量 $INTENSITY$，具体模型见模型(5-9)，检验结果见表 5-8。

$$COC_{2010} = \lambda_0 + \lambda_1 GHG_{2010} + \lambda_2 INTENSITY + \lambda_3 GHG_{2010} * INTENSITY + \lambda_4 LEV_{2010} + \lambda_5 ROA_{2010} + \lambda_6 AT_{2010} + \lambda_7 TOBINQ_{2010} + \lambda_8 FIN_{2010} + \lambda_9 LITIGATION + \lambda_{10} BETA_{2010} + \lambda_{11} SIZE_{2010} + \lambda_{12} MB_{2010} + \sum IND_i + \xi \tag{5-9}$$

———————

① 这里的年碳排放量主要是企业温室气体（GHG）范畴 1 和范畴 2 排放量的计算，范畴 3 的排放量因为不容易估算，很多样本企业没有提供此数据。

表 5-8　模型的检验结果

COC_{2010}	模型(5-9)	
GHG_{2010}	$-0.005\ 7^*$ (-1.87)	$-0.009\ 7^{**}$ (-2.23)
$INTENSITY$		$-0.254\ 7^*$ (-1.70)
$GHG*INTENSITY$		$0.009\ 2$ (1.49)
LEV_{2010}	$0.331\ 8^*$ (1.65)	$-0.292\ 4$ (1.32)
ROA_{2010}	$0.262\ 8$ (0.30)	$0.072\ 9$ (0.08)
AT_{2010}	$-0.029\ 1$ (-0.59)	$-0.033\ 5$ (-0.68)
$TOBINQ_{2010}$	$0.068\ 1$ (1.35)	$0.076\ 6$ (1.51)
FIN_{2010}	$0.416\ 7$ (1.49)	$0.476\ 0^*$ (1.69)
$LITIGATION$	$-0.049\ 7$ (-0.56)	$-0.078\ 5$ (-0.84)
$BETA_{2011}$	$-0.061\ 1$ (-0.83)	$-0.011\ 4^{**}$ (-2.06)
$SIZE_{2011}$	$-0.017\ 7$ (-0.58)	$-0.019\ 0$ (-0.63)
MB_{2011}	$0.015\ 1^*$ (1.75)	$-0.016\ 0^*$ (1.86)
_cons	$0.005\ 6$ (0.02)	$0.140\ 9$ (0.43)
IND	Yes	Yes
adj$-R^2$	$0.271\ 3$	$0.333\ 4$
N	161	161

注:表中变量 GHG_{2010} 代表企业具体的碳排放量数据,用企业年销售收入除以年碳排放量计算,虚拟变量 $INTENSITY$ 表示属于碳密集行业的企业设为 1,否则为 0。*** 表示检验在 1% 的水平上显著,** 表示检验在 5% 的水平上显著,* 表示检验在 10% 的水平上显著。

将碳信息披露水平（CD_{2010}）替换为单位碳排放当量收入水平（GHG_{2010}）（见模型 5-9），结果显示 GHG_{2010} 与权益资本成本在 10% 水平下显著负相关（$t=-1.87$，P 值 <0.1）。而当我们引入是否为碳密集行业的虚拟变量 INTENSITY 后，其显著性进一步增强（$t=-2.23$，P 值 <0.05），因此研究结论"企业碳信息披露水平显著负向影响企业权益资本成本"依然成立，说明研究结果具有较好的稳健性。但是，在以实际碳排放当量收入水平作为变量的检验中，我们没有发现交互项 GHG ∗ INTENSITY 通过显著性检验，因此从单位碳排放当量收入水平看，非碳密集行业和碳密集行业，其对权益资本成本的负向影响不存在显著差异。这说明单位碳排放当量指标具有客观性，对投资者产生的影响较为一致。或者说，不管碳密集行业还是非密集行业，同样数额的碳排放当量对于投资者的心理预期和影响是没有显著差异的。

（3）考虑到碳信息披露与资本成本之间可能存在内生性问题，引入变量碳绩效 CP_{2010}[①]，构建联立方程组，见模型（5-10）。二阶段回归和三阶段回归的检验结果见表 5-9。

$$
\left\{
\begin{aligned}
COC_{2010} &= \eta_0 + \eta_1 CD_{2010} + \eta_2 LEV_{2010} + \eta_3 ROA_{2010} + \eta_4 AT_{2010} + \\
&\quad \eta_5 TOBINQ_{2010} + \eta_6 FIN_{2010} + \eta_7 LITIGATION + \\
&\quad \eta_8 BETA_{2010} + \eta_9 SIZE_{2010} + \eta_{10} MB_{2010} + \sum IND_i + \xi \\
CD_{2010} &= \eta_0 + \eta_1 CP_{2010} + \eta_2 LEV_{2010} + \eta_3 ROA_{2010} + \eta_4 AT_{2010} + \\
&\quad \eta_5 TOBINQ_{2010} + \eta_6 FIN_{2010} + \eta_7 LITIGATION + \\
&\quad \eta_8 SIZE_{2010} + \sum IND_i + \xi \\
COC_{2010} &= \eta_0 + \eta_1 CP_{2010} + \eta_2 LEV_{2010} + \eta_3 ROA_{2010} + \eta_4 AT_{2010} + \\
&\quad \eta_5 TOBINQ_{2010} + \eta_6 FIN_{2010} + \eta_7 LITIGATION + \\
&\quad \eta_8 BETA_{2010} + \eta_9 SIZE_{2010} + \eta_{10} MB_{2010} + \sum IND_i + \xi
\end{aligned}
\right.
\quad (5-10)
$$

---

① 碳绩效，该指标与环境绩效相对应，反映的是企业在应对气候变化和碳减排实践工作中的具体绩效，一般而言，正如环境绩效显著影响环境信息披露一样（Hughes，Anderson and Golden，2001；Patten，2002；Campbell，2003；Al-Tuwaijri，Christensen and Hughes，2004；Clarkson，Li，Richardson and Vasvari，2008），碳绩效也显著影响碳信息披露（Kolk，Levy and Pinkse，2008；Freeman and Jaggi，2011；Stanny，2011；，Luo，Lan and Tang，2012；Luo，Tang and Lan，2013；）。本指标数据同样来自于 CDP 项目问卷调研，即被调查企业通过问卷回答给出其碳信息披露评分的同时，给出该企业碳绩效的评分，反映了被调查企业在实际碳减排工作中的成效。

表 5-9　模型的检验结果

变量	3SLS			2SLS		
	COC_{2010} (10-1)	CD_{2010} (10-2)	COC_{2010} (10-3)	COC_{2010} (10-1)	CD_{2010} (10-2)	COC_{2010} (10-3)
CD	-0.004 5** (-1.97)			-0.004 8** (-2.01)		
CP		1.104 5*** (9.22)	-0.004 9* (-1.66)		1.104 5*** (8.94)	-0.005 1* (-1.66)
LEV_{2010}	0.283 9* (1.75)	-3.876 7 (-0.44)	0.301 2* (1.69)	0.285 1* (1.77)	-3.876 7 (-0.43)	0.310 7* (1.71)
ROA_{2010}	0.432 9 (0.51)	62.015 9* (1.80)	0.156 5 (0.18)	0.435 5 (0.49)	62.015 9* (1.75)	0.164 1 (0.19)
AT_{2010}	-0.025 9 (-0.56)	0.467 6 (0.24)	-0.028 0 (-0.59)	-0.025 9 (-0.54)	0.467 6 (0.23)	-0.028 2 (-0.57)
$TOBINQ_{2010}$	0.049 1 (1.02)	-4.299 2** (-2.15)	0.068 3 (1.40)	0.049 1 (0.99)	-4.299 3** (-2.09)	0.069 1 (1.37)
FIN_{2010}	0.421 6* (1.69)	3.223 8 (0.29)	0.407 2 (1.51)	0.421 6* (1.66)	3.223 8 (0.28)	0.406 5 (1.45)
$LITIGATION$	-0.073 4 (-0.84)	1.355 2 (0.38)	-0.079 8 (-0.89)	-0.072 9 (-0.80)	1.355 2 (0.37)	-0.073 6 (-0.79)
$BETA_{2010}$	-0.077 6 (-1.14)		-0.075 5 (-1.11)	-0.075 2 (-1.06)		-0.061 1 (-0.83)
$SIZE_{2010}$	-0.017 8 (-0.63)	0.078 1 (0.06)	-0.018 2 (-0.62)	-0.017 8 (-0.60)	0.078 1 0.06)	-0.017 9 (-0.59)
MB_{2010}	0.014 0* (1.74)		0.014 0* (1.73)	0.014 2* (1.69)		0.015 1* (1.75)
_cons	0.246 1 (0.74)	42.273 3*** (3.32)	0.057 6 (0.18)	0.244 8 (0.71)	42.273 3*** (3.22)	0.041 5 (0.13)
IND	Yes	Yes	Yes	Yes	Yes	YES
R^2	0.132 0	0.374 9	0.089 5	0.132 1	0.374 9	0.089 9
N	161			161		

注:表中 CP_{2010} 代表企业的碳绩效,根据 CDP 2010 调查问卷进行评分获得。3SLS 检验中括号内的数据为 z 检验值,2SLS 检验中括号内的数据为 t 检验值。*** 表示检验在 1% 的水平上显著,** 表示检验在 5% 的水平上显著,* 表示检验在 10% 的水平上显著。

在控制了内生性后,我们发现碳信息披露水平与企业权益资本成本仍呈显著负相关(2SLS的检验结果为$t=-2.01$,P值<0.05;3SLS的检验结果为$z=-1.97$,P值<0.05)。同时,碳绩效确实显著正向影响企业的碳信息披露水平(2SLS的检验结果为$t=8.94$,P值<0.01;3SLS的检验结果为$z=9.22$,P值<0.01),这说明碳绩效做得好的企业一般其碳信息披露水平也比较高,即碳绩效好的企业确实倾向于通过那些碳绩效差的企业很难模仿的自愿性碳披露来传递信号,表明他们属于碳减排实施好的这一类企业,这符合自愿披露性理论。我们还发现了碳绩效对于企业权益资本成本也存在显著负相关关系(2SLS的检验结果为$t=-1.66$,P值<0.1;3SLS的检验结果为$z=-1.66$,P值<0.1)。

另外考虑到本研究的数据来源于调查问卷,而调查问卷形式反馈回的微观信息,其数据的采集形式有一定的主观性,因此本研究还进行了两阶段Heckman模型的估计,其结果没有显著差异,说明本研究数据不存在自选择问题,研究结论具有可信性。

第五节　研究结论与启示

随着越来越多的非财务信息的披露,因为这些非财务信息可以用来预测企业未来的风险、机遇、业绩等,具有重要的价值相关性,全球的学术界对此类信息的披露都给予了共同的关注,本文研究的碳信息披露就属于这一领域的探索。我们的实证研究表明,碳信息披露作为财务信息披露的增量,具有重要的价值相关性,并对企业融资成本产生直接影响,有助于降低权益资本成本。我们的研究结论为此提供了证据,这也进一步说明企业发展低碳战略、推行碳减排工作对于自身的投融资决策具有重要意义。尽管本研究选取的样本来自标普500强公司,但对我国建设和完善企业碳信息披露制度仍有一定的借鉴作用。

中国政府一直积极关注气候问题。2007年,中国政府颁布《中国应对气候变化国家方案》,提出到2010年实现单位GDP能耗比2005年降低20%的目标,这是发展中国家应对气候变化的第一个国家级方案。2008年,2月国家环保总局发布《关于加强上市公司环保监管工作的指导意见》,10月中国政府发表《中国应对气候变化的政策与行动》白皮书。2009年,5

月发布《中国政府关于哥本哈根气候变化会议的立场》,11 月 25 日,中国政府宣布到 2020 年全国单位国内生产总值 CO_2 排放比 2005 年下降 40% 至 45%。2010 年,5 月发布《关于进一步加大工作力度确保实现"十一五"节能减排目标的通知》,提出了实现"十一五"节能减排目标的 14 项措施。2011 年,3 月发布了《我国国民经济和社会发展"十二五"规划纲要》,明确将资源节约和环境保护作为"十二五"期间的主要目标。

在中国政府的积极推动下,中国企业在应对气候变化方面变得更为主动。需要指出的是,尽管中国企业努力应对气候变化,但在碳信息披露等具体工作方面与世界企业相比仍存在差距。2005 年中国证监会发布的《上市公司与投资者关系工作指引》中指出,除了强制性的信息披露外,企业可以主动披露投资者关心的其他信息,但还是很少有企业披露与碳排放相关的信息[①]。而发达国家(如美国、澳大利亚等)则在环境信息和碳信息披露方面制定了相应的政策指引,对披露的内容和方式都作了具体而又详细的指导,这也给予了我们可以借鉴的方法。

独立的碳信息披露评价指标不仅能在客观上评价各个企业的披露水平,还能有效地减少信息不对称,有利于投资者做出科学决策,充分发挥碳信息披露降低权益资本成本的优势。同时也有利于促进市场资源的优化配置,提高经济效率。本文涉及的 CDP 问卷以碳信息披露的分数来衡量企业的碳管理,是较全面的碳信息评价指标体系。在 2010 年问卷中,碳信息披露项目增加了战略管理的内容,但是该问卷依旧存在可以改进的地方。因为企业自愿披露碳信息的驱动因素之一是想获取超额披露收益,如果通过 CDP 的调查问卷无法达到该目的,在考虑成本效益的情况下,企业可能会放弃参与 CDP 调查。因此,CDP 需要一份好的问卷帮助企业实现这个目标。目前的问卷针对所有行业都发放同样的问卷,统计分析相对复杂。另外由于诸多因素的影响,CDP 问卷在我国的运用并不广泛,考虑可以在其基础上设计出一份符合我国国情的碳排放方面的问卷。

企业碳信息披露水平的提高是投资者做出正确决策所要考虑的重要因

---

① 自 2009 年以来,有相当多的企业在其社会责任报告(CSR)中披露了有关 GHG 减排或者节能减排行动的相关信息,但从碳信息披露形式看,企业目前在社会责任报告中的碳信息披露,无论是披露内容还是披露准确度、可信度相对于 CDP 项目而言,都显得非常随意。

素之一,同时也使企业受益其中。CDP 的调查中发现很多企业都是由董事会或其他行政机构来管理碳信息披露。也就是说,如果治理机制不合理,碳信息披露的管理机构就没有披露意识。而董事会又容易受到大股东的影响,怠于披露碳信息,从而损害中小投资者的利益。因此只有企业整体治理水平提高了,碳信息披露水平才会日渐提升。

本文的研究对象是 S&P 500 公司,国内企业从 2008 年才开始参与 CDP 项目,参与 CDP 项目的公司只有 100 家,回复率比较低,有效样本就更少。但随着 CDP 项目的影响加强,参与该项目的中国公司会越来越多,今后的研究重点将关注中国资本市场与中国企业的碳信息披露水平研究。

本章参考文献

何丽梅,侯涛.环境绩效信息披露及其影响因素实证研究——来自我国上市公司社会责任报告的经验证据[J].中国人口·资源与环境,2010,8:99-104.

吕峻,焦淑艳.环境披露、环境绩效和财务绩效关系的实证研究[J].山西财经大学学报,2011,1:109-116.

沈洪涛,游家兴,刘江宏.再融资环保核查、环境信息披露与权益资本成本[J].金融研究,2010,12:159-172.

谭德明,邹树梁.碳信息披露国际发展现状及我国碳信息披露框架的构建[J].统计与决策,2010,11:26-128.

汤亚莉,陈自力,刘星,李文红.我国上市公司环境信息披露状况及影响因素的实证研究[J].管理世界,2006,1:158-159.

王建明.环境信息披露、行业差异和外部制度压力相关性研究——来自我国沪市上市企业环境信息披露的经验证据[J].会计研究,2008,6:54-62.

王立彦,尹春艳,李维刚.关于企业家环境观念及环境管理的调查分析[J].经济科学,1997,4:35-40.

徐岩,滕薛,淑慧.我国上市公司环境绩效与债务成本关系研究[J].会计之友,2012,2:49-51.

张彩平,肖序.国际碳信息披露及其对我国的启示[J].财务与金融,2010,3:77-80.

Aerts, W., Cormier, D., Magnan, M. Corporate Environmental Disclosure, Financial Markets and the Media: An International Perspective. *Ecological Economics*, 2008, 64(3): 643-659.

Al-Tuwaijri, S. A. , Christensen, T. E. , Hughes, K. E. The Relations Among Environmental Disclosure, Environmental Performance, and Economic Performance: A Simultaneous Equations Approach. *Accounting, Organizations and Society*, 2004, 29 (5 - 6): 447 - 471.

Andrew, J. , Cortese, C. Accounting for Climate Change and the Self-Regulation of Carbon Disclosures. *Accounting Forum*, 2011, 35: 130 - 138.

Anderson, J. C. , Frankel, A. W. Voluntary Social Reporting: An ISO-Beta Portfolio Analysis. *The Accounting Review*, 1980, 15: 467 - 479.

Barth, M. , McNichols, M. F. Estimation and Market Valuation of Environmental Liabilities Relating to Superfund Sites. *Journal of Accounting Research*, 1994, 31 (Supp.): 177 - 209.

Bewley, K. , Li, Y. Disclosure of Environmental Information by Canadian Manufacturing Companies: A Voluntary Disclosure Perspective. *Advances in Environmental Accounting and Management*, 2000, 1: 201 - 226.

Chapple, L. , Clarkson, P. M. , Gold, D. L. The Cost of Carbon: Capital Market Effects of the Proposed Emission Trading Scheme. *Abacus* 2011, 49(1): 54 - 56.

Clarke, J. , Gibson-Sweet, M. The Use of Corporate Social Disclosures in the Management of Reputation and Legitimacy: A Cross Sectoral Analysis of UK Top 100 Companies. *Business Ethics: A European Review*, 1999, 8: 5 - 13.

Clarkson, P. , Li, Y. , Richardson, G. The Market Valuation of Environmental Expenditures by Pulp and Paper Companies. *The Accounting Review*, 2004, 79: 329 - 353.

Clarkson, P. M. , Li, Y. , Richardson, G. D. , Vasvari, F. P. Revisiting the Relation between Environmental Performance and Environmental Disclosure: An Empirical Analysis. *Accounting Organizations and Society*, 2008, 33 (4 - 5): 303 - 327.

The Relevance of Environmental Disclosures for Investors and Other Stakeholder Groups: Are Such Disclosures Incrementally Informative? Working Paper, http: // papers. ssrn. com/sol3/papers. cfm? abstract_id=1687475. 2010.

Clarkson, Fang, Li, Richardson. Clarkson, P. M. , Fang, X. , Li, Y. , Richardson, G. The Relevance of Environmental Disclosures: Are Such Disclosures Incrementally Informative? *Journal of Accounting and Public Policy*, 2013, 32: 410 - 431.

Core, J. E. A Review of the Empirical Disclosure Literature: Disclosure. *Journal of Accounting and Economics*, 2001, 31: 441 - 456.

Cormier, D. , Magnan, M. , VanVelthoven, B. Environmental Disclosure Quality in Large German Companies: Economic Incentives, Public Pressures or Institutional Conditions? *European Accounting Review*, 2005, 14(1): 3 - 39.

Cormier, D. , Gordon, I. An Examination of Social and Environmental Reporting Strategies. *Accounting, Auditing & Accountability Journal*, 2001, 14(5): 587 - 617.

Cotter, J. , Najah, M. M. Institutional Investor Influence on Global Climate Change Disclosure Practices. *Australian Journal of Management*, 2012, 37: 169 - 187.

Cropper, M. , Oates, W. Environmental Economics: A Survey. *Journal of Economic Literature*, 1992, 30(2): 675 - 740.

Deegan, C. Introduction: The Legitimising Effect of Social and Environmental Disclosures-A theoretical Foundation. *Accounting, Auditing and Accountability Journal*, 2002, 15(3): 282 - 311.

Deegan, C. , Gordon, B. A Study of the Environmental Disclosure Practices of Australian Corporations. *The Accounting Review*, 1996, 26: 187 - 199.

Dhaliwal, D. S. , Li, Z. , Tsang, A. , Yong, Y. Voluntary Nonfinancial Disclosure and the Cost of Equity Capital: The Initiation of Corporate Social Responsibility Reporting. *Accounting Review*, 2011, 86(1): 59 - 100.

Dye, R. A. Disclosure of Nonproprietary Information. *Journal of Accounting Research*, 1985, 23(1): 123 - 145.

Easley, D. , O'Hara, M. Information and the Cost of Capital. *Journal of Finance*, 2004, 59: 1553 - 1583.

Easton, P. PE Ratios, PEG Ratios, and Estimating the Implied Expected Rate of Return on Equity Capital. *The Accounting Review*, 2004, 79: 73 - 95.

Francis, J. R. , Khurana, I. , Pereira, R. Disclosure Incentives and Effects on Cost of Capital around the World. *The Accounting Review*, 2005, 80(4): 1125 - 1162.

Francis, J. , LaFond, R. , Olsson, P. , Schipper, K. The Market Pricing of Accruals Quality. *Journal of Accounting and Economics*, 2005, 39: 295 - 327.

Freedman, M. , Jaggi, B. Global Warming Disclosures: Impact of Kyoto Protocol Across Counties. *Journal of International Financial Management and Accounting*, 2011, 22(1): 47 - 90.

Garcia-Ayus, M. , Larrinaga, C. Environmental Disclosure in Spain: Corporate Characteristics and Media Exposure. Working Paper, http: //papers. ssrn. com/ sol3. 2008.

Griffin, P. A., Lont, D. H., Sun, Y. The Relevance to Investors of Greenhouse Gas Emission Disclosures. Working Paper, University of California, University of Otago, 3. October 2011, 2012.

He, Y., Tang, Q. T., Wang, K. T. Carbon Disclosure, Carbon Performance, and Cost of Capital. *China Journal of Accounting Studies*, 2013, 1: 190 - 220.

Healy, P., Palepu, K. Information Asymmetry, Corporate Disclosure, and the Capital Markets: A Review of the Empirical Disclosure Literature. *Journal of Accounting and Economics*, 2001, 31: 404 - 440.

Hughes, S. B., Anderson, A., Golden, S. Corporate Environmental Disclosures: Are They Useful in Determining Environmental Performance? *Journal of Accounting and Public Policy*, 2001, 20 (3): 217 - 240.

Hughes, J. S., Liu, J. Information Asymmetry, Diversification, and Cost of Capital. *The Accounting Review*, 2007, 82: 705 - 730.

Ingram, R., Frazier, K. Environmental Performance and Corporate Disclosure. *Journal of Accounting Research*, 1980, 18: 614 - 622.

Kolk, M., Levy, D., Pinkse, J. Corporate Responses in an Emerging Climate Regime: The Institutionalization and Commensuration of Carbon Disclosure. *European Accounting Review*, 2008, 17(4): 719 - 745.

Margolis, J. D., Walsh, J. P. People and Profits? The Search for a Link Between a Firm's Social and Financial Performance. Lawrence Erlbaum Publishers, 2001.

Milne, M. J. Accounting, Environmental Resource Values, and Non-market Valuation Techniques for Environmental Resources: A Review. *Accounting Auditing and Accountability Journal*, 1991, 4(3): 81 - 109.

Milne, M. J., Patten, D. M. Securing Organizational Legitimacy: An Experimental Decision Case Examining the Impact of Environmental Disclosures. *Accounting, Auditing & Accountability Journal*, 2002, 15(3): 372 - 405.

Lambert, R., Leuz, C., Verrecchia, R. Accounting Information, Disclosure, and the Cost of Capital. *Journal of Accounting Research*, 2007, 45: 385 - 419.

Leuz, C., Verrecchia, R. E. Firms' Capital Allocation Choices, Information Quality, and the Cost of Capital. Working Paper, University of Pennsylvania, 2004.

Lev, B., Petrovits, S., Radhakrishman, S. Is Doing Good Good for You? How Corparate Charitable Contributions Enhance Revenue Growth. *Strategic Management Journal*, 2010, 31(2): 182 - 200.

Li, Y., Richardson, G. D., Thornton, D. B. Corporate Disclosure of

Environmental Liability Information: Theory and Evidence. *Contemporary Accounting Research*, 1997, 14(3): 435 - 474.

Luo, L., Lan, Y. C., Tang, Q. Corporate Incentives to Disclose Carbon Information: Evidence from the CDP Global 500 Report. *Journal of International Financial Management & Accounting*, 2012, 23(2): 93 - 120.

Luo, L., Tang, Q. Carbon Tax, Corporate Carbon Profile and Financial Return. *Pacific Accounting Review*, forthcoming, 2014.

Orlitzky, M., Schmidt, F., Rynes, S. Corporate Social and Financial Performance: A Meta-Analysis. *Organization Studies*, 2003, 24: 403 - 441.

Othman, R., Ameer, R. Environmental Disclosures of Palm Oil Plantation Companies in Malaysia: A Tool for Stakeholder Engagement. *Corporate Social Responsibility and Environmental Management*, 2010, 27(1): 52 - 62.

Patten. The Relation Between Environmental Performance and Environmental Disclosure: A research Note. *Accounting, Organizations and Society*, 2002, 27(8): 763 - 773.

Patten, D. M., Nance, J. R. Regulatory Cost Effects in a Good News Environment: The Intra-Industry Reaction to the Alaskan Oil Spill. *Journal of Accounting and Public Policy*, 1998, 17(4 - 5): 409 - 429.

Plumlee, M., Brown, D., Marshall, S. The Impact of Voluntary Environmental Disclosure Quality on Firm Value. Working Paper, http://papers.ssrn.com/so13. 2008.

Plumlee, M., Brown, D., Hayes, R., Marshall, S. Voluntary Environmental Disclosure Quality and Firm Value: Further Evidence. University of Utah, Working Paper, 2010.

Prado-Lorenzo, J. M., Garcia-Sanchez, I. M. The Role of the Board of Directors in Disseminating Relevant Information on Greenhouse Gases. *Journal of Business Ethics*, 2010, 97: 391 - 424.

Richardson, A. J., Welker, M., Hutchinson, I. R. Managing Capital Market Reactions to Corporate Social Responsibility. *International Journal of Management Reviews*, 1999, 1(1): 17 - 43.

Richardson, A. J., Welker, M. Social Disclosure, Financial Disclosure and the Cost of Equity Capital. *Accounting, Organizations and Society*, 2001, 26(7 - 8): 597 - 616.

Richardson, S., Teoh, S. H., Wysocki, P. The Walk-Down to Beatable Analyst

Forecasts: The Role of Equity Issuance and Insider Trading Incentives. *Contemporary Accounting Research*, 2004, 21(4): 885 – 924.

Rodriguez, P., Siegel, D. S., Hillman, A., Eden, L. Three Lenses on the Multinational Enterprise: Politics Corruption and Corporate Social Responsibility. *Journal of International Business Studies*, 2006, 37: 733 – 746.

Skinner, D. J. Earnings Disclosures and Stockholder Lawsuits. *Journal of Accounting and Economics*, 1997, 23(3): 249 – 282.

Stanny, E., Ely, K. Corporate Environmental Disclosures about the Effects of Climate Change. *Corporate Social Responsibility and Environmental Management*, 2008, 15(6): 338 – 348.

Stanny, E. Voluntary Disclosures of Emissions by US Firms. Working Paper, http://papers. ssrn. com/sol3/papers. cfm? abstract_id=1454808. 2010.

Tang, Q. L., Luo, L. Transparency of Corporate Carbon Disclosure: International Evidence. Working Paper, http://papers. ssrn. com/sol3/papers. cfm? abstract_id= 1885230. 2011.

第六章　影响碳信息披露的公共压力因素

第一节　问题的提出

碳信息与财务信息的重要不同在于,财务信息是强制性披露,而碳信息作为自愿性披露,对企业财务绩效的影响具有很大的不确定性,这种不确定性来源于法规、技术及政治三个方面(Barth and McNichols,1994;Milne,1991;Cropper and Oates,1992)。依据公共压力理论,企业的公共压力通常来源于三方面:政府监管压力、法律规章制度压力和合法性压力(Walden and Schwartz,1997;Cho,2007)。政府监管压力主要是针对不履行环保责任披露信息的企业进行监管,从而施加压力;法律规章制度压力主要是针对不按照相应法律规章制度披露环保信息的企业进行处罚;合法性压力主要源于社会公众不满于企业的活动未达到期望时所施加的压力,主要通过媒体舆论和社会公众的市场行为实施,即前述合法性理论的惩罚。因此碳信息披露对企业价值和企业融资成本的影响,一方面来源于监管与法规,另一方面来源于舆论与社会公众。

理论上分析,公司特有的信息风险会导致信息风险溢价(即对融资成本产生影响,成为价格风险因子),自愿性披露与强制性披露的最大区别在于,强制性披露不考虑披露企业与未披露企业之间差异所产生的风险溢价因子(Bertomeu and Cheynel,2014),而自愿性披露由于管理者可以进行适当的选择披露,从而相对于未披露企业会产生较大的风险溢价。而碳信息披露区别于其他自愿性披露的地方在于,自愿性披露的信息作为一种前瞻性信息,很难被立即证实或审计(Athanasakou and Hussainey,2014),可鉴证性比较差。而碳信息披露因为涉及企业碳排放当量的实际数据的提供,这在一定程度上提供了可鉴证性的保障。因此碳信息披露可被视为一种特殊的自愿性信息披露,其信息披露一方面可以来自于主观评分,而另一方面可以来自于碳排放当量的客观数据。

那么特殊而重要的碳信息披露到底会受到哪些因素的影响,这一问题的研究对于透彻分析碳信息披露,提高碳信息披露质量,充分发挥碳信息披露作用,具有重要意义。

第二节　相关文献回顾

一、公共压力与信息披露

信息披露是企业与外界沟通的桥梁,可分为强制性信息披露与自愿性信息披露。强制性信息披露是由相关法律法规(如会计法、企业会计准则等),明确规定企业必须要披露的信息;自愿性信息披露则是指在强制性披露范围以外,企业为了规避诉讼风险、维护企业形象等目的,向外界主动提供的一些非法定披露信息。因此,企业自愿性披露的动因必然与强制性披露有所区别。国内外学者从公共压力的角度探究了企业自愿性披露的动因,关于公共压力与自愿性信息披露的研究主要集中在企业社会责任信息披露和环境信息披露两个领域。

Islam 和 Deegan(2010)以 Nike 和 Hennes & Mauritz 这两家公司作为样本,以负面媒体关注度作为媒体压力的替代变量,研究媒体压力与社会责任信息披露的关系。研究发现,负面媒体报道会促进企业披露社会责任信息。肖华和张国清(2008)选取沪深 A 股化工行业的 9 家上市公司为样本,将其披露的环境信息分为 36 项,采用披露评分法研究公共压力、市场反应和企业环境信息披露的关系。研究发现,企业在受到公共压力的影响下,会主动在财务报告中披露环境信息,企业进行环境信息披露是对公共压力做出的反应。王建明(2008)以沪市 A 股上市公司作为样本,将企业的环境信息分为 22 项,并赋予不同的权重计算环境信息披露指数。研究发现,环境监管制度对企业的环境信息披露水平有显著影响,监管制度压力越大,环境信息披露水平越高。孙烨和张硕(2009)以重污染行业公司为样本,基于环境信息披露和盈余管理关联性的视角,研究环境信息披露的动机。研究表明:① 企业环境信息披露行为存在缓解公共压力的动机;② 钢铁冶金业公司甚至还将增加环境信息披露作为企业应对公共压力战略的一部分。陈小琳、罗飞和袁德利(2010)以深市上市公司为样本,以国有股比例、外资股比例、银行贷款、行业属性作为衡量公共压力的替代变量,研究公共压力对环境信息披露质量的影响。研究表明,企业面临的政府压力、外资股股东压力以及银行债权人压力会促进企业的环境信息披露。张川和林玲(2011)以我国沪市上市公司 2009 年度社会责任报告评分为因变量,对公共压力与我国社会责任信息披露质量的关系进行研究。研究表明,企业社会责任信息披露质量与来自政府、股东、非政府机构以及员工的压力显著正相关。高民芳、钟婧、秦清华等(2011)以陕西省的上市公司为研究样本,以行业属性、每股收益、期初资产负债率作为公共压力的替代变量,从公共压力细分视角,研究源自政府、投资者和债权人的压力对企业环境信息披露的影响。研究发现,政府压力显著影响企业的环境信息披露行为。沈洪涛和冯杰(2012)以我国重污染行业上市公司为样本,基于正当性理论和新闻学议程设置的概念,研究了企业环境信息披露的动因。研究表明:① 媒体关于企业环境表现的报道对其环境信息披露具有积极的促进作用;② 地方政府监管与企业环境信息披露质量显著正相关;③ 地方政府监管能够增强舆论监督对环境信息披露的促进作用。刘敏(2012)通过研究发现,企业的合法性压力和面临的制度压力对其社会责任信息披露质量具有显著影响;政府干预对社会责任信息披露质量的影响并不显著。毕茜、彭珏和左永彦(2012)对我国重污染行业上市公司的环境信息进行研究。研究表明,法律制度与企业的环境信息披露显著正相关。王霞、徐晓东和王宸(2013)以中国制造业上市公司为样本,以行业属性、行业披露水平、国有股比例和银行贷款作为公共压力的替代变量,研究公共压力与企业环境信息披露的关系。研究发现:① 企业面临的环保部门或政府的公共压力显著地影响企业环境信息披露决策和质量;② 银行债权人对企业的压力显著影响其环境信息披露决策,但对环境信息披露质量的影响并不显著。郝泽露(2014)以舆论压力、政治压力、信贷压力和社会声誉作为社会压力的替代变量,研究社会压力对企业环境信息披露的影响。研究发现:① 企业面临的舆论压力、政治压力、信贷压力越大,环境信息披露质量越高;② 社会声誉与企业环境信息披露质量显著正相关。

二、碳信息披露的影响因素

O'Dwyer 等(2005)基于信息需求者的视角,发现投资者与非政府组织会要求企业披露和温室气体排放有关的信息,因为碳信息披露涵盖的信息和企业资产的价值信息更加相关且可靠。非政府组织会积极地引导投资者对企业施加压力,而企业披露的碳信息又可以帮助非政府组织监督企业进行碳治理。Kolk 等(2008)通过研究发现,预期的碳排放权交易制度会促使企业披露它们的碳信息以及与气候变化有关的管理行为,从而在气候变化与商业中进行更多的研发投入。Stanny 和 Ely(2008)利用标普 500 强的数据研究碳信息披露的影响因素,发现公司规模、海外销售等因素影响企业的碳信息披露。Peters 和 Romi(2009)选取 2002—2006 年 28 个不同国家的企业作为样本,研究企业做出碳信息披露决策的国家层面因素。研究发现,政府监管力度、私营部门环境应变能力和不同国家的市场结构显著影响企业碳信息披露决策。Freedman 和 Jaggi(2010)研究了不同国家企业的碳信息披露情况,发现有核准议定书和 GHG 限排的国家,其企业的碳信息披露情况较之其他国家更好。Tang 和 Luo(2011)通过研究世界 500 强企业的碳信息披露透明度发现:① 公司规模、行业属性、负债程度与碳信息披露透明度显著正相关;② 碳排放权交易机制和制度压力与碳信息披露透明度显著正相关;③ 股权融资与碳信息披露透明度没有显著的相关性。Rankin、Windsor 和 Wahyuni(2011)利用机构管理理论,试图用两阶段方法研究温室气体排放披露范围和可靠性的影响因素。初始阶段模型检验企业 GHG 披露是否与环境管理系统、环境管理委员会、公司管理质量等内部组织因素,及全球报告倡议组织(Global Reporting Initiative,GRI)和 CDP 提供的外部私人指导相关;第二阶段检验 GHG 披露范围与可靠性的影响因素。研究结果表明,GHG 披露范围与可靠性和被认证的环境管理系统、使用 GRI 报告指南以及公开填写 CDP 问卷有关;大型公司,以及能源、工业、矿业与服务业公司的信息披露可靠性较高。Luo、Lan 和 Tang(2012)从利益相关者的角度探究世界 500 强企业的碳信息披露动机。研究发现:① 经济因素会显著影响企业的碳信息披露决策;② 高碳排放、大规模企业,更倾向于披露碳信息;③ 投资者对企业的碳信息披露决策没有显著影响。Luo、Tang 和 Lan(2013)以 2009 年 CDP 发出问卷的 15 个不同国家的 2 045 家企业作为研究样本,研究发展中国家企业与发达国家企业在碳信息披露方面的差异,研究发现,相较于发达国家,发展中国家的企业更不愿意披露碳信息,财务资源的缺乏是出现这种差异的原因之一。发展中国家的企业往往负债率较高、发展机会较多、盈利水平较低,这些都限制其获得绿色资金的投资。

戚啸艳(2012)以 CDP 中国 100 强企业作为研究对象,研究影响中国企业碳信息披露的因素,发现公司规模、通过 ISO 环境管理体系认证以及设立环保部门与我国企业碳信息披露水平显著正相关。方健和徐丽群(2012)通过研究发现,供应链成员间的信息共享度和碳信息披露质量正相关。碳排放量,特别是间接的碳排放量会显著影响企业的碳信息披露质量。陈华、王海燕和陈智(2013)通过对沪深 A 股上市公司的 2011 年财务报告进行内容分析,构建公司的碳信息披露指数,研究公司特征和碳信息披露的关系。研究发现:① 公司规模、固定资产比例、财务杠杆和企业碳信息披露质量显著正相关;② 企业的盈利水平、成长性和碳信息披露质量显著负相关。赵选民和吴勋(2014)以 CDP 中国 100 强企业为样本,研究公司特征和碳信息披露的关系。研究发现:① 样本公司的碳信息披露总体水平有限,减排目标与排放数据等量化数据严重缺失;② 公司规模、行业属性和碳信息披露水平显著正相关;③ 经营业绩和碳信息披露水平显著负相关;④ 股权性质、再融资需求以及财务杠杆不影响碳信息披露水平。吴勋和徐新歌(2014)以 CDP 中国报告中的重污染行业企业作为样本,研究公司治理特征对企业碳信息披露的影响。研究发现:① 控股股东持股比例和董事会规模与碳信息披露质量显著正相关;② 董事长和总经理两职分离对企业碳信息披露具有显著影响;③ 监事会规模、独立董事规模对企业碳信息披露影响并不显著。

通过文献回顾,我们可以发现:

首先,有关公共压力与信息披露的研究主要集中在社会责任信息披露和环境信息披露领域,关于公共压力与碳信息披露的研究很少。学者们以行业属性、行业披露水平、股权性质、国有股比例、外资股比例、机构投资者持股比例、银行贷款等作为公共压力的替代变量,分析公共压力对社会责任信息披露、环境信息披露的影响,研究结论趋于一致。企业社会责任信息披露、环境信息披露是对公共压力做出的反应,公共压力越大,信息披露质量越高。

其次,对于碳信息披露现状的研究,国内外学者分析了碳信息披露的现状和存在的问题,并对存在问题的可能原因进行了一些分析。关于碳信息披露经济后果的研究多为碳信息披露对提升企业价值、降低融资成本的影响。关于碳信息披露影响因素的研究,大部分学者从企业内部层面出发,研究公司特征、公司治理等对企业碳信息披露的影响;也有少部分学者研究了非政府机构、法规制度等外部因素对企业碳信息披露的影响,虽然这部分学者的研究中包含了公共压力的思想,但并没对公共压力与企业碳信息披露的关系进行系统研究。

第三节　研究假设

合法性理论来源于政治经济学理论,并以"社会契约"的概念作为基础。企业与社会的紧密联系建立在一系列的社会契约基础之上,企业利用社会赋予其拥有并使用自然资源、雇佣劳动力的权利以及合法性地位,生产销售商品或者提供劳务,并以此来回报社会。当企业给社会带来的成本小于企业向社会提供的福利时,符合社会的期望。当企业的经营方式不被社会所认同、接受时,社会将认定企业违背社会契约,同时社会也将违背企业赖以生存的社会契约。此时,企业的生存就会受到威胁,如政府实行更加严格的管制、投资者拒绝提供融资等。

合法性被认为是影响企业生存与发展并能被其影响或控制的一种资源。企业之所以面临合法性压力,可能是由于两方面原因:一是企业没有达到社会期望从而承受来自利益相关者的压力;二是符合社会期望的企业因为缺乏与社会的沟通所造成的信息不对称。因此,企业进行相关信息(如社会责任信息、环境信息、碳信息等)的披露是获得合法性的主要途径。

根据合法性理论,社会契约是由显性契约与隐性契约两部分构成的。其中,显性契约通过公共政策(法律规定与政策鼓励)影响企业的信息披露行为;隐性契约则通过社会期望(未来管制与市场选择)影响企业的信息披露行为。分析框架如图 6-1 所示。

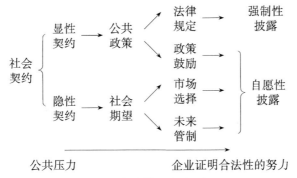

图 6-1 合法性理论分析框架

在合法性理论分析框架中,显性契约或是隐性契约的改变都会给企业带来公共压力。企业为了维护自身的合法性地位,会通过信息披露这一途径向社会证明自身的合法性。在现代政治体系中,社会公众能够通过影响立法的方式对企业施压,也就是说社会期望能够通过选举等传导机制转化为对企业的潜在管制,进而促使企业进行信息披露;在成熟的市场经济环境当中,投资者与消费者能够通过他们的市场行为,如购买符合社会期望的企业的股票、产品等,来引导企业的信息披露行为。换言之,社会期望可以通过市场选择来影响企业的利益,从而促使企业进行信息披露。

因此,根据合法性理论,企业为了应对公共压力需要向外界披露碳信息。企业面临的公共压力主要来自政府、投资者以及社会公众等方面,可以度量公共压力的因素包括政府监管因素、金融市场因素以及社会因素。

1. 政府监管因素与碳信息披露

管理者可能会通过自愿性信息披露的框架来应对未来可能的立法,以避免监管风险或降低合规成本(Solomon and Lewis,2002)。温室气体的有关规定很可能给企业带来严重的气候风险成本或债务,从而对企业的经营绩效产生不利影响(Stanny and Ely,2008)。而这种成本或债务应该由企业自身承担,且投资者会将其作为投资决策的依据加以考虑。这种压力会促使企业管理者利用自愿性披露的方法来减轻政府监管对企业经营绩效的不利影响。因此,本文提出假设1:

H1:政府监管压力越大①,企业碳信息披露质量越高。

① 政府监管压力是指企业面临的来自政府监管机构的压力。

2. 金融市场因素与碳信息披露

当企业在金融市场融资时,必然会承受来自投资者的压力。企业的投资者包括股东和债权人,他们十分关注企业是否隐瞒气候变化问题导致的重大危机,或有负债等。这种关注会给企业带来巨大的压力,促使其妥善地解决气候变化问题并进行碳信息披露。股东需要了解企业的碳信息以评估其实际价值,从而支持他们的投资决定。债权人更加关注的是企业有关气候变化的责任和风险,从而利用这些碳信息重新进行债务合同谈判,最终达到减少债务风险的目的(Cormier et al,2005)。因此,本文提出假设 2:

H2a:股东压力越大[①],企业碳信息披露质量越高。

H2b:债权人压力越大[②],企业碳信息披露质量越高。

3. 社会因素与碳信息披露

全球气候变化造成的大气温度升高和海平面上升等现实破坏已经严重威胁到了人类的生存环境。社会公众对气候变化的热切关注使得企业也希望自己能够投身于创造低碳经济的行动中。根据合法性理论,任何企业都希望自己的存在和运转能够与社会的价值观保持一致,否则其生存权利将被剥夺。这种社会关注为管理者提供了披露相关信息的动力(Cho et al,2007)。消费者非常希望知道产品中的碳含量,如果企业对其已有的碳政策保持沉默,消费者可能会以为企业没有意识到或不关心气候变化带来的风险,并且缺乏碳减排的相关管理战略,从而拒绝购买该企业的产品。社会团体则可能通过拒绝为非披露企业提供支持与资源的方式剥夺企业的持续经营权,使企业受到惩罚。此外,对于企业的管理者而言,碳信息披露是一种成本相对较低的方法,来表现他们对待气候变化问题的积极态度,从而向社会公众证明企业存在的合法性。同时,消费者也非常希望知道他们所购产品中的碳含量。因此,本文提出假设 3:

H3:社会公众压力越大[③],企业碳信息披露质量越高。

---

① 股东压力是指企业面临的来自股东的压力。
② 债权人压力是指企业面临的来自债权人的压力。
③ 社会公众压力是指企业面临的来自社会公众的压力。

第四节 公共压力因素与碳信息披露的实证分析

一、模型构建与变量设计

为了实证检验公共压力与企业碳信息披露的相关性,本研究构建如下两个模型进行分析。

$$CD=\alpha_0+\alpha_1 IND+\alpha_2 II+\alpha_3 BDR+\alpha_4 SIZE+\alpha_5 CDP\_AGE+\alpha_6 ROA+\alpha_7 GROWTH+\alpha_8 CUS+\alpha_9 CAPINT+\varepsilon \qquad (6-1)$$

$$CP=\beta_0+\beta_1 IND+\beta_2 II+\beta_3 BDR+\beta_4 SIZE+\beta_5 CDP\_AGE+\beta_6 ROA+\beta_7 GROWTH+\beta_8 CUS+\beta_9 CAPINT+\mu \qquad (6-2)$$

模型中涉及的相关变量定义见表 6-1。

表 6-1 变量定义

变量名称	变量符号	变量定义
被解释变量		
碳信息披露指数	CD	CDP 公布的碳披露得分
碳绩效	CP	对 CDP 报告的碳绩效等级赋值,A=7,A-=6,B=5,C=4,D=3,E=2,没有等级的取 1
解释变量		
行业特征	IND	碳密集型行业为 1,否则为 0
机构投资者持股比例	II	机构投资者持股数/流通在外的普通股股数
银行贷款	BDR	(期末短期借款+期末长期借款)/期末总负债
公司规模	$SIZE$	期末普通股市值的自然对数
控制变量		
CDP 年限	CDP_AGE	企业在 2012 年和 2013 年均填写 CDP 问卷并公开信息为 1,否则为 0
盈利能力	ROA	当期息税前利润/期末总资产
成长性	$GROWTH$	(当期营业收入-上期营业收入)/上期营业收入
顾客远近度	CUS	产品直接与终端消费者接触为 1,否则为 0
资本密集度	$CAPINT$	期末总资产/当期销售收入

（一）被解释变量

CDP 公布的碳披露得分(disclosure score)和碳绩效等级(performance band)是根据同一份问卷进行打分的,只不过两者的侧重点不同,碳披露得分主要评价各个模块信息披露的完整性和详细程度、数据管理、可理解性以及透明度;碳绩效分数主要根据问卷中披露的信息评价公司在应对气候变化挑战时所采取的应对措施的水平,包括减排措施、适应措施等。因此,本文采用碳信息披露指数和碳绩效作为碳信息披露质量的替代变量。

1. 碳信息披露指数(CD)

碳信息披露指数选取 CDP 报告中的碳披露得分表示。

2. 碳绩效(CP)

根据 CDP 报告中披露的碳绩效等级进行赋值,等级 A 取 7,等级 A－取 6,等级 B 取 5,等级 C 取 4,等级 D 取 3,等级 E 取 2,没有等级的取 1。

（二）解释变量

1. 行业特征(IND)

政府监管部门颁布的法律法规必然会给企业披露碳信息带来压力。2009 年,美国环境保护署(EPA)颁布了《温室气体强制报告制度》,以便全面、准确地掌握美国的温室气体排放状况,涉及 31 个工业部门和种类的企业被要求上报温室气体排放量。Tang 和 Luo(2011)通过研究发现,行业因素是影响企业碳信息披露质量的一个重要因素。碳密集型行业的企业对气候变化、环境破坏的影响较大,受到来自政府监管部门的压力较大。为了降低因行业因素所带来的政府监管压力,碳密集型行业会披露更多的碳信息。

因此,本研究采用行业特征作为衡量政府监管压力的替代变量。根据 Tang 和 Luo(2011)的研究,本文将能源行业、材料行业、工业和公用事业归于碳密集型行业,赋值为 1,其余为非碳密集型行业,赋值为 0。

2. 机构投资者持股比例(II)

机构投资者具有股权投资的收益性、集合投资的规模性、投资运作的专业性、代客理财的中介性等特征(陈森,2008)。一方面,基于成本—效益原则,机构投资者在证券市场进行投资时必须考虑信息的收集和处理成本。相对于一般投资者,机构投资者对投资收益有更高的要求,必然会设法降低信息收集成本,进而要求企业披露更多的信息。另一方面,机构投资者能够影响公司的股价,而公司的股价又决定了公司管理层的利益,因此公司管理层迫于这种压力不得不重视机构投资者对信息披露的需求。

CDP 之所以能够促使企业对其问卷做出回应,是因为它把全球范围内的大型机构投资者联合起来,对企业管理者施加压力。正如 Song 和 Szewczyk(2003)所言,一组投资者比单一投资者对公司施加的压力更能促进公司组织变革的效率。在低碳经济的大背景下,全球大型机构投资者意识到气候变化给企业带来的风险会影响到企业的价值,同时出于社会责任与道德方面的动机,他们也希望通过股东提案、与管理层直接协商以及集体诉讼等方式促使企业积极应对气候变化问题,并进行碳信息披露。但因为单一机构投资者的力量较为薄弱,于是这些机构投资者就联合起来成立了 CDP 项目,向全球大型企业发放 CDP 问卷,回收的问卷可以向社会公众提供,并且定期发布 CDP 报告。这就将被调查企业置于社会公众的关注之下,使得这些企业不得不满足机构投资者的信息需求,披露它们的碳信息,从而促使企业及早应对气候变化风险(王君彩和牛晓叶,2013)。

因此,本研究用机构投资者持股比例作为衡量股东压力的替代变量。机构投资者持股比例越高,企业面临的股东压力越大。

3. 银行贷款(BDR)

企业的债权人可划分为两类:① 商业信用形成的债权人;② 借贷关系产生的债权人。商业信用债权人极为分散,对企业难以形成重要影响;借贷关系债权人则相对集中,主要是银行等金融机构,随着银行对企业监督力度的加大,其对企业施加的影响也愈加明显。

因此,本文采用银行贷款作为衡量债权人压力的替代变量。银行贷款用企业长短期借款占负债总额的比例表示,该比例越大,企业面临的债权人压力越大。

4. 公司规模(SIZE)

公司的规模越大,其受到的社会关注就越大,媒体的报道就越多(Stanny and Ely,2008),公众对其在环境绩效上的期望就越大(Bewley and Li,2000)。因此,本文采用公司规模作为衡量社会公众压力的替代变量。公司规模用期末普通股市值的自然对数来表示,公司规模大,企业面临的社会公众压力越大。

(三) 控制变量

1. CDP 年限(CDP_AGE)

本文采用企业是否在 2012 年和 2013 年均填写 CDP 问卷并公开信息作为 CDP 年限的代理变量,在 2012 年和 2013 年均填写 CDP 问卷并公开信息的企业赋值为 1,否则为 0。CDP 在向被调查企业发放问卷的同时会对其进行指导,此外 CDP 问卷也为企业披露碳信息提供了比较完整的框架。相比第一次参与 CDP 的企业而言,以前年度就参与 CDP 的企业可能会准备更多的碳信息进行披露。因此,预测变量符号为正。

2. 盈利能力(ROA)

公司盈利能力用总资产收益率表示,等于当期息税前利润/期末总资产。

根据信号传递理论,盈利能力好的企业会倾向于披露更多的财务与非财务信息,把"好消息"传到资本市场,从而让投资者和其他利益相关者注意到它的竞争优势,以及在环境保护和温室气体减排方面取得的成效,从而获得更多的投资和借款。但是,管理者机会主义假说认为,在管理者报酬与企业绩效挂钩的情况下,管理者基于自身利益的考虑,会减少在企业社会责任方面的支出以增加现金流,导致公司绩效和社会责任信息披露质量负相关。以此推断即使在公司财务业绩较好的时候,管理者也可能会减少在碳减排和环境保护方面的支出以提高公司短期利润来追求个人利益,使得公司业绩和碳信息披露质量负相关。因此,不对变量符号进行预测。

3. 成长性($GROWTH$)

公司的成长性用营业收入增长率表示,等于营业收入增长量/上期营业收入。

合法性理论认为,企业追求合法性的目标在于向利益相关者表现自身价值取向符合社会的价值观,证明社会关心的就是企业重视的,从而维护企业的合法性地位。在当今绿色低碳标准盛行的市场环境下,成长性好的企业,其合法性地位相对比较稳固,承受的合法性压力较小,可能并不会积极主动地进行碳信息披露。成长性较差的企业,由于合法性地位较弱,承受着较大的合法性压力,为了迎合消费者的低碳需求,促进产品销售,可能会将碳信息披露作为一种营销手段,主动向公众披露更多的碳信息。因此,预测变量符号为负。

4. 顾客远近度(CUS)

顾客远近度用公司产品是否直接与终端消费者接触表示,如果产品直接与终端消费者接触赋值为1,否则为0。借鉴翟华云(2010)的研究,食品、饮料、药品、纺织、服装、毛皮行业的公司赋值为1,否则赋值为0。

根据合法性理论,消费者可以通过直接使用产品增加对企业的认知程度、对不同企业的产品进行选择,从而增加企业的合法性压力,促使企业披露更多的碳信息。因此预测变量符号为正。

5. 资本密集度(CAPINT)

借鉴 Aerts 等(2008)的研究,本研究还对资本密集度进行了控制,并且预测变量符号为正。

二、样本来源与统计分析

1. 样本分析

本研究碳信息披露的数据主要来自于 2013 年的碳信息披露项目(CDP),该项目拥有目前全球最全面的碳信息数据库。本文的研究对象为标普 500 强企业(S&P 500),样本公司必须满足以下标准:在 2013 年 CDP 报告中有碳信息披露得分;在 DataStream 和 Thomson Reuters 13-F 数据库中有充分的财务数据。样本选择逐步进行,最终共得到 292 组有效样本。样本的筛选过程见表 6-2。

表 6-2　样本筛选过程

2013 年	
标普 500 强公司总数	500
减:没有碳信息披露得分的公司	158
减:财务数据不全的公司	50
有效样本数	292

表 6-3 列示了相关变量的描述性分析。从表 6-3 可以看出,全样本企业碳信息披露指数(CD)的平均数为 77.003 4,碳绩效(CP)的平均值为 4.267 1,说明 S&P 500 的碳信息披露质量总体水平较高。同时,CD 分布非常离散,极大值为 100,极小值为 12,标准差为 19.436 3,说明 292 家企业的碳信息披露质量差异非常大。从解释变量来看,行业特征(IND)中碳密

集型行业所占比例为 32.88%,说明样本中碳密集型行业少于非碳密集型行业;机构投资者持股比例(II)的平均数为 76.01%,说明机构投资者在样本企业中持股比重较大,美国的资本市场以机构投资者为主,机构投资者持股比例(II)的极大值为 100%,极小值为 0;银行贷款(BDR)的极大值为96.83%,极小值为 0,这两者的极大值与极小值差距明显,说明企业面临的金融市场压力也相当悬殊。

表 6 - 3　相关变量的描述性统计

变量	样本数	极小值	极大值	均值	标准差
CD	292	12	100	77.003 4	19.436 3
CP	292	1	7	4.267 1	1.617 3
IND	292	0	1	0.328 8	0.470 6
II	292	0	1	0.760 1	0.188 7
BDR	292	0	0.968 3	0.404 1	0.209 7
$SIZE$	292	7.986 3	12.871 6	9.907 5	1.025 1
CDP_AGE	292	0	1	0.952 1	0.214 0
ROA	292	−0.141 7	0.330 9	0.092 6	0.066 2
$GROWTH$	292	−0.518 6	5.559 5	0.053 8	0.340 3
CUS	292	0	1	0.140 4	0.348 0
$CAPINT$	292	0.219 8	25.881 1	3.481 8	5.241 8

2. 碳信息披露质量的行业分析

企业由于行业类别的不同,碳信息披露质量也会有所差别。为了考察样本企业碳信息披露质量的行业差异,本研究计算了不同行业样本企业碳信息披露指数的极大值、极小值以及均值,如表 6 - 4 所示。就不同行业的碳信息披露指数而言,总体来看,金融业的碳信息披露质量最高,平均值达到 82.12,非必需消费品行业最低,仅有 70.02。其他表现较好的行业包括通讯业(82.00)、材料行业(81.95)、能源行业(81.53)、工业(80.53)以及必需消费品行业(80.18),这些行业样本企业的碳信息披露指数均高于全部样本企业的均值(77.00);其他表现较差的行业包括公用事业(76.84)、医疗业(72.69)以及信息技术行业(71.21),这些行业样本企业的碳信息披露指数均低于全部样本企业的均值(77.00)。

表 6－4　碳信息披露质量的行业差异

行业类别	样本数	占总样本百分比	极大值	极小值	均值
非必需消费品	43	14.73%	100	16	70.02
必需消费品	28	9.59%	97	45	80.18
能源	15	5.14%	98	61	81.53
金融	50	17.12%	100	43	82.12
医疗	29	9.93%	98	19	72.69
工业	40	13.70%	100	30	80.53
信息技术	43	14.73%	99	12	71.21
材料	22	7.53%	100	31	81.95
通讯	3	1.03%	96	66	82.00
公用事业	19	6.50%	100	32	76.84
合计	292	100.00%	——	——	——

3. 独立样本均值 T 检验

碳密集型行业与非碳密集型行业碳信息披露质量均值 T 检验如表 6－5 所示。

表 6－5　碳密集型与非碳密集型行业碳信息披露质量均值 T 检验

变量	碳密集行业 $IND=1(N=96)$		非碳密集行业 $IND=0(N=196)$		均值差异	T 值	P 值
	均值	标准差	均值	标准差			
CD	80.281	17.043	75.398	20.356	4.883	2.028	0.044
CP	4.573	1.601	4.117	1.608	0.456	2.277	0.023

从表 6－5 可以看出,碳密集型行业与非碳密集型行业的碳信息披露指数(CD)和碳绩效(CP)均存在着明显的差异。就碳信息披露指数而言,碳密集型行业的碳信息披露指数(CD)均值为 80.281,大于非碳密集型行业的均值 75.398,两者均值差异为 4.883,T 值为 2.028,P 值为 0.044,在 5%的水平上显著;从碳绩效来看,碳密集型行业的碳绩效(CP)均值为 4.573,

大于非碳密集型行业的均值 4.117,两者均值差异为 0.456,T 值为 2.277, P 值为 0.023,在 5% 的水平上通过了显著性检验。无论是碳信息披露指数 (CD)还是碳绩效(CP)的均值比较,都表明政府监管压力越大,企业碳信息披露质量越高。

为了分析碳信息披露质量是否还受到金融市场因素和社会因素的影响,本文对机构投资者持股比例(II)、银行贷款(BDR)和公司规模(SIZE)三个变量分组进行独立样本均值 T 检验。根据碳信息披露指数(CD)和碳绩效(CP)的中位数,将样本划分为高 CD 组和低 CD 组、高 CP 组和低 CP 组。碳信息披露指数均值 T 检验结果见表 6-6;碳绩效均值 T 检验结果见表 6-7。

表 6-6　碳信息披露指数均值 T 检验

变量	高 CD 组(N=152)		低 CD 组(N=140)		均值差异	T 值	P 值
	均值	标准差	均值	标准差			
II	0.782	0.156	0.737	0.217	0.045	2.028	0.043
BDR	0.428	0.208	0.379	0.210	0.049	2.006	0.046
SIZE	10.111	1.031	9.687	0.975	0.424	3.605	0.000

表 6-7　碳绩效均值 T 检验

变量	高 CP 组(N=144)		低 CP 组(N=148)		均值差异	T 值	P 值
	均值	标准差	均值	标准差			
II	0.771	0.159	0.749	0.214	0.022	0.999	0.319
BDR	0.425	0.195	0.384	0.222	0.041	1.703	0.090
SIZE	10.139	1.065	9.682	0.935	0.457	3.902	0.000

从表 6-6 可以看出,高 CD 组的机构投资者持股比例均值比低 CD 组高 4.5%,T 值为 2.028,P 值为 0.043,在 5% 的水平上显著;高 CD 组的银行贷款均值比低 CD 组高 4.9%,T 值为 2.006,P 值为 0.046,在 5% 的水平上显著。这说明在金融市场因素方面,来自股东的压力越大,企业碳信息披露质量越高;面临的债权人压力越大,企业碳信息披露质量越高。同时,高 CD 组的公司规模均值为 10.111,低 CD 组的公司规模均值为 9.687,两者差异为 0.424,在 1% 的水平上显著,说明社会公众压力越大,企业碳信息

披露质量越高。

从表6-7可以看出,高CP组的机构投资者持股比例均值(77.1%)高于低CP组的机构投资者比例均值(74.9%),差异为2.2%,尽管该差异在统计上并不显著;高CP组的银行贷款均值比低CP组高4.1%,T值为1.703,P值为0.090,在10%的水平上显著,说明企业面临的债权人压力越大,其碳信息披露质量越高。此外,高CP组的公司规模均值为10.139,低CD组的公司规模均值为9.682,两者差异为0.457,在1%的水平上显著,说明企业面临的社会公众压力越大,碳信息披露质量就越高。

三、回归结果分析

通过描述性分析、均值比较和相关性分析,本研究从政府监管因素、金融市场因素和社会因素三个方面初步检验了公共压力对企业碳信息披露的影响。接下来,本研究将进一步对模型进行多元线性回归分析,考察公共压力与企业碳信息披露的相关性。表6-8报告了模型1的回归结果,表6-9报告了模型2的回归结果。

表6-8 模型1回归结果

变量	预期符号	模型1a	模型1b	模型1c	模型1d
IND	+	5.079** (2.126)			5.877*** (2.646)
II	+		17.122*** (2.983)		22.147*** (4.070)
BDR	+		11.291** (2.090)		10.734** (2.115)
$SIZE$	+			5.516*** (5.112)	6.200*** (5.922)
CDP_AGE	+	15.873*** (3.097)	15.805*** (3.120)	12.559** (2.515)	10.802** (2.242)
ROA	?	−15.434 (−0.826)	−12.703 (−0.687)	−44.096** (−2.397)	−31.459* (−1.748)
$GROWTH$	−	−7.756** (−2.410)	−8.753*** (−2.758)	−7.865** (−2.539)	−7.915*** (−2.651)

（续表）

变量	预期符号	模型 1a	模型 1b	模型 1c	模型 1d
CUS	＋	4.934 (1.571)	4.627 (1.487)	5.522* (1.825)	4.446 (1.521)
CAPINT	＋	0.510** (2.130)	0.538** (2.233)	0.166 (0.722)	0.400* (1.706)
_cons	?	59.599*** (11.061)	43.503*** (5.975)	13.551 (1.264)	−16.486 (−1.382)
adj−R^2		0.083	0.106	0.147	0.213
N		292	292	292	292

注:括号中报告的是 t 统计量,***,**,* 分别表示显著性水平 1%,5%,10%。

通过分析表 6-8 的模型 1 回归结果可以发现:

在模型 1a 中,只纳入行业特征这一解释变量和控制变量。行业特征与碳信息披露指数的回归系数显著为正,且在 5% 的水平上通过了显著性检验,假设 1 得到验证。这说明政府监管压力越大,企业碳信息披露质量越高。企业为了降低因行业因素所带来的政府监管压力,会披露更多的碳信息。

模型 1b 只考虑金融市场因素,纳入机构投资者持股比例、银行贷款两个解释变量以及控制变量。机构投资者持股比例与碳信息披露指数的回归系数为正,并在 1% 的水平上通过了显著性检验,支持假设 H2a,说明股东压力越大,企业碳信息披露质量越高。这也表明标普 500 强企业的机构投资者会对企业披露碳信息的决策产生影响。银行贷款与碳信息披露指数的回归系数为正,且在 5% 的水平上显著,假设 H2b 通过检验,说明债权人压力越大,企业碳信息披露质量越高。综上所述,企业面临的金融市场压力越大,碳信息披露质量越高。

在模型 1c 中,只加入了社会公众压力指标和控制变量。公司规模与碳信息披露指数的回归系数为正,且在 1% 的水平上显著,和假设 3 的预期一致,表明来自社会公众的关注给企业带来了足够的压力去披露碳信息,说明社会公众压力越大,企业碳信息披露质量越高。

模型 1d 将所有变量纳入其中进行检验,三个假设均得到验证。行业特征与碳信息披露指数的回归系数显著为正,且在 1％的水平上通过了显著性检验,假设 1 通过检验。机构投资者持股比例与碳信息披露指数的回归系数为正,并在 1％的水平上通过了显著性检验,支持假设 H2a;银行贷款与碳信息披露指数的回归系数为正,且在 5％的水平上显著,支持假设 H2b。公司规模与碳信息披露指数的回归系数为正,且在 1％的水平上显著,假设 3 得到验证。

基于模型 1d 的回归结果,在控制变量方面,CDP 年限与碳信息披露指数的回归系数为正,并在 5％的水平上通过了显著性检验,说明企业参与CDP 的时间越长,碳信息披露质量越高,这可能是因为 CDP 在向被调查企业发放问卷的同时会对其进行指导,同时 CDP 问卷也为企业披露碳信息提供了比较完整的框架。相比第一次参与 CDP 的企业而言,以前就参与过CDP 的企业可能会准备更多的碳信息资料和数据进行披露。从公司盈利能力来看,公司盈利能力与碳信息披露指数的回归系数为负,且在 10％的水平上显著,表明企业盈利能力与碳信息披露质量负相关,这与陈华等(2013)、赵选民和吴勋(2014)的研究结论一致。这可能是因为公司管理层在财务业绩不好的情况下,才会增加投资在碳减排上的资源,努力提高公司的碳信息披露质量以掩饰其较差的财务业绩。或者是由于管理者为了追求自身利益而不愿意披露碳信息,即使在财务业绩较好时,碳信息披露质量也很低。公司成长性与碳信息披露指数的回归系数为负,并在 1％的水平上通过了显著性检验,说明在低碳经济的背景下,成长性较差的公司面临的合法性压力越大,从而会披露更多的碳信息来增加自身的合法性,进而提高了碳信息披露质量。

通过分析表 6－9 可以发现,模型 2 的回归结果与模型 1 的回归结果几乎完全一致。

表 6－9　模型 2 回归结果

变量	预期符号	模型 2a	模型 2b	模型 2c	模型 2d
IND	＋	0.470** (2.391)			0.522*** (2.791)
II	＋		1.042** (2.187)		1.415*** (3.087)

（续表）

变量	预期符号	模型 2a	模型 2b	模型 2c	模型 2d
BDR	+		0.870* (1.940)		0.819* (1.917)
SIZE	+			0.397*** (4.418)	0.444*** (5.032)
CDP_AGE	+	1.431*** (3.396)	1.446*** (3.437)	1.202*** (2.889)	1.079*** (2.658)
ROA	?	−1.411 (−0.918)	−1.330 (−0.866)	−3.591** (−2.343)	−2.562* (−1.691)
GROWTH	−	−0.677** (−2.557)	−0.752*** (−2.853)	−0.694*** (−2.692)	−0.683*** (−2.716)
CUS	+	0.530** (2.052)	0.513** (1.986)	0.580** (2.302)	0.493** (2.004)
CAPINT	+	0.045** (2.308)	0.046** (2.296)	0.018 (0.959)	0.038* (1.933)
_cons	?	2.685*** (6.058)	1.677*** (2.774)	−0.587 (−0.657)	−2.662*** (−2.649)
adj−R^2		0.104	0.109	0.145	0.194
N		292	292	292	292

注:括号中报告的是 t 统计量,***,**,*分别表示显著性水平1%,5%,10%。

模型 2a 以行业特征作为解释变量,检验政府监管压力对企业碳信息披露的影响。行业特征与碳绩效的回归系数为 0.470,在 5% 的水平上显著。因此,政府监管压力越大,企业碳信息披露质量越高,验证了假设 1。这说明当政府监管机构加大对企业的监管力度时,企业迫于这种监管压力会披露更多的碳信息。

模型 2b 以机构投资者持股比例和银行贷款作为解释变量,检验金融市场压力对企业碳信息披露的影响。回归结果表明,机构投资者持股比例与碳绩效的回归系数在 5% 的水平上显著为正,为 1.042,表明股东压力越大,企业碳信息披露质量越高,假设 H2a 通过检验;贷款比例与碳绩效的回归系数为 0.870,且在 10% 的水平上显著,说明债权人压力越大,企业碳信息披露质量越高,假设 H2b 得到支持。总而言之,当企业承受的金融市场压力越大时,其碳信息披露质量越高。

模型 2c 以公司规模作为解释变量,检验社会公众压力对企业碳信息披露的影响。公司规模与碳绩效的回归系数为 0.397,且在 1‰的水平上显著,说明社会公众压力越大,企业碳信息披露质量越高,支持假设 3。

模型 2d 将所有变量纳入其中进行检验,三个假设均得到验证。在控制变量方面,CDP 年限与碳绩效的回归系数在 1‰的水平上显著为正,说明企业参与 CDP 的时间越长,碳信息披露质量越高。公司盈利能力与碳绩效的回归系数在 10‰的水平上显著为负,表明企业盈利能力与碳信息披露质量负相关。公司成长性与碳绩效的回归系数为负,并在 1‰的水平上显著,表明成长性越差的公司碳信息披露质量越高。顾客远近度与碳绩效的回归系数在 5‰的水平上显著为正,表明产品直接与终端消费者接触的公司碳信息披露质量高于其他公司,说明企业会通过增加碳信息披露来提高企业在消费者心中的认同感。

第五节　稳健性检验

本文进行了以下稳健性检验,以保证研究结论的可靠性。将样本公司划分为高质量组和低质量组,用 LCD 和 LCP 分别替换模型 1 和模型 2 的被解释变量。设 P 为样本属于高质量组的概率,取值在 0 与 1 之间,$(1-P)$ 为样本属于低质量组的概率,将比值 $P/(1-P)$ 取自然对数得 $\ln[P/(1-P)]$,即对 P 作 Logistic 变换,记为 $\text{Logit}(P)=\ln[P/(1-P)]$,构建二值 Logistic 回归模型,检验结果见表 6-10。

$$LCD=Logit(P)=\ln[P/(1-P)]=\gamma_0+\gamma_1 IND+\gamma_2 II+\gamma_3 BDR+\gamma_4 SIZE+\gamma_5 CDP\_AGE+\gamma_6 ROA+\gamma_7 GROWTH+\gamma_8 CUS+\gamma_9 CAPINT+\omega \quad (6-3)$$

$$LCP=Logit(P)=\ln[P/(1-P)]=\delta_0+\delta_1 IND+\delta_2 II+\delta_3 BDR+\delta_4 SIZE+\delta_5 CDP\_AGE+\delta_6 ROA+\delta_7 GROWTH+\delta_8 CUS+\delta_9 CAPINT+\varphi$$
$$(6-4)$$

其中:高 CD 组,LCD 取 1,低 CD 组,LCD 取 0;高 CP 组,LCP 取 1,低 CP 组,LCP 取 0

表 6 - 10　稳健性检验:二值 Logistic 回归结果

变量	LCD	LCP
IND	0.498* (2.958)	0.520* (3.508)
II	2.005*** (7.312)	1.237* (2.856)
BDR	2.171*** (9.351)	1.362** (4.306)
SIZE	0.631*** (18.447)	0.563*** (16.581)
CDP_AGE	0.801 (1.595)	1.603** (3.901)
ROA	−3.649 (2.538)	−3.023 (1.790)
GROWTH	−1.470 (1.286)	−3.233** (5.905)
CUS	0.690* (2.876)	0.438 (1.395)
CAPINT	0.057* (2.938)	0.007 (0.063)
_cons	−8.966*** (25.331)	−8.505*** (23.126)
χ^2	51.47	43.78
N	292	292

注:括号中报告的是 Wald 值,***,**,*分别表示显著性水平 1%,5%,10%。

　　由表 6 - 10 的稳健性检验结果可知,当面临来自政府监管机构、金融市场、社会公众的公共压力时,企业会增加碳信息披露,提高碳信息披露质量,以缓解这种公共压力。这与前文的结论一致,说明本研究的结论是稳健的。

第六节　研究结论与启示

一、研究结论

本研究以标普 500 强企业作为研究样本，以 2013 年 CDP 报告作为碳信息披露数据的主要来源，基于公共压力视角，运用相关性分析、独立样本均值 T 检验、多元线性回归、Logistic 回归等方法研究公共压力与企业碳信息披露的相关性。通过研究，我们可以得到如下结论：

第一，S&P 500 的碳信息披露质量整体较高，但不同企业的碳信息披露质量差距较大。

第二，公共压力对企业碳信息披露具有积极的促进作用。

从政府监管因素来看，实证结果验证了政府监管压力是影响企业碳信息披露质量的重要因素之一，来自政府监管部门的压力越大，企业碳信息披露质量越高。政府监管机构通过制定一系列的监管制度，并实施相应的监管措施可以有效地促进企业进行碳信息披露。从金融市场因素来看，来自股东和债权人的压力均能有效地解释企业碳信息披露的水平，金融市场压力越大，企业碳信息披露质量越高。这种现象的产生与企业的经营目标密切相关。任何企业都以利润最大化作为自己的经营目标，企业开展的各项经营活动必然离不开市场这个环境，而首要影响企业经营活动的就是金融市场，企业必须筹集足够的资金才能开始生产经营活动，因而企业的行为必然会受到投资者的密切关注，来自投资者的压力自然会表现在企业的各项活动中。就碳信息披露而言，具体表现为金融市场压力越大，企业碳信息披露质量越高。就社会因素而言，来自社会公众的压力也会促进企业进行碳信息披露。

第三，积极参与 CDP，对于企业而言也是非常有益的。具体而言，企业参与 CDP 的时间越长，碳信息披露质量越高，CDP 在促进企业碳信息披露方面也发挥着积极作用。

二、政策建议

1. 建立健全碳信息披露法律体系

目前,一些发达国家已经开始制定碳信息披露法律法规。2009 年 12 月,美国环境保护署(EPA)发布《温室气体强制报告制度》,涉及 31 个工业部门和种类的企业被要求上报温室气体排放量。2009 年 3 月,加拿大注册会计师协会(CICA)发布《关于气候变化和其他环境问题影响的披露》解释草案,该草案为讨论气候变化与公司战略等提供了基本分析框架。因此,作为世界上最大的发展中国家,我国可以参照发达国家的做法,研究和制定相应的法律法规,强制要求企业披露碳减排目标、碳排放量数据、碳排放核算方法等信息。

2. 加强对碳信息披露的引导与监管

在碳信息披露相关法律法规缺乏的情况下,碳信息的获取绝大部分来自于企业的自愿性披露。CDP 项目作为全球最大的、关于气候变化的投资者联合行动,为企业进行碳信息披露提供了良好的平台。政府相关部门,如环保部门,应该鼓励中国企业积极回复 CDP 问卷。但是,在鼓励企业进行自愿性碳信息披露的同时,也要加强监管,逐步建立碳信息披露制度规范,保护投资者和其他利益相关者的利益。

3. 树立碳信息披露意识,完善内部控制制度

目前,发达国家企业 CDP 问卷的回复率较高,大部分在 60%～70% 之间。从 2008 年开始,CDP 向中国的 100 家企业发放问卷,2008—2014 年问卷回复率依次为 5%,11%,13%,11%,23%,32%,45%。由此可以看出,中国上市公司碳信息披露意识有所提高,但整体水平依然较低。因此,相关部门应当对我国企业加大 CDP 项目的宣传力度,进行问卷填写指导,鼓励和引导公司加强与投资者在气候变化问题方面的沟通,树立上市公司自愿披露碳信息的理念。此外,公司还应该完善内部控制制度,明确公司内部应对气候变化承担直接责任的组织或人员,建立内部评价激励机制来促进碳减排目标的实现。

4. 加大对机构投资者的培育和支持力度

根据本文的研究结论,来自机构投资者的压力会促使企业进行碳信息披露,S&P 500 的机构投资者在促进企业披露碳信息方面发挥着积极作

用。我国资本市场建立时间较短,主要以中小投资者为主,机构投资者的规模较小。因此,我国应加大对机构投资者的培育和支持力度,加快营造适合机构投资者的资本市场环境,引导机构投资者在进行投资决策时充分关注企业披露的碳信息,将企业碳信息披露作为投资决策的考虑因素之一。

本章参考文献

毕茜,彭珏,左永彦.环境信息披露制度、公司治理和环境信息披露[J].会计研究,2012,7:39-47.

陈华,王海燕,陈智.公司特征与碳信息自愿性披露——基于合法性理论的分析视角[J].会计与经济研究,2013,4:30-42.

陈华,王海燕,荆新.中国企业碳信息披露:内容界定、计量方法和现状研究[J].会计研究,2013,12:18-24.

陈淼.机构投资者影响上市公司信息披露行为研究[D].西南财经大学,2008.

陈小琳,罗飞,袁德利.公共压力、社会信任与环保信息披露质量[J].当代财经,2010,8:111-121.

方健,徐丽群.信息共享、碳排放量与碳信息披露质量[J].审计研究,2012,4:105-112.

高民芳,钟婧,秦清华,赵睿.基于公共压力的陕西上市公司环境信息披露[J].西安工程大学学报,2011,25(3):580-585.

郝泽露.社会压力、公司治理与环境信息披露[D].东北财经大学,2014.

何玉,唐清亮,王开田.碳信息披露、碳业绩与资本成本[J].会计研究,2014,1:79-86.

蒋琰,罗乐,吴洁演.碳信息披露与权益资本成本——来自于标普500强碳信息披露项目(CDP)的数据分析[A].见:中国会计学会环境会计专业委员会.中国会计学会环境会计专业委员会2014学术年会论文集[C].中国会计学会环境会计专业委员会2014学术年会,南京,2014.

敬采云.碳会计理论发展创新研究[J].财会月刊,2011,11:8-10.

刘敏.外部压力、公司绩效与社会责任信息披露[D].辽宁大学,2012.

彭娟,熊丹.碳信息披露对投资者保护影响的实证研究——基于沪深两市2008—2010年上市公司经验证据[J].上海管理科学,2012,34(6):63-68.

戚啸艳.上市公司碳信息披露影响因素研究——基于CDP项目的面板数据分析[J].学海,2012,3:49-53.

沈洪涛,冯杰.舆论监督、政府监管与企业环境信息披露[J].会计研究,2012,2:72-78.

孙烨,张硕.基于公共压力动机的我国上市公司环境信息披露的实证研究[J].公司治理评论,2009,1(3):58-75.

王建明.环境信息披露、行业差异和外部制度压力相关性研究——来自我国沪市上市公司环境信息披露的检验证据[J].会计研究,2008,6:54-63.

王君彩,牛晓叶.碳信息披露项目、企业回应动机及其市场反应——基于 2008—2011 年 CDP 中国报告的实证研究[J].中央财经大学学报,2013,1:78-85.

王伟光,郑国光.应对气候变化报告(2015):巴黎的新起点和新希望[M].北京:社会科学文献出版社,2015.

王霞,徐晓东,王宸.公共压力、社会声誉、内部治理与企业环境信息披露——来自中国制造业上市公司的证据[J].南开管理评论,2013,16(2):82-91.

吴勋,徐新歌.公司治理特征与自愿性碳信息披露——基于 CDP 中国报告的经验证据[J].科技管理研究,2014,18:213-217.

肖华,张国清.公共压力与公司环境信息披露——基于"松花江事件"的经验研究[J].会计研究,2008,5:15-22.

翟华云.预算软约束下外部融资需求对企业社会责任披露的影响[J].中国人口·资源与环境,2010,20(9):107-113.

张彩平,肖序.国际碳信息披露及其对我国的启示[J].财务与金融,2010,3:77-80.

张川,林玲.公共压力与企业社会责任信息披露质量研究[A].见:中国会计学会.中国会计学会 2011 学术年会论文集[C].中国会计学会 2011 学术年会,重庆,2011.

张巧良,宋文博,谭婧.碳排放量、碳信息披露质量与企业价值[J].南京审计学院学报,2013,2:56-63.

赵选民,吴勋.公司特征与自愿性碳信息披露——基于 CDP 中国报告的经验证据[J].统计与信息论坛,2014,29(8):61-66.

Aerts, W., Cormier, D., Magnan, M. Corporate Environmental Disclosure, Financial Markets and the Media: An International Perspective. *Ecological Economics*, 2008, 64(3): 643-659.

Al-Tuwaijri, S. A., Christensen, T. E., Hughes. K. E. The Relations Among Environmental Disclosure, Environmental Performance, and Economic Performance: A Simultaneous Equations Approach. *Accounting, Organizations and Society*, 2004, 29 (5-6): 447-471.

Cho, C., Patten, D. The Role of Environmental Disclosures as Tools of

Legitimacy: A Research Note. *Accounting*, *Organization and Society*, 2007, 32: 639 - 647.

Cormier, D. , Magnan, M. , Velthoven, B. V. Environmental Disclosure Quality in Large German Companies: Economic Incentives, Public Pressures or Institutional Conditions? *European Accounting Research*, 2005, 14(1): 3 - 39.

Cotter, J. , Najah, M. M. Institutional Investor Influence on Global Climate Change Disclosure Practices. *Australian Journal of Management*, 2012, 37: 169 - 187.

Deegan, C. , Rankin, M. Firms' Disclosure Reaction to Major Social Incidents: Australian Evidence. *Accounting Forum*, 2000, 24(1): 30 - 101.

Doran, K. L. , Quinn, E. L. Climate Change Risk Disclosure: A Sector by Sector. Analysis of SEC 10-K Filings from 1995—2008. *North Carolina Journal of International Law and Commercial Regulation*, 2009, 34(3): 721 - 766.

Francis, J. R. , Khurana, I. K. Disclosure Incentives and Effects on Cost of Capital around the World. *The Accounting Review*, 2005, 80(4): 187 - 221.

Freedman, M. , Jaggi, B. Advances in Environmental Accounting and Management. Emerald, 2010.

Hanisch, D. , Zimmer, R. , Lengauer, T. ProML-the Protein Markup Language for Specification of Protein Sequence, Structure and Families. In Proceedings of the German Conference on Bioinformatics, Braunschweig, 2001.

Ingram, R. , Frazier, K. Environmental Performance and Corporate Disclosure. *Journal of Accounting Research*, 1980, 18: 614 - 622.

Islam, M. A. , Deegan, C. Media Pressures and Corporate Disclosure Social Responsibility Performance Information: A Study of Two Global Clothing and Sports Retail Companies. *Accounting and Business Research*, 2010, 40(2): 131 - 148.

Kolk, A. , Levy, D. , Pinkse, J. Corporate Responses in an Emerging Climate Regime: The Institutionalization and Commensuration of Carbon Disclosure. *European Accounting Review*, 2008, 17(4): 719 - 745.

Luo, L. , Lan, Y. , Tang, Q. Corporate Incentives to Disclose Carbon Information: Evidence from the CDP Global 500 Report. *Journal of International Financial Management and Accounting*, 2012, 23(2): 93 - 120.

Luo, L. , Tang, Q. Carbon Tax, Corporate Carbon Profile and Financial Return. *Pacific Accounting Review*, 2014, 26 (3): 351 - 373.

Luo, L. , Tang, Q. , Lan, Y. Comparison of Propensity for Carbon Disclosure Between Developing and Developed Countries: A Resource Constraint Perspective.

Accounting Research Journal, 2013, 26(1): 6 - 34.

Matsumura, E. M., Prakash, R., Vera-Munoz, S. C. Firm-Value Effects of Carbon Emissions and Carbon Disclosures. *The Accounting Review*, 2014, 89(2): 695 - 724.

O'Dwyer, B., Unerman, J., Hession, E. User Needs in Sustainability Reporting: Perspectives of Stakeholders in Ireland. *European Accounting Review*, 2005, 14(4): 759 - 787.

Peters, G., Romi, A. Carbon Disclosure Incentives in a Global Setting: An Empirical Investigation, http: //waltoncollege. uark. edu/acct/Carbon _ Disclosure. doc. 2011.

Rankin, M., Windsor, C., Wahyuni, D. An Investigation of Voluntary Corporate Greenhouse Gas Emissions Reporting in A Market Governance System: Australian Evidence. *Accounting, Auditing and Accountability Journal*, 2011, 24 (8): 1037 - 1070.

Solomon, A., Lewis, L. Incentives and Disincentives for Corporate Environmental Disclosure. *Business Strategy and the Environment*, 2002, 11(3): 154 - 169.

Song, W. L., Szewczyk, S. H. Does Coordinated Institutional Investor Activism Reverse the Fortunes of Underperforming Firm? *Journal of Financial and Quantitative Analysis*, 2003, 38: 317 - 336.

Stanny, E., Ely, K. Corporate Environmental Disclosures about the Effects of Climate Change. *Corporate Social Responsibility and Environmental Management*, 2008, 15(6): 338 - 348.

Suchtnan, M. C. Managing Legitimacy: Strategic and Institutional Approaches. *The Academy of Management Review*, 1995, 20(3): 571 - 610.

Tang, Q., Luo, L. Transparency of Corporate Carbon Disclosure: International Evidence, http: //ssrn. com/abstract=1885230. 2011.

Walden, W. D., Schwartz, B. N. Environmental Disclosures and Public Policy Pressure. *Journal of Accounting and Public Policy*, 1997, 16: 125 - 154.

第七章　碳信息披露、碳绩效与企业绩效

借助碳交易平台,全球气候变暖问题不再是单纯的环境问题,更成为了世界性的政治问题、经济问题,进而影响到了各个国家或地区的企业和其他组织的会计实践。资本市场开始奖励碳减排行动领先的企业,惩罚落后的企业,非政府组织开始敦促企业披露碳信息,意图通过碳信息披露迫使企业加强碳减排。企业对碳披露的重视程度不断增加,越来越多的企业加入碳信息披露项目(CDP),向公众进行自愿性的碳信息披露。

第一节　问题的提出与研究假设

近年来,随着人们对气候变化问题的日益关注,企业的碳排放信息逐渐成为投资者决策的重要因素。企业管理者也面临着不同利益相关者的压力,要求披露由气候变化问题带来的风险与机遇,这不仅包括企业可能面临的法律监管,还包括碳排放、碳管理、碳披露所引起的市场效应。

首先,在资本市场,企业的碳排放往往会带来公司价值的减少,而碳信息披露则可以减轻这一影响。Prakash、Ella 和 Sandra(2014)研究就曾发现企业碳排放会减少公司价值,但相比没有披露碳信息的企业,披露碳信息企业的平均公司价值要高 23 美元。这主要是因为在碳排放量对企业价值普遍产生影响的情况下,没有进行碳信息披露或者碳披露较差的企业往往会被资本市场默认为碳绩效差的企业,受到资本市场更为严重的惩罚。与此同时,投资者为了获取企业碳排放的信息会带来信息成本的增加,进而增加企业的资本成本。自愿的碳信息披露会减少企业潜在法律监管与干预,获得更为宽松的环境,在资本市场更受青睐,会带来市场绩效的提升。Schiager 和 Haukvik(2012)研究发现碳信息披露水平与托宾 Q 值正相关,这进一步证实了 Prakash 等研究者的观点。

其次,企业的自愿性碳信息披露,属于社会责任披露的范畴,发挥着与

财务信息披露相类似的作用,有助于提高企业的信息披露水平,减轻信息不对称,降低投资者面临的不确定性,进一步带来企业的融资成本的下降(Clarkson,2004),财务绩效的提高。企业主动的碳信息披露也将增加企业的透明度,满足利益相关者的信息需求,增加财务分析师的信息供给,增强证券流动性,减低隐形代理成本(Matsumura et al.,2011),改善企业绩效。同时,充分的碳信息披露有助于向利益相关者传递"低碳""绿色"的信号,为企业树立负责正面的形象,进而赢得企业声誉(Matsumura et al.,2011),带来产品成本的降低和价值的增加(源于供应链上下游合作伙伴对于企业的认可所带来的价格的让步和产品价值的提升),促进企业财务绩效的提高。

因此,我们认为碳信息披露水平对企业绩效有促进作用,提出如下假设。

H1:碳信息披露水平与企业绩效正相关。

碳绩效,该指标与环境绩效相对应,反映的是企业在应对气候变化和碳减排实践工作中的具体绩效,一般而言,正如环境绩效显著影响环境信息披露一样(Hughes,Anderson and Golden,2001;Patten,2002;Campbell,2003;Al-Tuwaijri,Christensen and Hughes,2004;Clarkson,Li,Richardson and Vasvari,2008),碳绩效也显著影响碳信息披露(Kolk,Levy and Pinkse,2008;Freeman and Jaggi,2011;Stanny,2011;Luo,Lan and Tang,2012;Luo,Tang and Lan,2013)。关于碳信息披露与碳绩效的关系,存在两种不同的研究结论。自愿性信息披露理论认为那些碳绩效好的企业为了与碳绩效差的企业区分开来,避免存在逆向选择,愿意主动披露别人无法模仿的信息,那些消极披露信息的公司会被公众自动归类于坏消息的公司。因此,碳绩效好的企业往往更倾向于详尽地披露企业的碳信息,即碳信息披露水平与企业的碳绩效正相关。相反,合法性理论则认为合法性受到威胁的企业意图通过信息披露修复、获取、维持企业的合法性,减轻不利消息对企业的影响,改变社会公众对企业的预期(Gray et al.,1995),因此越是碳绩效差的企业越努力披露碳信息。合法性理论认为碳信息披露与碳绩效负相关。根据不同的理论基础,本研究提出两个竞争性假设。

H2a:碳信息披露水平与碳绩效正相关。

H2b:碳信息披露水平与碳绩效负相关。

第二节 模型构建与变量设计

根据前述研究假设,我们建立以下多元回归模型 7-1:

$$EP = \alpha_0 + \alpha_1 CD + \alpha_2 SIZE + \alpha_3 MB + \alpha_4 PM + \alpha_5 LEV + \alpha_6 INDT + \alpha_7 UE + \varepsilon \tag{7-1}$$

式中:α_0 是常数项,ε 是回归残差,$\alpha_1 \sim \alpha_7$ 为回归方程的参数。

Ullmann(1985)对早期考察环境绩效、环境信息披露和经济绩效间关系的实证研究进行分析,发现早期实证研究结论不一致的根源在于模型的设计并不完备,因为变量之间存在较严重的内生性问题。为此,我们借鉴 Al-Tuwaijri 等(2004)的思想,建立联立方程组来控制内生性(见模型 7-2)。

$$\begin{cases} EP = \alpha_0 + \alpha_1 CD + \alpha_2 SIZE + \alpha_3 MB + \alpha_4 PM + \alpha_5 LEV + \alpha_6 INDT + \varepsilon_1 \\ CP = \beta_0 + \beta_1 EP + \beta_2 PRECD + \beta_3 IIT + \beta_4 LEV + \beta_5 SIZE + \beta_6 INDT + \varepsilon_2 \\ CD = \delta_0 + \delta_1 CP + \delta_2 IIT + \delta_3 SIZE + \delta_4 FIN + \varepsilon_3 \end{cases}$$

$$(7-2)$$

在模型 7-1 中,自变量为碳信息披露得分,因变量为企业绩效,参考已有的相关研究(Dhaliwal, Li, Tsang and Yang, 2011; Clarkson, Li, Richardson and Vasvari, 2008)将企业的资产规模、成长机会、财务杠杆、盈利能力、未预期收益和所处行业等变量加以控制。模型 7-2 中,碳信息披露得分、碳绩效与企业绩效为内生变量,其他均为先决变量。具体变量定义如下。

1. 企业绩效(EP)

现有研究中,企业绩效主要从财务绩效和市场绩效两个方面加以衡量。本文用托宾 Q 值($TOBINQ$)代表企业的市场绩效、ROA 代表企业的财务绩效。托宾 Q 值用(普通股的市场价值+优先股、长期负债和流动负债的账面价值)/资产账面价值表示,ROA 则用企业总资产的收益率表示,由企业的息税前利润除以期末总资产。

2. 碳信息披露水平(CD)

在评价企业的环境信息披露水平时,绝大部分学者多采用内容分析法,通过分析企业年度报告、10-K 报告中环境信息披露进行打分得出。CDP 项目组中碳信息披露水平的计量方法与内容分析法相类似。项目组根据问卷的内容构成将其分成若干部分,每一部分包含若干项目,而每个项目设有具体的分值以及相应的评分细则(各年度 CDP 报告问卷内容和评分方法参见 CDP 官网)。在获得企业的回应之后,CDP 依照评分细则和企业的回答状况给出每一问题的得分,并对 CDP 问卷中所有问题的得分进行加总,得出该企业的碳披露得分。

本文碳信息披露水平(CD)采用 CDP 项目官方网站上公布的 S&P 500 CDP 问卷中的分数,碳信息披露得分越高,企业的自愿性碳信息披露水平也越高。

3. 碳绩效(CP)

国内外对于碳绩效的评价通常关注的是碳排放量,包括单位销售额的碳排放量、资产标准化下的碳排放量、每单位碳排放量下产生的销售收入等各类衡量指标。具体到 CDP 报告,又存在各统计口径下不同碳排放量,包括直接温室气体排放范围(范围 1)、间接温室气体排放(范围 2)和其他碳排放量,标准并不统一。

在下文的研究中,我们将直接采用 CDP 项目给出的企业碳绩效的评级作为碳绩效的指标。CDP 项目中碳绩效是综合考虑了企业问卷的回答和各统计口径下碳排放量评定给出的,具体包括 6 个等级(A 、A-、B、C、D、E),我们分别给予赋值 6、5、4、3、2、1。

4. 资产规模($SIZE$)

由于大型公司相对于规模小的企业具有较高的获取资源的能力和管理水平,易获得经济规模,能让企业所产生的经济效益反映在企业的经营绩效上(林有志等,2007)。企业规模会对企业的财务绩效产生影响。同时,公司的环境行为受公司规模影响很大,一般而言规模大的公司会比规模小的公司受到社会公众和监管部门更多的关注,规模大的公司应该比小的公司更加重视其环境行为,规模可以作为企业面临信息环境和外在压力的变量(Atiase,1985)。本研究以期末总资产来表示上市公司的规模大小。为了避免较大数量级可能造成的不利影响,我们参照已有的做法将其做对数处理,记为 $SIZE$。

5. 成长机会(*MB*)

高成长性预示着企业未来良好的发展前景,市场对该企业的产品或者服务的需求量较大,市场扩展潜力巨大,企业拥有良好的经营业绩。已有研究也发现,高成长性的企业绩效往往也较高,即企业成长机会与企业经营绩效有关。

借鉴前人的研究结论,本文采用账面市值比作为企业成长机会的衡量指标,由企业的市场价值比账面价值计算。

6. 盈利能力(*PM*)

本研究用销售净利率来反映企业的盈利能力,它可以同时反映企业的利润情况和市场情况。企业可以通过提高价格、降低成本,或者同时使用这两种方法来提高边际利润。销售净利率越高,企业的盈利能力也就越好,企业的绩效也就越好。

7. 财务杠杆(*LEV*)

财务杠杆即通过企业的资本结构来反映其所面对的财务风险,而企业的财务风险会影响企业的资本成本,并最终对企业绩效产生影响。在一定比例下,企业的财务杠杆对企业绩效有促进作用,但随着杠杆作用的增加,企业财务风险进一步扩大,可能对企业的绩效有反向作用。国内外研究表明,当企业的负债程度增加时,管理者会披露更多的信息以满足外部监管的需求(Leftwich et al,1981),在进行碳信息披露时可能也会对碳绩效有促进作用。

本文选用资产负债率来衡量公司的负债程度,由总负债比总资产计算。

8. 未预期收益(*UE*)

现有研究表明企业的绩效往往受到未预期收益的影响(Al-Tuwaijri et al, 2004)。在实证中,通常用相邻两年(n年,$n-1$年)的每股收益之差来代表未预期收益,即:未预期收益(n)=每股收益(n)-每股收益($n-1$)。为此,本文将未预期收益变量加以控制。

9. 行业(*INDT*)

无论是企业的市场绩效还是碳绩效都明显受所处行业的影响。不同行业的企业绩效是不同的,碳密集型行业和非碳密集型行业显然也是如此,碳排放量、碳管理有差异,相对应对企业的碳绩效也有区别。因此加入行业指示变量*INT*,如果企业处于温室气体排放密集型行业(具体包括能源、工业、材料和公共事业)则取值 1,否则取值 0。

10. 前期碳信息披露(PRECD)

企业以前的碳信息披露水平可能代表着对当期碳绩效的最低限制(Al-Tuwaijri et al,2004)。投资者对企业碳绩效的预期很大程度上取决于企业上一期的碳信息披露。如果企业预期未来碳绩效较差,则事先会充分披露碳信息以防未来由于未披露信息而遭受惩罚。如果一个企业当期的碳绩效恶化(并且对此未加以披露),同时股价下降,那么股东可能就有理由对此加以诉讼。管理者的名声可能也会因为不诚信的披露而受损。因此,我们将企业前一期碳信息披露的得分作为先决变量加入方程 7 - 2。

11. 机构投资者持股比例(IIT)

由于 CDP 项目是代表机构投资者向企业发放问卷的,在投资者呼吁对企业社会责任活动进行更透明披露的背景下,拥有机构投资者持股比率越高的企业往往碳信息披露质量越高,碳绩效越好(Matsumura et al,2014)。基于此,我们用机构投资者持有的股份占企业全流通股份的比率,来表示企业面临的提高碳信息披露质量和改善碳绩效的外在压力。

12. 筹资活动量(FIN)

当企业在债券市场和股本市场融资时,为了降低资本成本,企业会更愿意披露相关信息。因此本文用 FIN 来表示企业的融资额,即债券市场上的融资额与股本市场的融资额之和。计算方法为:$FIN = $(出售的普通股和优先股-购入的普通股和优先股+发行的长期债券-减持的长期债券)/期末资产总规模。Frankel 等(1995)认为,在公开资本市场筹资的企业更可能实施自愿信息披露。

第三节　样本选择与描述性分析

本研究中与碳信息披露、碳业绩相关的数据主要来自于 2012 年和 2013 年 CDP 项目,该项目拥有目前最全面的与碳相关的数据库。我们的研究对象来自于 2013 年标准普尔 500 强企业,剔除以下不符合要求的样本:① 未参与回复 CDP 问卷的企业;② 本期或前期碳信息披露得分未公开的企业;③ 未公开碳排放量数据的企业;④ 未给出碳绩效等级的企业;⑤ 部分财务数据缺失的企业,共得到 241 组有效样本。

表 7-1 列示了变量的描述性分析。其中碳信息披露质量是用 CDP 报告中碳信息披露的得分 CDLI 表示,得分越高则碳披露质量越高。碳绩效则由 CDP 报告中碳绩效等级赋值得出,所以等级越高,赋值越大,表示碳业绩越好。

表 7-1　样本描述性分析

	N	极小值	极大值	均值	标准差
TOBINQ	241	0.064 6	5.199 9	1.458 9	0.925 5
ROA	241	−0.141 7	0.357 6	0.095 2	0.071 3
CD	241	50	100	82.888 0	12.874 7
PRECD	241	22	99	76.456 4	15.665 8
CP	241	1	6	3.771 8	1.211 8
SIZE	241	14.899 1	21.605 3	17.087 9	1.327 0
MB	241	−20.147 9	76.653 2	3.555 7	6.757 0
PM	241	−0.295 8	0.461 5	0.113 4	0.085 9
LEV	241	0.042 7	1.281 6	0.613 6	0.201 2
UE	241	−0.287 2	0.162 2	0.001 5	0.038 6
INT	241	0	1	0.332 0	0.471 9
IIT	241	0	0.280 0	0.074 0	0.071 6
FIN	241	−0.610 0	0.485 6	−0.006 4	0.111 9

如表 7-1 所示,样本企业碳信息披露的最高分为 100,最低分为 50,平均得分为 82.88,总体来看碳信息披露的质量较高。相比上一年的碳信息披露得分无论是最低分、最高分和平均分都有所增加,表明企业的碳信息披露质量有所提高。为了对样本企业的碳信息披露得分有更深刻认识,我们给出了样本公司、标普 500 强企业的碳信息披露质量得分具体分布,见表 7-2。

表 7-2 样本企业碳披露得分分布表

	0～50	51～60	61～70	71～80	81～90	91～100	总数
标普 500 强	33	22	38	51	72	94	310
样本企业	1	15	31	42	63	89	241
样本占比	3.03%	68.18%	81.58%	82.35%	87.50%	94.70%	77.80%

依据表 7-2 可知样本公司的碳信息披露情况:碳信息披露得分与企业数量成比率增长。碳信息披露得分在 0～50 分的公司最少,只有 1 家,占总数的0.41%;得分在 91～100 分的企业最多,达到 89 家,占总数的36.93%;并且,通过与标普 500 强披露企业的对比分析,随着企业碳披露得分越高,披露碳排放量、碳绩效企业的比率也在不断增加。标普 500 强企业中,碳披露得分在 50 分以内的 33 家企业只有一家披露了碳绩效,90 分以上的 94家公司有 89 家予以了披露,比例达到了 95%。换个角度来说,碳绩效较好的企业往往更愿意详尽地进行碳信息披露,碳绩效与碳信息披露质量可能存在正的相关性,这符合自愿披露理论。

表 7-3 则给出了样本企业的碳绩效得分分布表,碳绩效得分为 4 分(等级为 B)的企业数量最多,为 101 家,占比达到四成,说明样本企业的碳绩效评级多处于中间水平,呈现中间多两头少的分布。

表 7-3 样本企业碳绩效得分分布表

	1	2	3	4	5	6	总数
企业数量	3	34	57	101	13	33	241
样本比率	1.20%	14.10%	23.65%	41.91%	5.34%	13.69%	100%

表 7-4 列示了变量之间的相关性分析,可以看出除了碳信息披露质量、前期碳信息披露与碳绩效之间相关系数较大,以及 ROA 和 TOBINQ 之间相关系数较大以外,大部分都小于 0.3,因此变量之间不会存在多重共线性问题。表中的其他变量的结果与现有研究和我们的预期基本一致。例如,企业绩效与盈利能力、成长机会显著正相关,与财务杠杆显著负相关。企业碳信息披露质量与筹资活动量显著正相关(Frank et al.,1995),机构投资者的持股比率与碳绩效之间存在正相关关系(Ella et al.,2014)。

表7-4　变量的相关性分析

	TOBINQ	ROA	CD	PRECD	CP	SIZE	MB	PM	LEV	INT	UE	IIT
TOBINQ	1											
ROA	0.670***	1										
CD	0.018	0.015	1									
PRECD	−0.006	0.045	0.777***	1								
CP	−0.091	−0.0020	0.782***	0.679***	1							
SIZE	−0.502***	−0.305***	0.208***	0.198***	0.225**	1						
MB	0.422***	0.311***	−0.015	−0.009	−0.019	−0.233***	1					
PM	0.250***	0.290***	−0.025	−0.060	−0.047	0.116*	−0.003	1				
LEV	−0.253***	−0.060	0.105	0.133**	0.158**	0.356***	0.102	−0.146**	1			
INT	−0.160**	−0.053	0.060	0.053	0.053	−0.067	−0.067	−0.232***	−0.008	1		
UE	−0.160**	0.053	−0.031	−0.056	−0.038	−0.092	0.012	0.150**	−0.031	−0.026	1	
IIT	0.022	−0.023	0.017	−0.091	−0.008	−0.326***	0.030	−0.057	0.013	0.098	0.064	1
FIN	−0.112*	−0.200***	0.073	0.043	0.035	0.088	−0.458***	−0.034	0.013	0.029	−0.142**	−0.025

注:表中为pearson系数,*** 表示检验在1%的水平上显著,** 表示检验在5%的水平上显著,* 表示检验在10%的水平上显著。

第四节　实证结果分析

模型7-1的回归结果见表7-5,表明了碳信息披露与企业市场绩效的相关关系。从整体来看,方程的F值都在1%水平显著,调整的R^2值都达到0.2以上,说明回归方程在整体上是非常显著的,并且拟合效果很好。

表7-5　模型7-1的回归结果

EP	TOBINQ	ROA_t	ROA
CD	0.0102*** (2.9100)	0.0005 (1.5200)	
PRECD			0.0057** (2.2000)

（续表）

EP	TOBINQ	ROA_t	ROA
SIZE	−0.322 9*** (−8.360 0)	−0.018 3*** (−5.200 0)	−0.018 6*** (−5.330 0)
MB	0.043 5*** (6.350 0)	0.002 4*** (3.820 0)	0.002 3*** (3.850 0)
PM	2.892 9*** (5.290 0)	0.292 4*** (5.870 0)	0.296 2*** (5.970 0)
LEV	−0.448 8** (−1.840 0)	0.028 2 (1.270 0)	−0.026 4 (−1.190 0)
UE	−0.291 0 (−0.250 0)	−0.052 5 (0.270 0)	−0.046 9 (−0.450 0)
INT	Yes	Yes	Yes
_cons	6.005 6*** (9.580 0)	0.308 7*** (5.400 0)	0.310 4*** (5.570 0)
adj−R^2	0.463 0	0.248 7	0.256 7
F	30.560 0	12.350 0	12.840 0
N	241	241	241

注：* 在 10% 的水平上显著相关，** 在 5% 的水平上显著相关，*** 在 1% 的水平上显著相关。

　　具体来看，由表 7-5 可知，反映企业绩效的被解释变量 TOBINQ 与解释变量碳信息披露得分（CD）相关系数为 0.01，并且通过了 1% 水平上的显著性检验，表明二者具有显著的正相关关系。验证了假设一，即碳信息披露水平与企业绩效正相关，对企业绩效有促进作用。控制变量方面，企业成长机会、盈利能力与市场绩效显著正相关，与预期相一致。企业的成长情况影响着企业绩效，成长机会越大，规模随之增大，盈利能力会提高，企业具有良好的发展前景，市场更加看好。财务杠杆与企业绩效显著负相关，与预期一致。财务杠杆较高意味着企业的负债较多，说明企业有偿还利息的压力，可能使企业陷入财务危机当中，影响企业的绩效。在回归结果中，企业规模与企业绩效显著负相关，与我们的预期不符，在现有研究中，规模与企业绩效多显示正相关关系。但本文中样本为标普 500 强企业，本身规模较大，存在规模偏见，可能随着企业规模的增大，规模效应不再显著，反倒出现更多的管理问题,对企业绩效起负面影响。

表 7-5 还给出了碳信息披露水平与企业财务绩效 *ROA* 的回归结果。整体来看,方程回归效果非常显著,拟合程度较高。具体来看,被解释变量企业财务绩效与解释变量碳信息披露水平正相关但没有通过显著性检验。在控制变量方面,变量符号与预期基本一致且显著。考虑到碳信息披露水平对企业财务绩效的积极影响,不是一蹴而就的,利益相关者对碳信息有一个接受、消化、认可的过程,从而对企业产品的价值和成本产生影响,影响到企业的财务绩效。因此碳信息披露水平对企业财务绩效的影响可能存在跨期性和滞后性,我们进一步研究前期碳信息披露对当期企业财务绩效的影响。从表 7-5 的实证结果可以看出,前期碳信息披露与企业的财务绩效有显著的正相关关系,表明碳信息披露对企业的财务绩效有跨期的正向影响。其他变量的回归结果与碳信息披露的结果均较为一致。

模型(7-1)的实证结果表明,碳信息披露水平与企业当期市场绩效具有显著的正相关关系,而对当期财务绩效的相关性并不显著,碳信息披露对企业的财务绩效存在跨期影响。从上述结果来看,碳信息披露水平对企业绩效存在着正向的促进影响。

考虑到碳信息披露水平对企业绩效的影响可能存在内生性问题。为此,我们对模型(7-1)做 RESET 检验,F 值达到 3.64,拒绝原假设,模型存在内生性问题。因此我们建立联立方程组来控制内生性,其检验结果见表 7-6 和表 7-7。

表 7-6　模型(7-2)的 3SLS 检验结果(一)

	方程 1 *TOBINQ*	方程 2 *CP*	方程 3 *CD*
TOBINQ		0.111 7 (1.050 0)	
CD	0.010 4 ** (2.350 0)		
PRECD		0.050 7 *** (13.580 0)	
CP			12.259 4 *** (16.100 0)

（续表）

	方程 1 *TOBINQ*	方程 2 *CP*	方程 3 *CD*
SIZE	−0.324 6*** (−8.510 0)	0.158 5** (2.520 0)	−0.445 7 (−.880 0)
MB	0.043 2*** (6.450 0)		
PM	2.827 1*** (5.380 0)		
LEV	−0.412 5* (−1.740 0)	−0.081 3 (−0.370 0)	
INT	−0.229 9** (−2.450 0)	0.073 8 (0.770 0)	
IIT		1.516 8* (1.780 0)	4.613 6 (0.520 0)
FIN			3.579 4 (1.070 0)
常数	6.002 3*** (9.600 0)	−2.068 6* (−2.600 0)	43.942 3*** (5.200 0)
N	241	241	241
adj-R^2	0.478 4	0.467 1	0.476 3

注：* 在 1% 的水平上显著相关，** 在 5% 的水平上显著相关，*** 在 1% 的水平上显著相关。

表 7-6 给出了模型（7-2）的方程 1 中企业绩效为市场绩效 *TOBINQ* 的 3SLS 的估计结果。在方程 1 中，碳信息披露的相关系数为 0.010，并且通过 5% 水平上的显著性检验，验证了假设一，也与 Schiager 等（2012）的研究结果相一致。碳信息披露水平 *CD* 与企业绩效正相关，对企业绩效有促进作用。方程 2 中，*TOBINQ* 的相关系数为 0.111 7，但没有通过显著性检验（*t*=1.05）。企业绩效没有显示出对碳绩效明显的促进作用。前期的碳信息披露水平 *PRECD* 与碳业绩显著正相关，相关系数为 0.051，通过了 1% 水平上的显著性检验，与现有研究和预期一致。企业以前的碳信息披露水平可能代表着对当期碳绩效的一种限制。投资者对企业碳绩效的预期很

大程度上取决于企业上一期的碳信息披露。因此,前期的碳信息披露水平往往跟碳绩效有显著的正相关关系。企业规模($SIZE$)的相关系数为 0.158 5,在 5％水平上显著,与预期和现有研究一致。之前的研究(Atiase, 1985)就发现企业的规模往往可以代表一个企业面临的信息环境和外在压力。一般而言,相比规模小的公司,大公司往往受到更多的公众关注和外界监管,往往也更加重视环境行为,碳绩效也会更好。在方程中,机构投资者的持股比例也显示出与碳业绩显著的正相关关系,通过了 10％水平的显著性检验。相类似的,机构投资者的持股比例代表着企业面临着来自资本市场的压力大小,尤其在 2013 年 CDP 代表资产管理总额 87 万亿美元的 722 家机构投资者的背景下,这一效果更加明显。因此,机构投资者持股比例大的企业更有动机加强碳管理,注重碳减排,碳业绩更好。

在方程 3 中,碳绩效(CP)的相关系数为 12.25,并且通过了 1％水平上的显著性检验,与自愿披露理论一致,即碳绩效好的企业愿意进行更加详尽的碳信息披露以使自己与碳绩效差的企业区分开来,获得资本市场的认可,得到额外的好处。研究假设 H2a,碳信息披露水平与碳绩效正相关得到了验证。筹资活动量与碳得分正相关但并不显著,与现有研究和预期相一致。当企业在公开市场筹资时,为了降低筹资成本,企业会更愿意披露企业信息。

表 7-7 给出模型(7-2)的方程 1 中企业绩效为财务绩效 ROA 的 3SLS 的估计结果。与市场绩效下结果相同:碳信息披露与企业绩效显著正相关,前期碳信息披露水平与碳绩效显著正相关,并且碳绩效与碳信息披露显著正相关。其他变量的结果与市场绩效下结果基本一致。总之,通过对联立方程组回归结果的分析,我们发现企业的碳信息披露质量与企业绩效有显著的正相关关系,企业绩效与碳业绩显示正的相关性但未通过显著性检验,而碳绩效又与碳信息披露显著正相关。换个角度来说,企业高质量的碳信息披露会促进企业绩效的提高,企业绩效好的企业也往往有动机、有精力、有资源关注碳减排问题,进行碳管理来提高碳绩效,而碳绩效好的企业愿意更详尽地披露以使自己与那些碳绩效差的企业区分开来,获得额外的收益。

表 7-7　模型 7-2 的 3SLS 检验结果(二)

	方程 1 ROA	方程 2 CP	方程 3 CD
ROA		0.991 1 (0.680 0)	
CD	0.000 7* (1.770 0)		
PRECD		0.051 0*** (13.640 0)	
CP			12.283 0*** (16.130 0)
SIZE	−0.018 6*** (−5.320 0)	0.139 0** (2.440 0)	−0.501 2 (−0.980 0)
MB	0.002 4*** (3.920 0)		
PM	0.287 8*** (5.950 0)		
LEV	0.027 3 (1.250 0)	−0.139 2 (−0.630 0)	
INT	0.001 8 (0.210 0)	0.042 7 (0.490 0)	
IIT		1.606 9* (1.870 0)	1.921 1 (0.220 0)
FIN			3.952 4 (1.130 0)
常数	0.294 5*** (5.150 0)	−2.645 7** (−2.590 0)	45.002 8*** (5.320 0)
N	241	241	241
adj-R^2	0.268 1	0.471 9	0.474 8

注:* 在 10%的水平上显著相关,** 在 5%的水平上显著相关,*** 在 1%的水平上显著相关。

通过模型(7-1)与模型(7-2)的回归结果的分析,我们发现碳信息披露无论是与企业的市场绩效,还是财务绩效都具有正相关关系,这种正相关关系至少在10％水平上显著,并且碳信息披露对企业的财务绩效可能存在跨期效应,这验证了假设一。模型(7-2)的实证结果还表明碳绩效好的企业更愿意做更详尽的披露,验证了假设二,也进一步验证了自愿信息披露理论。

第五节　研究结论与启示

气候变化给企业带来的机遇与风险引起了机构投资者和其他利益相关者的极大兴趣,碳信息披露和碳绩效已经成为资本市场投资决策参考的重要依据。越来越多的企业加入到碳减排行动的行列,越来越多的企业自愿披露碳信息。但碳信息披露与企业绩效相关性的研究较少,且结论不统一。为此,本研究在考虑了碳绩效的基础上研究了碳信息披露与与企业绩效的关系。我们以S&P 500参与CDP问卷的企业为样本,研究发现企业的碳信息披露质量与企业绩效有显著的正相关关系,碳信息披露无论是对市场绩效,还是对财务绩效都具有显著的促进作用,并且对企业财务绩效可能存在跨期影响。研究还发现碳绩效与碳信息披露水平显著正相关。也就是说,碳绩效好的企业往往愿意更详尽地进行碳信息披露,以使自己与碳绩效差的企业区分开来,并且企业的碳信息披露达到了一定的效果,对企业的绩效(无论是市场绩效还是财务绩效)有显著的促进作用,企业的碳信息披露是其理性选择。

不管发达国家还是发展中国家,企业都是碳减排的主体,而碳信息披露是企业实现低碳战略的重要标准。国外对碳信息的披露起步较早,而国内对这方面的关注不如国外。作为实行碳减排、碳信息披露较早的国家,在碳减排的制度建设、民众的低碳意识以及资本市场对碳信息的反应程度上,欧美都较为领先。作为标普500强企业,它们往往是行业领先的企业,在碳信息披露方面也往往更有意识、更有精力、更有能力。通过研究,我们发现对于标普500强企业,碳信息披露对企业绩效(无论是市场绩效还是财务绩效)有明显的促进作用,这在一定程度上肯定了碳信息披露的市场有效性。在美国,非政府组织不断对企业施加压力,要求企业披露碳信息,意图通过碳信息披露迫使企业提高碳业绩、降低碳排放。本研究碳业绩与碳信息披露正相关的结论,也进一步验证了用碳信息披露倒逼企业提高碳业绩的可行性。目前我国没有碳信息披露的相关项目组织,加入 CDP 项目的企业也很有限,统一标准的碳信息披露研究面临样本不足的问题。但对于资本市场相对成熟的美国、碳信息披露相对领先的美国标普 500 强的研究,同样可以为我国碳交易市场的建设、碳信息披露制度的建设提供启示,更为重要的是研究指明了通过碳信息披露倒逼企业提高碳业绩,通过资本市场、产品市场对碳领先企业加以奖励,对碳落后企业加以惩罚这一正确的方向。

近年来,我们也看到国内在节能减排、低碳环保方面可喜的变化,企业环境信息披露、碳信息披露意识不断提高,应对气候变化主动性不断提升。多源头的压力,推动着企业更加主动地披露碳信息,在此过程中,企业逐渐意识到碳信息披露的重要性,披露的企业数量和回复质量也随之上升。2014 年 CDP 问卷回复情况进一步改善,回复企业从 2013 年的 32 家增加到 2014 年的 45 家,增加 40.6%。除了 CDP 问卷外,42 家企业还通过其他途径披露其应对气候变化和温室气体排放表现。越来越多的企业不仅意识到节能减排和应对气候变化对企业竞争优势和可持续发展的重要性,更通过战略性布局积极应对各类风险和识别机遇。但与此同时,我们也应该看到从战略层面整合资源建立一个有效的碳管理体系,系统化制定碳目标,管理节能减碳和应对气候变化问题,是企业转风险为机遇的前提,而我国企业碳管理体系需要得到更多的重视,有待进一步优化。根据实证研究表明,碳信息的披露有助于提高企业绩效,尽管选取的样本来自标普 500 强公司,但无论对我国碳交易市场的建立还是对碳信息披露制度的完善有一定的借鉴意义。

本章主要参考文献

陈璇,淳伟德.环境绩效、环境信息披露与经济绩效相关性研究综述[J].软科学,2010,6:137-140.

邓丽.环境信息披露、环境绩效与经济绩效相关性的研究——基于联立方程的实证分析[D].重庆大学,2007.

方健,徐丽群.信息共享碳排放量与碳信息披露质量[J].审计研究,2012,6:105-112.

贺建刚,孙铮,唐清亮.风险、机会与碳管理应对偏差——基于 CDP 的实证检验

[J].经济管理,2013,10:181-191.

贺建刚.碳信息披露、透明度与管理绩效[J].财经论丛,2011,4:87-92.

何玉,唐清亮,王开田.碳信息披露、碳业绩与资本成本[J].会计研究,2014,1:79-86.

蒋琰,罗乐,吴洁演.碳信息披露与权益资本成本——来自于标普500强碳信息披露项目(CDP)的数据分析[C].中国会计学会环境会计专业委员会2014年学术年会论文集,2014.

吕峻,焦淑艳.环境披露、环境绩效和财务绩效关系的实证研究[J].山西财经大学学报,2011,33:109-116.

马连福,赵颖.上市公司社会责任信息披露影响因素研究[J].证券市场导报,2007,3:4-7.

秦颖,武春友,翟鲁宁.企业环境绩效与经济绩效关系的理论研究与模型构建[J].系统工程理论与实践,2004,8:111-117.

沈洪涛.公司特征与公司社会责任信息披露——来自我国上市公司的经验证据[J].会计研究,2007,3:9-16.

隋芳芳.上市公司环境信息披露与经济绩效关系[J].财会通讯.2013,1:41-43.

田翠香.环境信息披露、环境绩效与企业价值[J].财会通讯,2010,7:23-25.

汤亚莉,陈自力,刘星,李文红.我国上市公司环境信息披露状况及影响因素的实证研究[J].管理世界,2006,1:158-159.

王仲兵,靳晓超.碳信息披露企业价值研究[C].中国会计学会财务成本分会第25届理论研讨会论文集,2012.

王欣,徐岩.论北京地区上市公司环境绩效对经济绩效的影响[J].现代商贸工业,2010,23:18-23.

王建明.环境信息披露、行业差异和外部制度压力相关性研究——来自我国沪市上市公司环境信息披露的经验数据[J].会计研究,2008,6:54-55.

王君彩,朱晓叶.碳信息披露项目、企业回应动机及其市场反应——基于2008—2011年CDP中国报告的实证研究[J].中央财经大学学报,2013,1:78-85

杨东宁,周长辉.企业环境绩效与经济绩效的动态关系模型[J].中国工业经济,2004,4:43-50.

张俊瑞,郭慧婷,贾宗武,刘东霖.企业环境会计信息披露影响因素研究——来自中国化工类上市公司的经验证据[J].统计与信息论坛,2008,5:19-25.

朱金凤,乔引华.盈余业绩与公司环境保护信息披露关系的实证分析[J].中国人口·资源与环境,2008,4:33-42.

张巧良,宋文博,谭婧.碳排放量、碳信息披露质量与企业价值[J].南京审计学院学报,2013,2:56 - 63.

Adams, C. A. Internal Organizational Factors Influencing Corporate Social and Ethical Reporting: Beyond Current Theory. *Accounting, Auditing & Accountability Journal*, 2012, 15(2): 223 - 250.

Aerts, W., Cormier, D., Magnan, M. Corporate Environmental Disclosure, Financial Markets and the Media: An International Perspective. *Ecological Economics*, 2008, 64: 643 - 659.

Al-Tuwaijri, S. A., Christensen, T. E., Hughes. K. E. The Relations Among Environmental Disclosure, Environmental Performance, and Economic Performance: A Simultaneous Equations Approach. *Accounting, Organizations and Society*, 2004, 29 (5 - 6): 447 - 471.

Bansal, P., Roth, K. Why Companies Go Green: A Model of Ecological Responsiveness. *The Academy of Management Journal*, 2000, 43(4): 717 - 736.

Barry, C. B., Brown, S. J. Differential Information and Security Market Equilibrium. *The Journal of Financial and Quantitative Analysis*, 1985, 20(4): 407 - 2422.

Bewley, K., Li, Y. Disclosure of Environmental Information by Canadian Manufacturing Companies: A Voluntary Disclosure Perspective. *Advances in Environmental Accounting and Management*, 2000, 1: 201 - 226.

Buhr, N. Environmental Performance, Legislation and Annual Report Disclosure: the Case of Acid Rain and Falconbridge. *Accounting, Auditing & Accountability Journal*, 1998, 11(2): 163 - 190.

Chapple, L., Clarkson, P. M., Gold, D. L. The Cost of Carbon: Capital Market Effects of the Proposed Emission Trading Scheme (ETS). *Abacus*, 2013, 49 (1): 1 - 33.

Clarkson, P. M., Li, Y., Richardson, G., Vasvari, F. P. Revisiting the Relation Between Environmental Performance and Environmental Disclosure: An Empirical Analysis. *Accounting, Organizations, and Society*, 2008, 33: 303 - 327.

Freedman, M., Jaggi, B. Global Warming, Commitment to the Kyoto Protocol, and Accounting Disclosures by the Largest Global Public Firms from Polluting Industries. *The International Journal of Accounting*, 2005, 40(3): 215 - 232.

Griffin, P. A., Lont, D. H., Sun, Y. The Relevance to Investors of Greenhouse Gas Emission Disclosures. UC Davis Graduate School of Management Research Paper, 2011.

Hughes, J. S., Liu, J., Liu, J. Information Asymmetry, Diversfication, and Cost of Capital. *The Accounting Review*, 2007, 82: 705 – 730.

Lin, Z., Tang, Q. Market Reaction to Australian Carbon Price. *Clean Energy Bill* 2011.

Luo, L., Lan, Y. C., Tang, Q. Corporate Incentives to Disclose Carbon Information: Evidence from the CDP Global 500 Report. *Journal of International Financial Management & Accounting*, 2012, 23(2): 93 – 120.

Iwata, H., Okoda, K. How Does Environmental Performance Affect Financial Performance? Evidence from Japanese Manufacturing Firms. *Ecological Economic*, 2011, 70(9): 1691 – 1700.

Matsumura, E. M., Prakash, R., Vera-Munoz, S. C. Firm-Value Effects of Carbon Emissions and Carbon Disclosures. *The Accounting Review*, 2014, 89(2): 695 – 724

Narver, J. Rational Management Responses to External Effects. *Academy of Management Journal*, 1971, 14(1): 99 – 115

Othman, R., Ameer, R. Environmental Disclosures of Palm Oil Plantation Companies Inmalaysia: A Tool for Stakeholder Engagement. *Corporate Social Responsibility and Environmental Management*, 2010, 27(1): 52 – 62.

Patten, D. The Relation Between Environmental Performance and Environmental Disclosure: A Research Note, Accounting. *Organizations and Society*, 2002, 27(8): 763 – 773.

Plumlee, M., Marshall, S., Brown, D. Voluntary Environmental Disclosure Quality and Firm Value: Roles of Venue and Industry Type. http://ssm.com/abstract=1517153. 2009.

Reid, E. M., Toffel, M. W. Responding to Public and Private Politics: Corporate Disclosure of Climate Change Strategies. *Strategic Management Journal*, 2009, 9(30): 1157 – 1178.

Richardson, A., Welker, M. Social Disclosure, Financial Disclosure and the Cost of Equity Capital. *Accounting, Organizations and Society*, 2001, 26: 597 – 616.

Rockness, J. An Assessment of the Relationship Between U. S. Corporate Environmental Performance and Disclosure. *Journal of Business Finance and Accounting*, 1985, 12: 339 – 354.

Rodriguez, P., Siegel, D. S., Hillman, A., Eden, L. Three Lenses on the Multinational Enterprise: Politics Corruption and Corporate Social Responsibility.

Journal of International Business Studies, 2006, 37: 733 - 746.

Sant, V. D., Beuren, I. M., Rausch, R. B. Disclosure of Carbon Credit Operations in Management Publications. *REGE Rev. Gest*, 2011, 18(1): 53 - 73

Skinner, D. J. Earnings Disclosures and Stockholder Lawsuits. *Journal of Accounting and Economics*, 1997, 23(3): 249 - 282.

Sletten, E. The Effect of Stock Price on Discretionary Disclosure. *Review of Accounting Studies*, 2012, 1: 96 - 133.

Spicer, B. Investors, Corporate Social Performance and Information Disclosure: An Empirical Study. *The Accounting Review*, 1978, 53: 94 - 111.

Stanny, E., Ely, K. Corporate Environmental Disclosures about the Effects of Climate Change. *Corporate Social Responsibility and Environmental Management*, 2008, 15: 338 - 348.

Stanny, E. Voluntary Disclosures by US Firms to the Carbon Disclosure Project. Working Paper, http: //ssrn. com/abstract＝1454808. 2010.

Stanny, E. Voluntary Disclosures of Emissions by US Firms. *Business Strategy and the Environment*, 2013, 22(3): 145 - 158.

Ullmann, A. A. Data in Search of a Theory: A Critica Examination of the Relationships among Social Performance, Social Disclosure, and Economic Performance of U. S. Firms. *The Academy of Management Review*, 1985, 10(3): 540 - 557.

Verrecchia, R. E. Essays on Disclosure. *Journal of Accounting and Economics*, 2001, 32: 97 - 180.

Wiseman, J. An Evaluation of Environmental Disclosure Made in Corporate Annual Reports. *Accounting, Organizations and Society*, 1982, 7: 53 - 63.

第八章　碳信息披露与企业融资约束

第一节　问题的提出

环境信息披露对企业管理决策及资本市场的影响,主要体现为环境信息披露与融资成本/资本成本的关系研究(Richardson,Welker and Hutchinson,1999;Richardson and Welker,2001;Plumlee,Brown and Marshall,2008;Dhaliwal,Li,Tsang and Yang,2011)。其理论依据在于财务性信息是价格风险因子,会影响融资成本(Easley and O'Hara,2004;Leuz and Verrecchia,2004;Lambert,Leuz and Verrecchia,2007),同样只要信息是价值相关的,该机制也适用于非财务性信息(Dhaliwal,Li,Tsang and Yang,2011),所以环境信息会对企业融资成本产生影响,从而影响企业的投融资决策。比如 Plumlee、Brown 和 Marshall(2008)检验了环境信息的自愿披露和企业价值的关系,还分析了环境信息披露的方式和行业对这些关系产生的影响,研究发现环境信息披露质量越高,权益资本成本越低。Clarkson、Fang、Li 和 Richardson(2010)同样分析了环境信息的自愿披露对权益资本成本和企业价值的影响。他们将外部影响因素排除后发现环境信息的自愿披露与权益资本成本以及企业价值之间的关系消失了,而环境表现变量与权益资本成本显著正相关。

随着碳减排观点的发展,研究碳信息披露的成果也日益增多。Andrew 和 Cortese(2011)研究了主流环境观点是如何影响碳信息的披露问题,并发现碳披露方法过分的多样化有时反而会隐藏其与气候变化相关的数据。进一步地,Luo 、Lan 和 Tang(2012)运用 CDP 2009 年世界 500 强(Global 500)的调查报告数据,研究了公司自愿披露倾向的动机。他们认为公司选择自愿披露碳信息是出于四方面的压力:社会压力、市场压力、经济压力以及法律/制度压力。He、Tang 和 Wang(2013)研究了碳信息披露与公司权益资本成本关系两者之间的关系,研究重点关注了公司的总体披露水平和企业权益资本的关系。Matsumura、Prakash 和 Vera-Muñoz(2014)采用 S&P 500 来自于碳信息披露项目(CDP)2006—2008 年的数据,检验了自愿披露法案下企业碳排放量对公司价值的影响,研究发现公司每增加 1.07 百万吨的碳排放量,企业价值会减少 212 000 美元。研究结果表明市场会惩罚所有企业的碳排放,而且对不披露碳排放信息的企业会加重惩罚。蒋琰、罗乐和吴洁演(2014)采用 S&P 500 来自于碳信息披露项目(CDP)2010 的数据研究发现碳信息总体披露水平对权益资本成本有显著负向影响,碳治理披露水平、碳风险和机遇披露水平、低碳战略披露水平、碳排放核算披露水平也与权益资本成本显著负相关。

Myers 和 Mejluf(1984)的优序融资理论(pecking order theory),又称啄食顺序模型表明,在企业资金需求量增加时,首先会选择内部积累的资金,其次才选择进行外部融资。而由于信息不对称以及交易费用的存在,导致内、外部融资不能完全代替对方,并且外部筹集资金的成本要大大超过内部融资成本,于是就形成了企业的融资约束,可见信息不对称是造成融资约束的原因之一。已有的研究关注碳信息披露是否会影响权益资本成本(He,Tang and Wang,2013;蒋琰、罗乐和吴洁演,2014;Li,Yang and Tang,2015),在此基础上本研究进一步关注碳信息披露与企业融资约束的关系,即关注企业的碳信息披露水平是否能在同等条件下有利于缓解企业面临的融资约束问题。

本研究把碳信息披露从企业整体信息披露中抽取出来,特别关注碳信息披露对融资约束的影响,在一定程度上丰富了碳信息披露领域的研究文献,也有助于使企业关注碳信息披露的重要性,更加积极主动地参与到碳信息披露项目中,关注气候变化问题,肩负起社会责任。

第二节　研究背景与研究假设

一、研究背景

大气中二氧化碳排放量的急剧增加是导致"温室效应"的根源所在。国际社会面临诸多严峻的挑战,气候变化必然将成为其中最严峻且最受瞩目的问题之一。"非可测量，无以管理"，碳信息披露项目（CDP）是目前能够对全球企业及全球环境产生广泛影响，并且最受认可的非营利组织之一。CDP 所发挥的重要作用之一体现在，它为企业提供了一个可以精确衡量自身碳减排状况的工具，其公开的企业碳信息披露也得到广泛认可。CDP 项目自 2000 年创立以来至 2014 年为止，已经向全球著名企业累计发布了 12 次有关气候变化对潜在投资者价值影响的碳信息披露问卷。从问卷的回复情况看，每年回复率都在显著增长，从 2003 年仅 47％的问卷回复率上升到了 2013 年的 81％。

　　碳信息披露项目精心设计的 CDP 问卷，其结构和内容每年都会根据具体情况进行分析后作出适当的调整，以尽量与投资者和企业的预期相吻合。CDP 问卷的具体模块大致包括：管理（治理、战略、目标和行动、沟通），风险与机遇（气候变化风险、气候变化机遇），排放（方法学、边界与范畴 1 和范畴 2、排放绩效、排放交易等）。

　　2013 年问卷基本沿用了 2012 年的大部分问题，而且 2013 年的问卷在结构上与 2012 年的问卷相同，均包括战略管理、风险与机遇、排放三个部分，这使得问卷结构更为紧凑。表 8-1 为 2013 年 CDP 问卷各模块的归纳和总结。

表 8-1　CDP 2013 问卷的主要内容

问题	方面
战略管理	治理、战略、减排目标和行动、沟通
风险和机遇	政策变化风险、物理变化风险、其他风险 政策变化机遇、物理变化机遇、其他机遇
排放	排放核算方法、排放数据、能源 排放绩效、排放交易、范围 3 排放及计算方法学

1. 战略管理

　　CDP 2013 气候变化问卷主要应用管理（治理、战略、目标和行动、沟通），风险与机遇（气候变化风险、气候变化机遇），排放（方法学、边界与范畴 1 和范畴 2、排放绩效、排放交易等）这三个大的模块（每个大的模块又包含若干个子模块）来考核和评估企业如何应对全球气候变化，包括做出了哪些努力，取得了什么成果。

（1）治理

2013 年的 CDP 问卷对气候变化"治理"的关注主要包括两个维度：责任和个人绩效。责任（企业绩效）是指目标公司是否设有承担气候变化职责的最高管理机构，是否能够提供气候变化问题，包括实现温室气体（GHG）目标的绩效管理激励机制。个人绩效与企业绩效类似，不过是在微观层面上针对企业员工的表现所建立的衡量标准。微观和宏观层面的两种衡量标准同时执行，对于应对气候变化是十分有利的。

（2）战略

2013 年的 CDP 问卷在考察企业应对气候变化的战略问题上依旧延续了 2012 年的风格，从风险管理方法、商业策略和参与政策制定三个方面来进行评估。该问题关注的是公司是否把整个集团的业务战略同应对气候变化的风险和机遇的措施联系起来，如果联系起来了，又是如何联系的。

（3）减排目标与行动

2013 CDP 问卷中的 Q3.1 为目标公司在报告年度是否设有减排目标（已经设立或打算设立的），如果设有明确的减排目标，那么要求企业用绝对数据来回答设立的减排目标是多少。如果目标企业并没有设立明确的减排目标，那么在这个问题的回答中它将会得到一个较低的分数。此外，2013 CDP 问卷与以往问卷相同，仍然设有 Q3.1d：如果企业设有明确且具体的减排目标，那么为了实现该目标企业采取了哪些措施、进度如何，并要求目标公司将其逐一列出。这些问题的设置既能获得目标企业的碳排放状况又能同时起到督促企业设立减排目标以及采取减排措施的作用，进一步提高下一年的 CDP 问卷的回复率，一举多得，设置十分科学合理。

（4）沟通

2013 CDP 问卷中的 Q4.1 为公司是否把报告年度对气候变化和温室气体排放绩效的信息公布或发表在除了 CDP 问卷以外的地方，如果是，要求企业附上所公布的文件或所在出版物的期数/页数。在气候变化问题变得越来越严重这一背景下，利益相关者愈加关注碳排放信息。目标公司之所以需要与外界进行及时有效沟通，是由两个问题的存在造成的：资本市场的非完全有效以及由此导致的信息不对称。投资者和企业之间的良好有效的沟通有助于双方做出合理的决策。CDP 问卷是目标公司与外界进行沟通的重要桥梁，发挥着十分巨大的作用。

2. 风险与机遇

CDP 2013 问卷中的 Q4.1 和 Q4.2 分别涉及气候变化风险和气候变化机遇。Q4.1 为企业是否发现任何能够对自身生产经营活动、收入或支出活动等产生实质性影响的当前或未来存在的气候变化风险。如果发现了，那么要求企业明确列出其类别（由监管的变化所引起的风险、由物理气候参数变化引起的风险、由其他气候发展的变化引起的风险）。与这三类风险相对应的机遇则分别是政策变化机遇、物理变化机遇和其他机遇。对于不同行业来说，气候变化所带来的风险和机遇利弊不一。以银行等金融行业为例，气候变化政策法规的调整会对那些敏感性较高的客户产生风险，从而影响银行相关业务的开展。

政策变化机遇是指政府新颁布的政策或新建立的机制可能给企业带来的好处，如碳排放交易机制的建立可能促进企业发掘隐形碳成本。物理变化机遇是指气温等的变化可能给企业带来的益处。其他变化机遇是指无法归类于上述两类机遇但也能够为企业带来利益的其他情况。

3. 排放

CDP 2013 问卷中的 Q7 和 Q8 涉及减排问题。减排问题模块下面涵盖排放核算方法、排放数据、能源、排放绩效、排放交易、范畴 3 排放及计算方法学这六个问题。具体来说，Q7.1 要求企业提供基准年以及基准年范围 1 和范围 2 的碳排放量（单位为吨/二氧化碳当量），并要求企业用在线回复系统（ORS）提供的表格填写关于范围 1 和范围 2 排放的细节。Q7.2 要求企业给出用来收集排放数据并计算范围 1 和范围 2 碳排放量的标准、协议或方法的名称，表明企业获得了哪些排放数据。排放绩效是反映企业在报告年度内的绝对排放量变化，是增加了还是减少了。

很多学者在论证低碳发展的时候，往往会将参与 CDP 项目作为其论证观点的重要依据。随着全球气候变暖问题的加剧，各国已经逐渐意识到保护环境、降低温室气体排放等问题的重要性以及迫切性。因此，CDP 项目在气候变化问题备受关注的当今社会已具有非常重要的影响力。

二、研究假设

如果资本市场是强式有效市场的假说成立，那么按照经典财务理论的观点，企业的内部资本将可以用来代替外部资本，两者之间根本不存在差别

(Modigliani et al.，1958)，进而企业的财务状况的好坏与否不影响其做出的投资决策，但是实际情况并非如此。

导致公司内外部融资成本之间不同的原因是信息不对称问题和资本市场中存在的其他摩擦因素。在经济活动中，企业往往需要把握住良好的投资时机，此时在内部融资达不到要求的情况下，企业必然将会借助于外部融资。Jaffee 和 Russell(1976)通过实证研究发现，信贷错配问题大多是由信息不对称造成的，并且，如果企业要想减轻这种信息不对称，那么有效的措施之一就是对外界投资者等利益主体发布信息。因为根据信号传递理论，这些信息能够为投资者将业绩差的公司和业绩好的公司明确区分开来。企业披露碳信息就能够起到这种作用，因为这种披露有助于提高自身的信息透明度，能够为外部投资者等利益相关者在衡量企业的环保成本、所面临的气候变化风险以及预期盈利能力等方面时提供更为明确的标准。

根据信号传递理论，企业管理层有动机将公司好的信号传递给投资者，以此来影响投资者的决策。企业对外披露碳信息是一种企业经营策略的选择，发挥信号的作用。学者们在研究自愿性信息披露的动机时就发现公司管理者通常向公众发布正面信息，以增强公司声誉，克服利益相关者对公司的不利选择。Baruch 等(2010)、Fombrun 和 Shanley(1990)、李新娥和彭华岗(2010)均通过实证研究得出结论：企业社会责任信息有助于提升企业声誉。通常而言，声誉好的企业向债权人传递了良好的信息：企业的信誉好、整体财务状况佳、违约率小，因此在外部融资的过程中，这类企业更容易获得银行等金融企业的信赖。

根据以上理论分析，我们预期如果企业制定良好的针对自身情况的碳信息披露政策并将其认真付诸行动，那么企业的信息不对称问题的存在将能够在一定程度上得以减轻。企业将会以成功肩负起保护环境、关注气候变化的责任等因素提高自身的社会威望，进而能够对企业面临的融资约束起到一定的缓和作用。

综上所述，提出本研究假设 H1：公司碳信息披露质量越高，其面临的融资约束程度越低。

为了达到"节能减排、低碳环保"的目的，政府对于身处重污染行业的上市公司进行环保检查，对于环境保护要求不达标的企业，在融资上进行限制。这一方面是要督促上市公司开展环境保护工作，另一方面是规避公司因为环境保护工作不合格而带来的各种风险。投资者等利益相关者作为"合乎理性的人",以追求自身利益最大化为前提从事经济活动。他们基于这一前提:在作出投融资决策时会对企业的行为(例如企业在碳减排行动方面是否采取了积极有效的措施,企业的行为是否符合/达到有关部门或者机构制定的环境保护的要求)形成预期。碳密集行业在这方面处于劣势地位,因为投资者等利益相关者对其根本不抱有太高的期望。由于碳密集行业的碳排放量大,造成的污染更为严重,因此投资者认为即便其采取了适当措施,但是效果在短期内无法达到也不会显著,碳密集行业将来要承担更高的碳减排成本和污染治理成本。非碳密集行业的情形与上述分析相反,投资者等利益相关者认可并理解其对于碳减排工作所制定和实施的战略,而且投资者等利益相关者认为非碳密集行业企业将来要面临的诉讼风险较低,所需要承担的污染治理成本也相对较低,该笔大额支出问题对于非碳密集行业根本不存在。因此,我们预期相对碳密集行业上市公司,非碳密集行业上市公司面临的融资约束程度更低。

在 Tang 和 Luo(2011)的研究中,将 GICS(全球行业分类系统)划分的十大行业中的能源行业、材料行业、工业企业和公用事业等划分为碳密集行业,其余的六大行业则被划分为非碳密集型行业,本书将借鉴他们的研究。

基于此,提出本研究假设 H2:相对碳密集行业上市公司,非碳密集行业上市公司面临的融资约束程度更低。

第三节　模型构建与变量设计

一、模型构建

衡量融资约束的"现金 - 现金流敏感度模型"最早是由 Almeida、Campello 和 Weisbach 于 2004 年提出来的,被称为 ACW 模型,其基本模型如下,CF 代表企业经营现金流量,$SIZE$ 为企业规模,$TOBINQ$ 为企业市场价值:

$$\Delta CASH = \lambda_0 + \lambda_1 CF + \lambda_2 SIZE + \lambda_3 TOBINQ + \zeta$$

在之后的研究中,Almeida 等对上述最初的模型进行了改良,以控制影响公司流动性政策的其他因素。具体做法为在最初的模型中增加了短期流

动负债(SD)等变量,又控制了资本支出(EXP)、本期净营运资本的变动(NC)等变量,便有了拓展模型如下:

$$\Delta CASH = \lambda_0 + \lambda_1 CF + \lambda_2 SIZE + \lambda_3 TOBINQ + \lambda_4 EXP + \lambda_5 SD + \lambda_6 NC + \sum IND + \zeta$$

由于本文所研究的样本为标普 500 强企业,考虑到其特殊性以及样本数据的可获得性,本文将 ACW 模型中的衡量企业成长性的变量 $TOBINQ$ 替换为净资产收益率(ROE)(刘康兵,2010)。替换理由如下:在 ACW 模型中 $TOBINQ$ 衡量的是企业的成长性(市场绩效),而净资产收益率(ROE)为会计绩效指标,与现金及现金等价物净变动额($\Delta CASH$)更相关。此外,考虑到相关影响因素,增加控制变量机构投资者持股比例(IIT)、市盈率(PE)和财务杠杆(LEV)等,改进以后得到模型(8-1)如下:

$$\Delta CASH = \lambda_0 + \lambda_1 CF + \lambda_2 SIZE + \lambda_3 ROE + \lambda_4 EXP + \lambda_5 SD + \lambda_6 NC +$$
$$\lambda_7 IIT + \lambda_8 PE + \lambda_9 LEV + \sum IND + \zeta \qquad (8-1)$$

在模型(8-1)的基础上,借鉴何贤杰等(2012)的研究对模型进行拓展,加入碳信息披露质量 CD 及交互项 CD ∗ CF,拓展后得到针对 H1 的多元回归检验模型(8-2)为:

$$\Delta CASH = \alpha_0 + \alpha_1 CF + \alpha_2 CD + \alpha_3 CF \times CD + \alpha_4 SIZE +$$
$$\alpha_5 ROE + \alpha_6 EXP + \alpha_7 SD + \alpha_8 NC + \alpha_9 IIT + \alpha_{10} PE$$
$$+ \alpha_{11} LEV + \sum IND + \zeta \qquad (8-2)$$

在模型(8-2)的基础上,为了检验 H2,即非碳密集行业和碳密集行业两种情况对企业面临的融资约束困境的影响是否存在差别,本文借鉴 Tang 和 Luo(2011),蒋琰、罗乐和吴洁演(2014)及彭桃英和谭雪(2013)的研究,将能源行业、材料行业和公用事业等定义为碳密集型行业并赋值为 1($INTENSITY=1$),剩下的六大行业则划分为非碳密集型行业并赋值为 0($INTENSITY=0$)。同时在模型中引入 CF 与 $INTENSITY$ 二者的交乘项 $CF * INTENSITY$,建立模型(8-3)如下。

$$\Delta CASH = \beta_0 + \beta_1 CF + \beta_2 INTENSITY + \beta_3 CF \times INTENSITY +$$
$$\beta_4 SIZE + \beta_5 ROE + \beta_6 EXP + \beta_7 SD + \beta_8 NC + \beta_9 IIT + \beta_{10} PE$$
$$+ \beta_{11} LEV + \sum IND + \zeta \qquad (8-3)$$

二、变量设计

1. 被解释变量

$\Delta CASH$ 表示公司现金持有量的变动,以现金流量表(cash flow statement)中"本期公司现金及现金等价物净增加额"项目为基础计算得出(除以期末总资产)。

2. 解释变量

CF 衡量企业经营现金流量,以现金流量表中"本期公司经营活动现金流量净额"项目为基础计算得出(除以期末总资产)。CF 的系数 β 代表企业的现金-现金流敏感度,并且二者成正向相关的关系。β 越大,则目标企业依赖自身内部资金的问题越严重,这也意味着其面临着更加严峻的融资约束问题。

CD 表示碳信息披露质量,采用的是 CDP 2013 问卷中的碳信息披露得分,数值越大表明碳信息披露质量越高。

3. 控制变量

公司规模($SIZE$),计算方法为在企业期末总资产(total assets)的基础上取其自然对数。该变量的作用是控制公司的规模对融资约束可能产生的影响。公司规模越大则通常情况下其社会影响力越大,社会声望越高,经营活动带来的收入也更加稳定。进而,银行等金融机构也愿意为其提供贷款等资金支持。处于这种有利状况的企业不会倾向于依赖内部资金,出于对企业营运支持考虑的这些企业当然也不会持有过多的现金。因此我们预期企业的现金及现金等价物净变动额与公司规模负相关。

净资产收益率(ROE),用"净利润/期末股东权益总额"表示,是衡量上市公司盈利能力的重要指标,且与企业的盈利能力成正相关的关系。魏锋和孔煜(2005)通过实证研究得出结论:如果一个企业处于较为严苛的融资约束困境之中,那么其 ROE 往往很低,低到无法达到中国证监会所要求的再融资条件这种水平。基于以上分析,我们认为如果一个企业的净资产收益率处于高水平,或者说其盈利能力较强,那么该公司将不会被限于过于严重的融资约束困境之中。因此,预期企业的现金及现金等价物净变动额与 ROE 正相关。

公司资本性支出(EXP),以现金流量表中"本期公司购建固定资产、无形资产和其他长期资产支付的现金"项目为基础计算得出(除以期末总资产)。该变量的系数预期为负,若企业投资支出增加,将会减少企业现金持有量的持有。

流动负债变动额(SD),以资产负债表(balance sheet)中"本期公司流动负债增加额"项目为基础计算得出(除以期末总资产),用以表示公司短期流动负债的变动。企业从银行或者其他企业等债权人处取得的短期借款视企业自身的具体情况不同而发挥不同的作用:替代现金支付或者作为现金来源。这也就是说企业的流动负债变动额对其现金持有同时具有补充现金持有量和减少现金持有量截然相反的两种效应,因此本研究不对其符号作出预期。

本期净营运资本的变动(NC),以资产负债表中"本期公司流动资产、流动负债的变动额"项目为基础计算得出(除以期末总资产)。计算公式为"(流动资产-流动负债)/期末总资产"。本期净营运资本的变动所起到的作用与流动负债变动额相差无几,即可同时作为补充现金持有量和减少现金持有量的因素。

机构投资者持股比例(IIT),用"机构投资者持股股数/普通股股数"表示。很多学者认为机构投资者能够起到稳定市场的作用,原因有两点:① 机构投资者研究能力通常很强,这些企业内部往往均会设有由高端专业人士组成的专门研究机构;② 机构投资者能够坚持长期投资,并且恪守这一观念。此外,也有很多学者认为机构投资者能够起到提高公司市场价值(MV)的作用,原因在于这部分投资者能够依靠自身的影响力来监督企业的大股东的私利行为。姜毅(2013)通过实证研究发现,如果公司的现金持有量与其现金流权分离问题严重,并且终极股东控制权与后者也存在严重不契合问题,那么提高机构投资者持股比例将会缓解终极股东控制权和现金流权的不契合问题对于企业现金持有价值效应的负向影响作用。这也就意味着其能够增加企业的现金持有价值。因此我们预测企业的现金及现金等价物净变动额与机构投资者持股比例正相关。

市盈率(PE),用"股价/每股净利润"表示。在国外等成熟的资本市场,按国际惯例按季分取红利,因此我们预测企业的现金及现金等价物净变动额与市盈率负相关。

财务杠杆(LEV),以资产负债表(balance sheet)中"本期公司资产总额、资产总额"项目为基础计算得出,计算公式为"本期公司资产总额/负债总额"。资产负债率往往与公司面临的财务风险正相关,如果公司财务杠杆处于高水平,那么利益相关者往往会要求更高的的投资回报率。从目标公司的角度出发,其面临的融资约束程度就相对处于一个较高的水平。企业的负债水平越高,企业的盈利情况越差,内部的保留盈余也就会越少,可持有的现金自然也就越少。因此,我们预测企业的财务杠杆与现金及现金等价物净变动额负相关。

第四节　样本来源与描述性分析

本书研究样本为回复 CDP 碳信息问卷的 S&P500 企业[①],其碳信息披露水平为 2013 年 CDP 项目的 CDLI 得分。用于计算现金及现金等价物净变动额等的财务数据来自 Compustat 以及 Google Finance 网站。在剔除不符合规定的样本:① 未参与回复 CDP 问卷的企业(158 家);② 原始财务数据缺失(未披露)的企业(25 家);③ 未披露碳绩效等级企业(28 家),共得到 289 组有效样本,研究变量在 2% 的水平下进行了 winsorize 处理。

表 8-2 列示了研究样本的行业分布情况。从回复比率角度分析,十大行业回复率大部分大于 60%;从回复问卷的企业数量来看,500 家公司中有 342 家对问卷进行了回复。尽管回复质量和效率各不相同。但是从总体上分析,S&P 500 的总体参与度较高(回复比例为 62%)。

表 8-2　2013 研究样本的行业分布情况

行业类别	所有企业数量	该行业企业数量占 S&P 500 的比例	回复问卷的企业数量	回复问卷企业占该行业企业数量的比例	样本企业数量	样本占该行业企业回复数量的比例
非必需消费品 (Consumer Discretionary)	86	17.2%	51	59.30%	44	95.65%

---

① 至 2013 年 12 月 31 日为止,全世界各国已有 5 000 多家企业(包括美林集团、高盛集团等)参加到该项目中,其中 2013 年有 4 000 多家企业回复 CDP 问卷。

（续表）

行业类别	所有企业数量	该行业企业数量占S&P 500的比例	回复问卷的企业数量	回复问卷企业占该行业企业数量的比例	样本企业数量	样本占该行业企业回复数量的比例
必需消费品（Consumer Staples）	42	8.40%	37	88.10%	28	87.5%
能源（Energy）	41	8.20%	16	39.02%	15	100%
金融（Financials）	79	15.8%	55	69.62%	50	90.91%
医疗（Health Care）	51	10.2%	34	66.67%	28	93.33%
工业（Industrials）	61	12.2%	44	72.13%	39	92.86%
信息技术（Information Technology）	69	13.8%	56	81.16%	42	93.33%
材料（Materials）	30	6.0%	23	76.67%	19	90.48%
通讯（Telecommunications）	9	1.8%	5	55.56%	3	100%
公用事业（Utilities）	32	6.4%	21	65.63%	21	100%
总数	500	100%	342		289	

数据来源：2013 年 S&P 500 的 CDP 报告

必需消费品行业（consumer staples）回复率（88.10%）排名第一，其具体包含的行业有粮食和零售食品、饮料、烟草等。信息技术行业（information technology）回复率（81.16%）排名第二，其具体包含的行业有通信设备、半导体及其设备和 IT 服务。材料行业（materials）回复率（76.67%）排名第三，其具体包含的行业有金属、采矿、化工、建材等。能源行业（energy）回复率最低（39.02%），其具体包含的行业有石油、天然气和消费品燃料、能源设备和服务等。该行业属于碳密集行业，无论从理论上还是实际上来讲，其生产活动排放的温室气体对环境均造成最严重的影响。处于碳密集行业的企业承担着更加严重的减排责任，应该更加积极主动地披露与其碳管理有关的信息。只有这样，投资者才能对碳密集行业所做出的努力获得详尽了解,增加对其的投资,进而降低碳密集行业面临的融资约束。

样本相关变量的描述性统计见表 8-3。$\Delta CASH$ 的极小值是 —0.073 5,极大值是 0.179 7,标准差是 0.043 2,说明极值之间相差比较悬殊;平均值是 0.011 6,总体而言现金持有量变动量占公司期初总资产的比重较低。经营活动现金流量净额(CF)的极小值是 0.009 4,极大值是 0.254 7,标准差相对较大(0.056 2),说明各个企业经营活动现金流量净额有大有小,并且存在较大差异。此外,样本公司现金流量净额均值为 0.102 8,大于 0,说明经营活动现金流量处于正的水平,表明企业总体财务状况良好。公司规模的极小值为 14.934 3,极大值为 20.540 2,意味着标普 500 强企业的规模存在差异,其标准差为 1.275 2,说明样本公司总体差异性较大,分布不均匀。净资产收益率的极小值为 —0.257 6,极大值为 1.089 0,说明不同公司其在投资机会和发展机会等方面差异悬殊,但均值较高(0.271 3),意味着标普 500 强企业的盈利能力呈现稳定状态,如果对其进行投资,将会存在较大的获利可能。用于衡量企业新增投资支出的均值为 0.036 0,说明公司存在较多的投资机会。由于流动负债的平均增加值小于 0(—0.168 3),可知企业的流动负债与 2012 年相比呈现下降趋势。

表 8-3　回复问卷公司样本描述性统计

变量	样本数	极大值	极小值	均值	标准差
$\Delta CASH$	289	0.179 7	—0.073 5	0.011 6	0.043 2
CF	289	0.254 7	0.009 4	0.102 8	0.056 2
$SIZE$	289	20.540 2	14.934 3	16.984 8	1.245 2
ROE	289	1.089 0	—0.257 6	0.271 3	0.233 1
EXP	289	0.339 1	—0.303 1	0.036 0	0.101 7
SD	289	0.497 8	—3.228 5	—0.168 3	0.654 3
NC	289	0.149 1	—0.166 0	—0.031 6	0.066 3
IIT	289	0.600 0	0.000 0	0.090 0	0.113 0
PE	289	76.237 7	0.000 0	17.093 5	15.878 8
LEV	289	0.966 1	0.231 8	0.621 0	0.182 3
CD	289	99.00	19.00	76.899 7	19.642 1

  根据表 8-3 的描述性统计可知,289 家企业碳信息批露质量的最大值为 99.00 分,而最小值为 19.00,平均得分为 76.90 分,从以上数据可以看出 S&P 500 的碳信息披露质量就平均得分而言比较高。样本企业的标准差为 19.64,说明企业之间的披露水平差异很大。

  表 8-4 揭示了变量之间的相关性检验。从表中我们可以看到,$\Delta CASH$ 与 CF 成显著正相关关系(1%水平上显著)。从因变量和控制变量的相关性来看,本年度增加的现金及现金等价物($\Delta CASH$)与公司规模($SIZE$)、公司盈利能力(ROE)、净营运资本变动额(NC)、公司资本支出(EXP)的相关性符合预期。而短期负债的变动额(SD)与本年度增加的现金及现金等价物($\Delta CASH$)呈现负相关的关系。前已述及,企业从银行或者其他企业等债权人处取得的短期借款视企业自身的具体情况不同而发挥不同的作用:替代现金支付或者作为现金来源。这也就是说企业的流动负债变动额(SD)对其现金持有同时具有补充现金持有量和减少现金持有量截然相反的两种效应。因此,本年度增加的现金及现金等价物($\Delta CASH$)与短期负债的变动额(SD)在 1%的水平上显著负相关,说明对于 S&P 500 而言,短期负债的变动额大部分都是用于替代现金支付。另外,从 8-4 可以看出,$\Delta CASH$ 与 CF、$SIZE$、ROE、EXP、SD、NC 等控制变量的相关系数均在 0.5 以下,说明不存在严重的多重共线性问题。

表 8-4 相关性检验(N=289)

变量	$\Delta CASH$	CF	$SIZE$	ROE	EXP	SD	NC	IIT	PE
$\Delta CASH$	1								
CF	0.213***	1							
$SIZE$	−0.154***	−0.366***	1						
ROE	0.063	0.350***	−.168***	1					
EXP	−0.006	0.118**	−0.100*	0.108*	1				
SD	−0.170***	−0.052	0.321***	−0.079	−0.141**	1			
NC	0.031	0.434***	0.243***	0.560***	0.089	0.085	1		
IIT	−0.093	0.035	0.220***	0.060	0.071	−0.032	−0.02	1	
PE	−0.011	0.100*	0.177***	0.028	−0.014	0.059	−0.04	0.076	1
LEV	−0.148**	0.367***	0.365***	0.209***	−0.078	0.15**	0.220***	0.025	−0.08

  注:表中为 Pearson 系数,* 在 10%的水平上显著相关,** 在 5%的水平上显著相关,*** 在 1%的水平上显著相关。

第五节　回归结果分析与稳健性检验

一、回归结果分析

模型(8-1)、模型(8-2)和模型(8-3)的检验结果见表8-5。从模型(8-1)的检验结果可以看出，CF 的系数显著为正，表明 S&P 500 普遍存在融资约束问题，倾向于从现金流中提取现金并加以持有。外界的多种因素都会对企业是否面临融资约束以及面临的融资约束程度的高低产生影响。例如政治关系、金融发展情况等。S&P 500 普遍存在融资约束问题在一定程度上可以归因于上述两种因素的影响，当然，这一结果是由这几种因素与其他多种因素共同作用形成的。还有一种可能则是由于资本市场发展迅速，企业面临较多的良好投资机会，为把握这些投资机会上市企业会从当前现金流中提取一部分保持一定的流动性，因此出现了现金—现金流敏感性显著为正的情况。另外，SD 的系数显著为负，是因为短期流动负债既可以替代现金支付也可以作为现金来源，本文系数为负则说明企业借入短期负债主要用作现金支出。EXP 的系数符号为负，正好与相关理论相符，说明当期资本支出会减少对现金及现金等价物的持有。

表8-5　模型的实证结果

	模型(8-1)	模型(8-2)	模型(8-3)
CF	0.227 *** (3.42)	0.227 *** (3.42)	0.280 *** (4.00)
CD		0.001 * (1.78)	
$INTENSITY$			0.027 *** (−2.74)
$CF * CD$		−0.005 * (−1.65)	
$CF * INTENSITY$			0.282 ** (−2.27)

（续表）

	模型(8-1)	模型(8-2)	模型(8-3)
SIZE	−0.004 (−1.68)	−0.006** (−2.14)	−0.006** (−2.13)
ROE	0.009 (0.70)	0.012 (0.90)	0.014 (1.10)
EXP	−0.033 (−1.28)	−0.032 (−1.25)	−0.038 (−1.50)
SD	−0.009** (−2.06)	−0.009** (−2.24)	−0.008* (−1.93)
NC	0.139*** (3.14)	0.145*** (3.31)	0.159*** (3.61)
IIT	−0.055** (−2.36)	−0.056** (−2.42)	−0.056** (−2.45)
PE	−0.001 (−0.70)	−0.001 (−1.03)	−0.001 (−0.90)
LEV	−0.017 (−0.94)	−0.012 (−0.65)	−0.018 (−0.97)
IND	Yes	Yes	Yes
_cons	0.084* (1.83)	0.3087*** (5.4000)	0.109** (2.34)
adj-R^2	0.100	0.111	0.125
N	289	289	289

注：*** 在 1％的水平上显著相关，** 在 5％的水平上显著相关，* 在 10％的水平上显著相关。

从模型(8-2)的回归结果我们可以看出，经营活动现金流量净额(CF)的系数在 1％水平，并且与因变量企业现金及现金净变额($\Delta CASH$)正相关，说明样本公司存在现金—现金流敏感性。$CD * CF$ 的系数在 10％的水平上显著为负，支持了本研究的假设 1，说明碳信息披露质量越高，企业的外部融资约束程度越小。从其他变量上看，控制变量企业规模(SIZE)的系数在 5％的水平上显著为负，随着企业规模的增大，营业收入更加稳定，企业声誉也随之增强，在银行等金融机构以及其他债权人那里获得贷款等资金就变得更加简单。于是企业就不必过多地依赖于内部资金的积累,相应地会减少对投机性现金的持有,这与预期相符。企业规模($SIZE$)和净营运资本变动额(NC)以及机构投资者持股比例(IIT)对现金及现金等价物($\Delta CASH$)有显著影响。

从模型(8-3)的回归结果可以看出,经营性现金流量(CF)的系数在1%水平上显著为正,说明样本公司存在着融资约束问题。$CF * INTENSITY$的系数在5%的水平上显著为正,支持了本研究的假设2,说明碳密集行业面临的融资约束程度高,非碳密集行业面临的融资约束程度更低。

二、稳健性检验

我们完成的稳健性检验有:第一,考虑到碳信息披露对融资约束影响可能存在滞后性,选用2014年的现金及现金等价物净变动额($\Delta CASH$)及2014年的经营活动现金流量净额(CF)来进行检验,构建模型(8-4)。第二,在模型(8-4)的基础上,用碳绩效等级(CP)替换碳信息披露水平(CD)。CP同样也是根据企业回复的CDP问卷,对企业的碳披露、碳减排等情况予以综合考虑,最终对企业的碳绩效赋予七个不同的等级(A、A—、B、C、D、E、F)。这七个等级依次代表碳绩效由好到差,将这7个等级依次赋值,分别为7到1,构建模型(8-5)。

$$\Delta CASH_{2014} = \alpha_0 + \alpha_1 CF_{2014} + \alpha_2 CD + \alpha_3 CF_{2014} * CD + \alpha_4 SIZE + \alpha_5 ROE$$
$$+ \alpha_6 EXP + \alpha_7 SD + \alpha_8 NC + \alpha_9 IIT + \alpha_{10} PE + \alpha_{11} LEV + \sum IND + \zeta$$

$$(8-4)$$

$$\Delta CASH = \beta_0 + \beta_1 CF + \beta_2 CP + \beta_3 CF * CP + \beta_4 SIZE + \beta_5 ROE + \beta_6 EXP$$
$$+ \beta_7 SD + \beta_8 NC + \beta_9 IIT + \beta_{10} PE + \beta_{11} LEV + \sum IND + \zeta \qquad (8-5)$$

模型(8-4)和模型(8-5)的检验结果见表8-6。模型(8-4)的回归结果进一步验证了H1,即碳信息披露质量越高,企业面临的融资约束程度将会越低。模型(8-5)的回归结果显示,交乘项$CP * CF$的系数在10%的水平上显著为负,这说明碳绩效等级(CP)对融资约束具有显著的负向影响。另外,CF的系数在1%的水平上显著为正,说明S&P 500普遍存在融资约束。从控制变量的系数来看,企业规模($SIZE$)的系数在5%的水平上显著

负相关、净营运资本变动额（NC）的系数在 1‰ 的水平上显著正相关，均与
预期一致。稳健性检验的结果表明，碳信息披露与融资约束显著负相关这
一结论是稳定的。

表 8 - 6　稳健性检验结果

	模型(8-4)	模型(8-5)
CF		0.422*** (3.10)
CF_{2014}	0.077* (1.67)	
CD	−0.001** (−2.53)	
CP		0.002 (1.51)
$CF_{2014}*CD$	−0.003* (−1.66)	
$CF*CP$		−0.048* (−1.70)
$SIZE$	0.001** (2.54)	−0.006** (−2.13)
ROE	−0.003*** (−3.01)	0.011 (0.77)
EXP	0.042*** (2.12)	−0.028 (−1.09)
SD	0.004 (1.40)	−0.009** (−2.18)
NC	−0.140*** (−4.13)	0.146*** (3.29)
IIT	0.039** (2.17)	−0.055** (−2.33)
PE	0.001 (0.14)	−0.001 (−0.95)

（续表）

	模型(8-4)	模型(8-5)
LEV	0.026* (1.80)	−0.017 (−0.82)
IND	Yes	Yes
_cons	−0.028 (−0.76)	0.074 (1.58)
adj-R^2	0.112	0.108
N	289	289

第六节　研究结论与启示

一、研究结论

自 20 世纪末以来,关于信息披露与融资约束关系的实证研究经历了从财务信息披露发展到非财务信息披露的历程,向前迈进了一大步。随着学术界对非财务信息关注程度的提高,碳信息披露也随之受到关注。本研究基于信息不对称理论、信号传递理论、超额披露收益理论和委托代理理论等分析了碳信息披露对融资约束的影响。具体的研究结论如下:

第一、碳信息披露质量越高的公司,其面临的融资约束程度越低。国内外的大量相关研究文献研究认为,信息披露水平越高的企业,其融资约束越低。在剔除不符合条件的企业后,以回答 CDP 问卷的 S&P 500 的 289 家企业作为研究样本,将 2013 年和 2014 年的财务数据及碳信息披露得分代入模型分析,研究结果为碳信息披露水平与融资约束成显著负相关的关系提供了很好的支持证据。

第二、我们通过研究发现,相对于碳密集行业,非碳密集行业面临的融资约束程度更低。投资者等利益相关者作为"合乎理性的人",以追求自身利益最大化为前提从事经济活动。他们基于这一前提,在作出投融资决策时会对企业的行为(例如企业在碳减排行动方面是否采取了积极有效的措施,企业的行为是否符合/达到有关部门或者机构制定的环境保护的要求)形成预期。碳密集行业在这方面处于劣势地位,因为投资者等利益相关者对其根本不抱有太高的期望。由于碳密集行业的碳排放量大,造成的污染更为严重,因此投资者认为即便其采取了适当措施,但是效果在短期内无法也不会显著。投资者等利益相关者仍然会认为碳密集行业将来要承担更高的碳减排成本和污染治理成本。非碳密集行业的情形与上述分析相反,投资者等利益相关者认可并理解其对于碳减排工作所制定和实施的战略,而且投资者等利益相关者认为非碳密集行业企业将来要面临的诉讼风险较低,所需要承担的污染治理成本也相对较低,该笔大额支出问题对于非碳密集行业根本不存在。因此,相对碳密集行业上市公司,非碳密集行业上市公司面临的融资约束程度更低。

把模型中的碳信息披露水平换成碳绩效等级后,本研究的结论依然成立。这说明如果企业以降低面临的融资约束为其经营目标之一,那么他们应该充分披露企业的碳信息。

就目前我国的经济状况而言,我国目前正处于经济转型阶段,制度发展相对落后,政府在资源配置中仍然发挥着重要作用。在发达国家,企业应主动承担起碳减排主体的重任,发展中国家的企业也理应如此。碳信息披露在一定程度上可以作为衡量企业是否实现低碳战略的一项重要依据标准。根据本研究的实证结论,碳信息的披露对缓解融资约束起到重要作用。尽管在研究过程中所选取的样本来自于标普 500 强上市公司,但是本书的研究结论对我国碳信息披露制度的建设和完善也有十分重要的借鉴意义。

二、启示与建议

就目前我国的经济状况而言,我国目前正处于经济转型阶段,制度发展相对落后,政府在资源配置中仍然发挥着重要作用。在发达国家,企业主动承担碳减排主体的重任,发展中国家的企业也理应如此。碳信息披露在一定程度上可以作为衡量企业是否实现低碳战略的一项重要依据标准。根据我们的实证研究结论,碳信息的披露对缓解融资约束起到重要作用。尽管在研究过程中所选取的样本来自于标普 500 上市公司,但是本书的研究结论对我国碳信息披露制度的建设和完善也有十分重要的借鉴意义。

1. 树立碳信息披露的意识

减少碳排放是维护环境的重要措施之一,只有首先树立起明确的碳信息披露意识,才能够更加强有力地减少碳排放,保护环境。

碳信息披露意识的树立可以通过以下两种途径来实现:① 加强碳信息披露意识的宣传及教导;② 使企业这一减排主体意识到环境保护的重要性。有针对性的碳信息披露方面的宣传和教导能够通过增加大家的危机意识,使企业及社会公众更加充分地认识到碳信息披露的重要意义。现代企业肩负着各种各样的责任,及时且全面地将其碳信息对外披露也是其责任的十分重要的一部分,因此企业必须提高自身的碳信息披露水平以及披露碳信息的自觉性。只有这样,企业才能在顺利向低碳战略转型的同时成功实现自身的可持续发展,这对企业自身和社会公共以及政府部门无疑都是十分有利的。

2. 成立统一回复问卷的机构

独立且完善的碳信息披露评价指标体系具有众多优势。这种体系的建立首先能够确保对各个企业的碳排放量、所采取的碳减排措施等碳信息披露水平给予量化和客观的评价;其次,该体系的建立和使用还可以减少投资者与企业之间的信息不对称,这在投资者作出经济决策时是十分有利的。更近一步地,该评价指标体系可以将碳信息披露缓解融资约束的长处进行充分发挥。

本研究所用的 CDP 问卷采用的是其碳信息披露得分,得分越高的企业其碳绩效越好,相反,得分越低的企业其碳绩效越差。既然将 CDP 问卷的得分作为衡量企业碳管理好坏与否的标准,那么最好能够根据不同行业的特点设计侧重点不同的调查问卷。只有这样,才能确保所得出的结论在行业内可比性更强。

中国目前在企业碳管理方面还处于起步阶段,调查问卷里的很多问题都是只有专业机构才能回答的。对于企业温室气体排放的相关信息,在国外一般都是委托专门的咨询机构编制碳排放清单,有了碳排放清单,调查问卷的 80% 以上的问题都会迎刃而解。国外甚至有企业让咨询公司直接代理回答调查问卷的。由专业机构回答的问卷质量要比企业自己回答的高很多。

随着中国政府对气候变化的重视以及企业对低碳发展的关注,国内也渐渐出现了一些专门为企业进行碳管理服务的咨询公司。虽然从业务能力来说还有待提高,但是相信,在今后几年 CDP 在中国的回应应该会得到飞跃性进步。

3. 局限性和展望

本研究目前还存在许多不足之处,主要有:实证研究部分所选取的样本数据大部分来自于 CDP 2013 年的横截面数据。数据来源的局限性是由于CDP 项目即便是在美国等发达国家也仍然属于新兴领域这一事实所造成的。CDP 项目的发展和壮大需要全世界各界人士的共同关注与参与。此外,本研究所选取的研究对象是标普 500 强上市公司,中国企业的碳信息披露与融资约束的关系只能将本文的实证结果作为一项参考。

随着 CDP 项目的不断发展及其影响的扩大,越来越多的中国公司将会意识到碳信息披露的重要性及其意义,他们将会更加积极主动地参与到CDP 项目中来。将来的学者不仅可以研究标普 500 强上市公司的碳信息披露水平与融资约束的关系,还可以将中国的上市公司的碳信息披露水平与融资约束的关系作为重要研究对象。在研究数据的选取方面,将不再受限于截面数据,而是可以研究时间序列数据或者面板数据。

本章参考文献

顾群,翟淑萍.信息披露质量、代理成本与企业融资约束的关系——来自深圳证券市场的经验证据[J].经济与管理研究,2013,5:43-48.

管亚梅,王嘉歘.企业社会责任信息披露能缓解融资约束吗?——基于 A 股上市公司的实证分析[J].经济与管理研究,2013,11:76-84.

郭洪涛.融资约束条件下民营企业财务风险分析[J].财会通讯,2010,8:142-143.

何贤杰,肖土盛,陈信元.企业社会责任信息披露与公司融资约束[J].财经研究,2012,8:60-71+83.

何玉,唐清亮,王开田.碳信息披露、碳业绩与资本成本[J].会计研究,2014,1:79-86+95.

贺建刚.碳信息披露、透明度与管理绩效[J].财经论丛,2011,4:87-92.

黄欣然.盈余质量影响投资效率的路径——基于双重代理关系的视角[J].财经理论与实践,2011,32(2):62-68.

蒋琰,费迟.企业社会责任信息披露与权益资本成本关系研究[J].南京财经大学学报,2014,11:44-50.

蒋琰,陆正飞.公司治理与股权融资成本——单一与综合机制的治理效应研究[J].

数量经济技术经济研究,2009,2:60-75.

蒋琰,罗乐,吴洁演.碳信息披露与权益资本成本——来自于标普500强碳信息披露项目(CDP)的数据分析[C].中国会计学会环境会计专业委员会2014学术年会论文集,2014:1-21.

李金,李仕明,严整.融资约束与现金-现金流敏感度——来自国内A股上市公司的经验证据[J].管理评论,2007,3:53-57.

李正,向锐.中国企业社会责任信息披露的内容界定、计量方法和现状研究[J].会计研究,2007,7:3-11.

林钟高,章铁生.会计信息与债务契约的相互影响[J].预测,2001,6:40-43.

罗珊梅,李明辉.社会责任信息披露、审计师选择与融资约束——来自A股市场的新证据[J].山西财经大学学报,2015,37(2):105-115+134.

吕峻,焦淑艳.环境披露、环境绩效和财务绩效关系的实证研究[J].山西财经大学学报,2011,1:109-115.

陆宇建,叶洪铭.投资者保护与权益资本成本的关系探讨[J].证券市场导报,2007,10:4-12.

卢太平,张旭东.融资需求、融资约束与盈余管理[J].会计研究,2014,1:35-41.

马连福,赵颖.国外非财务信息研究述评[J].当代财经,2007,7:123-128.

戚啸艳.上市公司碳信息披露影响因素研究——基于CDP项目的面板数据分析[J].学海,2012,3:49-53.

汤亚莉,陈自力,刘星,李文红.我国上市公司环境信息披露状况及影响因素的实证研究[J].管理世界,2006,1:158-159.

王建明.环境信息披露、行业差异和外部制度压力相关性研究——来自我国沪市上市公司环境信息披露的经验证据[J].会计研究,2008,6:54-62.

吴红军,刘啟仁,郭佐青.环境信息披露、分析师跟踪与融资约束缓解[J].财经论丛,2013,4:87-92.

张纯,吕伟.信息披露、市场关注与融资约束[J].会计研究,2007(11):32-38+95.

张金鑫,王逸.会计稳健性与公司融资约束——基于两类稳健性视角的研究[J].会计研究,2013,9:44-50+96.

Almeida H., Campello M., Weisbach M. The Cash Flow Sensitivity of Cash. *Journal of NCance*, 2004, 59(4): 1777-1804.

Altman E., Haldeman R., Narayanan P. ZETA Analysis: A New Model to Identify Bankruptcy Risk of Corporations. *Journal of Banking and NCance*, 1977, 1(1): 29-54.

Al-Tuwaijri, S. A., Christensen, T. E., Hughes, K. E. II. The Relations among Environmental Disclosure, Environmantal Performence, and Economic performance: A Simultaneous Equations Approach. *Accounting, Organizations and Society*, 2004, 29: 447 - 471.

Cheng, B., Ioannou, I., Serafeim, G. Coprorate Social Responsibility and Access to NCance. *Strategic Management Journal*, 2014, 35(1): 1 - 23.

Lewis, B. W., Walls, L. J., Dowell G. W. S. Difference in Degrees: CEO Characteristics and Firm Environmental Disclosure. *Strategic Management Journal*, 2014, 35(5): 712 - 722.

Bushman R., Smith A. Transparency, Financial Accounting Information, and Corporate Governance. *Economic Policy Review*, 2003, 9(1): 65 - 87.

Coles, J. L., Loewenstein, U., Suay, J. On Equilibrium Pricing Under Parameter Uncertainty. *The Journal of Financial and Quantitative Analysis*, 1995, 30(3): 347 - 364.

Deegan C., Gordon B, A study of the Environmental Disclosure Practices of Australian Corporations. *The Accounting Review*, 1996, 26: 187 - 199.

Dhaliwal, D., Li, Tsang, A., Yang, Y. G. Voluntary Non-Financial Disclosure and the Cost of Equity Capital: The Case of Corporate Social Responsibility Reporting. *The Accounting Review*, 2011, 86(1): 59 - 100.

Dhaliwal, D S. NonFinancial Disclosure and Analyst Forecast Accuracy: International Evidence on Corporate Social Responsibility Disclosure. *The Accounting Review*, 2012, 3(87): 723 - 759.

Matsumura E. M., Prakash, R., Vera-Muñoz, S. C. Firm-Value Effects of Carbon Emissions and Carbon Disclosures. *The Accounting Review*, 2014, 89(2): 695 - 724.

Fazzari S., Petersen B. Financing Constraints and Corporate Investment. *Brookings Papers on Economic Activity*, 1988, 1: 141 - 195.

Francis, J. R., Khurana, I. K., Pereira, R. Disclosure Incentives and Effects on Cost of Capital around the World. *The Accounting Review*, 2005, 80(4): 1125 - 1162.

Freedman M, Jaggi B. Pollution Disclosures, Pollution Performance and Economic Performance. *Omega*, 1982, 10: 167 - 176.

Guariglia A. The Effects of Financial Constraints on Inventory Investment: Evidence from a Panel of UK Firms. *Economica*, 1999, 261(66): 43 - 62.

Hughes, J. S., Liu, J. Information Asymmetry, Diversification, and Cost of Capital. *The Accounting Review*, 2007, 82: 705 - 730.

Kaplan S, Zingales L. Do Investment-Cash Flow Sensitivities Provide Useful Measures of Financing Constraints. *Quarterly Journal of Economics*, 1997, 112(1): 169 – 215.

Lamont, O., Polk, C., Saa-Requejo, J. Financial Constraints and Stock Return. *Review of Financial Studies*, 2001, 14(2): 529 – 554.

Lambert. R., Leuz, C., Verrecchia, R. E. Accounting Information, Disclosure, and the Cost of Capital. *Journal of Accounting Research*, 2007, 45: 385 – 420.

Leuz C, Verrecchia R. The Economic Consequences of Increased Disclosure. *Journal of Accounting Research*, 2000, 38(1): 91 – 124.

Li, L., Yang, Y., Tang, D. Carbon Information Disclosure of Enterprises and Their Value Creation Through Market Liquidity and Cost of Equity Capital. *Journal of Industrial Engineering and Management*, 2015, 8(1): 137 – 151.

Ayuso, M. C., Larrinaga, C. Environmental Disclosure in Spain: Corporate Characteristics and Media Exposure. *Spanish Journal of NCance and Accounting*, 2003, 8: 184 – 214.

Mahluf N., Myers, C. Corporate Financing and Investment Decisions When Firms Have Information that Investors Do Not Have. *Journal of Financial Economics*, 1984, 13(2): 187 – 221.

Chan, M. C. C., Watson, J., Woodliff, D. Corporate Governance Quality and CSR Disclosures. *Journal of Business Ethics*, 2014, 125(1): 59 – 73.

Othman, R., Ameer, R. Environmental Disclosures of Palm oil Plantation Companies in Malaysia: A Tool for Stakeholder Engagement, Corporate Social Responsibility and Environmental Management, 2010, 27(1): 52 – 62.

Othman, R., Ameer, R. Sustainability Practices and Corporate Financial Performance: A Study Based on the Top Global Corporations. *Journal of Business Ethics*, 2012, 108(1): 61 – 69.

Richardson, A., Welker, M. Social Disclosure, Financial Disclosure and the Cost of Equity Capital. *Accounting, Organizations and Society*, 2001, 26: 597 – 616.

Ghoul, S. E., Guedhami, O., Kwok, C. C. Y., Mishra, D. R. Does Corporate Social Responsibility Affect the Cost of Capital?. *Journal of Banking and NCance*, 2011, 35(9): 2388 – 2406.

Shane, P., Spicer, B. Market Response to Environmental Information Produced Outside the Firm. *The Accounting Review*, 1983, 58: 521 – 538.

Stevens, W. Market Reaction to Corporate Environmental Performance. *Advances in Accounting*, 1984, 1: 41 - 61.

Tang, Q. , Luo, L. Transparency of Corporate Carbon Disclosure: International Evidence. Social Science Electronic Publishing, 2011.

第九章 哥本哈根气候峰会
中国碳政策市场反应研究

第一节 问题的提出

一直以来,气候变化问题都是各国政府和社会公众热切关注的重大环境问题。为了更好地在全球范围内采取有效措施减缓气候变暖进程,1992年5月联合国公布通过了《联合国气候变化框架公约》(United Nations Framework Convention on Climate Change,简称《公约》),并将"大气中温室气体的浓度稳定在防止气候系统受到危险的人为干扰的水平上"[1]作为公约的最终目标[2]。

根据公平原则以及"共同但有区别的责任"原则,1997年12月11日,《联合国气候变化框架公约》第三次缔约方大会在日本京都召开,149个国家和地区的代表通过了旨在限制发达国家温室气体排放量以抑制全球变暖的具有法定约束力的《京都议定书》,对2012年前主要发达国家减排温室气体的种类、减排时间表和额度等做出了具体规定。2005年2月16日《京都议定书》正式生效,它被公认为是国际环境变化的里程碑,是第一个具有法律约束力的、旨在防止全球变暖而要求减少温室气体排放

---

[1] 温室气体(green house gas, GHG):主要包括二氧化碳(CO_2,GHG 的主要内容),甲烷(CH_4)、氧化亚氮(N_2O)、氟化硫(SF)、氢氟碳化物(HFCs)、全氟碳化物(PFCs)和氟氯烃等,通常这些温室气体以二氧化碳当量 CO_2-e 来衡量。

[2] 《公约》是世界上第一个为全面控制二氧化碳等温室气体排放,应对全球气候变暖给人类经济和社会带来不利影响的国际公约,同时也是国际社会在应对全球气候变化问题上进行国际合作的一个基本框架。目前已有 192 个国家批准了《公约》,《公约》规定,缔约国要在 2008—2012 年的第一个承诺期使温室气体的排放量比 1990 年平均减少 5.2%。其中,欧盟削减 8%,美国削减 7%,日本削减 6%,加拿大削减 6%,东欧各国削减 5%~8%。

的条约①。

2007 年 12 月 15 日,联合国气候变化大会第 13 次缔约方大会经过谈判在印尼巴厘岛终于通过了《巴厘岛路线图》的决议,但由于美国等工业化国家没有签署《京都议定书》协议,《联合国气候变化框架公约》没能得到很好的实施。因此 2009 年 12 月 7 日至 19 日,在丹麦首都召开的联合国气候变化大会上,经过数十天艰难谈判,最终发表了不具法律约束力的《哥本哈根协议》。

按照通常的理解,当一国政府大力推行碳减排政策,承担碳减排任务,投资者会把此类政策视为坏消息,担心为了应对全球气候变暖企业会面临潜在的成本,而且这种潜在成本会超过收益②。但对于以中国为代表的发展中国家而言,《京都议定书》明确规定了发达国家应承担碳减排的额度与时间表,而发展中国家主要承担自愿减排责任。发达缔约国为实现碳减排承诺而开发、应用和传播,并采取一切实际步骤促进与气候变化有关的有益于环境的技术、专有技术、做法和过程,实际上一定程度上给了以中国为代表的发展中国家的国际贸易和出口贸易的机会。比如中国近五年光伏产业爆炸式的发展,就与欧盟国家推行低碳新能源的措施密切相关。

另外《京都议定书》第十一条规定,发达国家缔约方和其他发达缔约方应提供新的和额外的资金,以支付经议定的发展中国家为促进履行现有承诺而招致的全部费用,并提供发展中国家缔约方所需要的资金,包括技术转让的资金,支付经议定的为促进履行现有承诺而全部增加的费用③。这些条款对于发展中国家的经济而言都具有重要意义。

所以以美国、加拿大为代表的发达国家不支持和拒绝《京都议定书》条款,要求以中国为代表的发展中国家同样接受碳减排的约束。而哥本哈根气候峰会前后,中国政府能否坚持《京都议定书》的公平以及"共同但有区别

---

① 正式生效的《京都议定书》规定从 2008 年到 2012 年,主要工业发达国家的温室气体排放量要在 1990 年的基础上平均减少 5.2%,其中欧盟将 6 种温室气体的排放量削减 8%,美国削减 7%,日本削减 6%,这一次规定了具体的减排比例和减排时间表。同时,《京都议定书》对发展中国家对温室气体排放的责任也做了一定的说明。

② 这也是为何 2001 年美国总统布什刚开始第一任期就宣布美国退出《京都议定书》的原因之一,其理由是该议定书对美国经济发展带来过重负担。

③ 参见《京都议定书》条款,http://baike.baidu.com/view/41423.htm? fr=aladdin。

责任"的原则,《哥本哈根协议》能否在整体上延续《京都议定书》的观点,这些对中国投资者心理都会产生重要影响。

我们以 2009—2011 年中国政府围绕哥本哈根会议实施的相关碳减排政策以及应对气候变化的态度作为样本事件,选取有代表性的市场价格指数来估算中国资本市场收益率,运用事件研究法,通过计算异常回报率来分析有关碳政策事件引起的中国资本市场反应,最终通过 T 检验发现碳政策引起的市场反应显著为正。我们又进一步将 HS300 指数中的样本股划分为重度污染行业与非重度污染行业两种类型,进行非同方差条件下的 t 检验,研究发现重度污染行业较非重度污染行业具有更强的正显著性。稳健性检验中,我们以 HS300 指数中的样本股为研究对象,筛选出 222 家企业作为最终研究样本,通过多元回归分析再次证明了重度污染行业对相关碳政策事件的市场反应显著为正,且其显著性大于非重度污染行业。研究结论表明,哥本哈根气候峰会前后中国政府的碳政策和碳态度坚持了《京都议定书》的观点,既维护了发展中国家的利益,更拓展了企业的发展空间,支持了中国企业和投资者短期与长期相结合的利益,所以得到了中国资本市场上投资者的肯定和支持。

本研究可能的创新与特色在于:① 我们首次研究了在中国资本市场环境下碳政策引起的市场反应。运用多事件研究法检验了这些事件引起的市场反应,进一步丰富了运用事件研究法来研究市场反应以及碳信息披露的文献。② 比较全面地搜集了中国参与哥本哈根气候会议以来政府出台的一系列有关碳减排的政策及其采取的应对措施,为国家出台相关碳政策提供了理论基础和经验证据。③ 通过探讨碳政策的市场反应,一方面使企业通过规范碳信息披露发现碳减排的机遇,积极开发新能源,在日常经营活动中采取节能减排措施,主动承担环境保护责任,促使自身的可持续发展;另一方面,能够促进政府制定更加科学的碳减排标准,加强与发达国家之间的合作,努力提升中国在国际气候谈判中的地位,维护发展中国家的利益。

第二节　研究背景

全球气候治理是决定 21 世纪人类命运的制度安排,但与气候治理相关的政策和承诺,因为涉及各国未来相当长时间的经济社会发展战略,所以气候谈判一直较为艰难。

1997 年 12 月在日本京都制定的《京都议定书》在"共同但有区别责任"原则的指导下,要求温室气体排放量较大的发达国家从 2005 年开始承担碳减排义务并规定了各发达国家在 2008—2012 年必须完成的具体减排目标。对于发展中国家,议定书并没有规定具有法律约束力的减排任务,而是由发展中国家自愿承担减排任务。

对于《京都议定书》的签订,各国所持的态度各不相同:

俄罗斯、加拿大、日本都坚决反对承担《京都议定书》第二承诺期的责任,其中加拿大在 2011 年 12 月 12 日宣布正式退出《京都议定书》。

澳大利亚政府最迟加入《京都议定书》,而且在落实《京都议定书》要求的减排责任时犹豫不决,没有对《京都议定书》第二承诺期做出减排承诺。

美国政府 1997 年虽然在《京都议定书》上签字,但美国参议院并没有核准。时至今日,美国是唯一一个没有签订《京都议定书》的工业化发达国家。

欧盟在气候变化谈判中一直保持着积极的领导者角色,而且一直努力说服那些立场摇摆不定的国家加入条约,共同承担减排责任。其内部在对《京都议定书》的签署问题上几乎没有任何争议,并仍然维持 20% 的减排目标。

中国作为《联合国气候变化框架公约》及其《京都议定书》的缔约方,一直以来都致力于推动公约和议定书的实施,认真履行碳减排的相关义务,主动承担碳减排的责任。在 2011 年 11 月 22 日举行的《中国应对气候变化的政策与行动(2011)》白皮书新闻发布会上中国明确指出并坚定支持京都议定书要有第二承诺期。此外,中国还表示愿意在发达国家设定第二承诺期减排目标的前提下从 2020 年起加入有法律约束力的减排框架。

中国目前正处于经济高速增长阶段,二氧化碳排放量已经超过美国成为世界最大碳排放国,针对发达国家对中国施加的减排压力,中国政府明确表明了如下观点:

（1）近代工业革命200年来，发达国家排放了占全球排放总量的80%二氧化碳；而发展中国家近几十年才开始工业化，且人均排放量远低于发达国家，因此要求发展中国家与发达国家承担同样的减排责任是不符合公平原则的。

（2）发达国家将碳排放"外包"给了发展中国家。中国更是被喻为"世界工厂"，承担碳排放量较大的生产活动。所以，应该对产品制造过程中的碳排放负责的是作为消费者的国家，而不应该由出口这些产品的国家承担全部的碳减排责任。

（3）发达国家已经过上富裕生活，而发展中国家目前还有大量人口处于绝对贫困状态，应对气候变化应该与各国的社会经济发展水平相适应，决不能以延续发展中国家的贫穷和落后为代价，要求中国承担超出其应尽的义务和能力范围内的减排义务有违公平原则。

（4）国际社会要在公约框架的指导下统筹安排，一方面要促使发达国家率先大幅量化减排，另一方面要督促发达国家兑现向发展中国家提供资金支持的承诺，发展中国家应在发达国家的资金和技术支持下，主动承担减排责任，提高生产效率，尽可能减少温室气体排放，适应气候变化。

最终，中国在2009年哥本哈根世界气候大会上签订了不具有法律约束力的《哥本哈根议定书》，该议定书维护了《联合国气候变化框架公约》及其《京都议定书》确立的"共同但有区别的责任"原则，坚持了《巴厘路线图》的授权，坚持并维护了"双轨制"的谈判进程，对发达国家实行强制减排和发展中国家自愿减排行动作出了安排，并就全球长期目标、资金和技术支持、透明度等焦点问题达成广泛共识。

2011年12月11日，又一次具有重要意义的缔约方会议在南非德班落幕，此次会议依旧坚持《巴厘路线图》，各缔约方在"共同但有区别的责任"等原则的指导下进行了为期近14天的"马拉松"式谈判。德班会议最终通过决议，建立"长期合作行动平台特设工作组"，决定实施《京都议定书》第二承诺期并正式启动绿色气候基金，成立了绿色气候基金管理框架。

2015年12月12日巴黎气候变化大会通过了全球气候变化的最新协议《巴黎协议》，协议要求各方加强对气候变化威胁的全球应对，把全球平均气温较工业化前水平升高控制在2℃之内，本世纪下半叶实现温室气体净零排放。根据协议，各方将以"自主贡献"的方式参与全球应对气候变化行动。《巴黎协议》为 2020 年后全球应对气候变化行动作出了安排,但从协议基本要点的连续性来讲,《巴黎协议》与德班会议的主题原则是有所区别的,所以我们的研究事件选择也截止到德班会议为止。

第三节　文献回顾与研究假设

一、文献回顾

关于碳政策与低碳经济事件的市场反应是近年来占主流的说法,早期的研究还是建立在环境事件引发的关注度和市场反应上。

检验环境法案法规以及某一环境事件的市场反应,常用的方法是事件分析法(event study)。从检验内容看,已有研究检验的环境法案有美国1969 年出台的《国家环境保护法》(The National Environmental Protection Act of 1969,NEPA),1970 年出台的《清洁空气法修正案》(The Clean Air Act Amendments of 1970,CAAA)(Blacconiere and Northcut,1997),1986 年美国联邦政府环境保护法案《非常基金修正及再授权法》(The Superfund Amendments and Reauthorization Act,SARA)(Shane,1995)等;研究的典型环境事件有 1984 年印度博帕尔联合碳化物厂化学泄露事件(Blacconiere and Patten,1994),1989 年 Exxon Valdez 公司的阿拉斯加原油泄露事件(Patten and Nance,1998),2005 年的中国松花江污染事件(肖华和张国清,2008),2010 年的英国石油公司漏油事故(Heflin and Wallace,2011)等。Capelle-Blancard 和 Laguna(2010)检验了 1990 年至 2005 年这十五年间全球范围在媒体公开的 64 件重大化学污染事件,Lundgren 和 Olsson(2010)则研究了 2003—2006 年环境事故对全球大公司的影响,发现除欧洲公司股价对环境事故存在负面反应外,其余国家股票累计异常收益率在统计上均不显著。

从检验方法看,采用的方法有单事件研究法(Blacconiere and Patten,1994；Patten and Nance,1998)和多事件研究法(Shane and Spicer,1983；Shane,1995；Klassen and McLaughlin,1996；Blacconiere and Northcut,1997；Zhang,2007；Capelle-Blancard and Laguna,2010；Chapple,Clarkson and Gold,2013),计算超额收益的模型有市场模型(Blacconiere and Patten，1994；Shane，1995；Klassen and McLaughlin，1996；Patten and Nance，1998；Capelle-Blancard and Laguna，2010)，修正的市场模型(Blacconiere and Northcut，1997；Chapple，Clarkson and Gold，2011)，均值调整模型(Shane and Spicer，1983)，市场和规模调整模型(Klassen and McLaughlin，1996)以及 GLS 模型等(Patten and Nance，1998；Chapple，Clarkson and Gold，2013)。研究结果均发现了环境法案及政策的价值相关性，环境事件的负市场反应等。

从检验结果看，Dasgupta、Laplante、Mamingi 和 Wang(2001)、Gupta 和 Goldar(2005)等都找到了负面环境信息发布后市价下降或异常回报显著为负的证据。Briand W. Jacobs(2008)分析了 2004—2006 年特定环境公告的市场反应并发现，环境慈善捐款事件和 ISO14001 认证事件存在显著为正的市场反应；而自愿减排的承诺存在显著为负的市场反应。因此总体来说资本市场对于"坏消息"——环境污染事件的市场反应是显著的，且用来衡量市场反应的累计超常收益一般为负值。

除了单个环境污染事件引起的市场反应分析外，现有的研究已经开始关注运用事件研究法研究与气候变化相关的政策及法律法规引起的市场反应。

澳大利亚政府在 2011 年通过了备受争议的清洁能源法案(于 2012 年 7 月 1 日生效)，该法案要求企业为每吨碳排放量支付 23 美元的税。Lin 和 Tang(2012)选取了影响该法案通过与否并影响投资者预期的 7 个重要事件，他们的研究证明了碳政策的市场反应为负，还发现投资者不仅会惩罚重碳污染企业，还会奖励那些使用清洁能源并采用积极策略应对气候变化的企业。此外，他们的研究结果还表明企业市场价值的减少与企业遵守相关法规引致的成本有关，但企业为了规避碳政策带来的负效应会将成本转嫁给顾客，这可能会导致清洁能源法案无法达到限制碳排放的预期目标。

2008 年 3 月，澳大利亚政府宣布打算推行排放交易计划(ETS)，预期到 2015 年正式实施该项计划。Chapple、Clarkson 和 Gold(2013)首次针对澳大利亚 ETS 的实施是否会对企业价值的影响进行了实证研究。他们选取了 5 个预期会影响拟议的 ETS 正式通过的独立事件，运用事件研究法检验 ETS 对企业价值的影响，结果发现资本市场确实为提议的 ETS 定价，主要表现为在 ETS 正式实施之前，企业市场价值受影响的程度取决于资本市场评估 ETS 通过的可能性大小以及该交易计划的具体实施细节,最终事件研究结果表明碳排放密集度较高的企业其市场价值受到的负面影响较大,市场价值下降了 7%～10%。

此外,亚洲的 Lee、Park 和 Klassen(2015)以 2008—2009 年向 CDP 提供碳排放信息的韩国上市公司为样本,运用事件研究法检验投资者是否意识到企业未来要承担高度不确定的负债以及投资者如何做出反应。他们的实证结果表明企业自愿披露气候变化信息的市场反应为负,且这种负效应是立即体现出来的,这说明投资者把碳信息披露视为坏消息并担心为了应对全球气候变暖企业会面临潜在的成本,这种潜在成本会超过收益;另外,他们的研究结果还表明了企业通过媒体周期性的向投资者披露碳管理绩效和成果能减轻碳信息披露给企业带来的负面影响。

二、研究假设的提出

随着全球气候变暖,各国越来越关注全球气候变化,一系列气候会议的召开反映了各国对环境保护重要性的认识不断提高。同时,广大投资者也逐渐开始关注企业在生产经营过程中社会责任的履行情况,其中企业的碳排放量也自然成为投资者期望企业披露的一项信息,而政府的碳政策与碳态度更是会引起投资者的关注。

从已有的文献(如 Blacconiere and Patten(1994);Patten and Nance(1998);Shane and Spicer(1983);Stanny and Ely(2008);Freeman and Jaggi(2005);Stanny(2013)等)中我们可以得知:环境污染事件会引起市场反应,相关法律法规会影响企业的碳信息披露水平,从而影响企业碳绩效以及投资者对企业的预期。另外,Lin 和 Tang(2012)运用事件研究法证明了澳大利亚碳税政策引起的市场反应为负;Lee、Park 和 Klassen(2015)以2008—2009 年向 CDP 提供碳排放信息的韩国上市公司为样本,运用事件研究法证明了企业碳信息披露的市场反应为负;Chapple、Clarkson 和 Gold(2013)首次对澳大利亚即将推行的排放交易计划(ETS)对企业价值的影响进行了实证研究。已有的这些研究结果均表明碳政策的实施和碳信息披露会引起市场反应。因此依据有效市场理论和信号传递理论,我们认为政府发布系列碳政策以及表明碳态度时,市场应当会有所反应。

另外从投资者的角度分析,一方面《京都议定书》明确了碳减排的任务,并提出了具体的碳减排比例和碳减排时间表。政府对《京都议定书》的支持，表明了我们愿意认真履行碳减排的相关义务，主动承担碳减排责任的态度，这也预期着未来可能会实行严厉的碳减排政策，而这将直接导致企业为了减少碳排放增加遵循成本①，投资者可能会将此视为坏消息。

但另一方面，《京都议定书》尽管提出了碳减排的任务，还有这样显著的特点：

第一，考虑到了发达国家与发展中国家的区别。因此《京都议定书》规定了各发达国家在 2008—2012 年必须完成的具体减排目标，而发展中国家暂不承担有法律约束力的温室气体排放限控义务。

第二，考虑了发展中国家经济发展的需要。《京都议定书》第十一条规定，发达国家缔约方和其他发达缔约方应提供新的和额外的资金，以支付经议定的发展中国家为促进履行现有承诺而招致的全部费用，并提供发展中国家缔约方所需要的资金，包括技术转让的资金，以支付经议定的为促进履行现有承诺而全部增加的费用。这些条款对发展中国家的经济而言都具有重要意义。此外，在《京都议定书》中规定的如"碳排放权交易""净排放量"等减排方式都维护了发展中国家的根本利益，使发展中国家在实现自身经济增长的同时逐步实现碳减排。

中国政府在哥本哈根气候峰会前后明确支持《京都议定书》，强调各国要在"共同但有区别责任"原则的指导下承担碳减排义务。这个碳态度维护了发展中国家的根本利益，也符合中国企业在环保方面的实际进程，为国内企业的发展保留了较大的空间，而这是会受到投资者热烈欢迎的。

因此无论投资者将政府的碳态度视为"好消息"还是"坏消息"，我们预测投资者都会关注碳减排问题，关注政府的碳态度与碳政策问题。我们提出如下研究假设。

假设 1：哥本哈根气候峰会政府系列碳政策与碳态度会引起显著的市场反应。

我国环境保护部在 2010 年 9 月出台了《环境保护标准编制出版技术指

---

① 企业因遵循政策所支付的成本称为规制遵循成本或遵循成本。假定企业作为"无道德的计算者"，在察觉到所受到昂贵的法律惩罚威胁，用被发现和惩罚的可能性进行贴现后，仍大于规制遵循成本，企业才会在遵循政策上花费时间和金钱。因此遵循成本的高低会影响政策的规制效应（Thornton，Kagan，Gunningham；2008）。

南》,该指南将重污染行业分为 14 种行业类别,分别为火电、钢铁、水泥、电解铝、煤炭、冶金、建材、采矿、化工、石化、制药、轻工、纺织和制革。重度污染行业在生产经营过程中的碳排放量通常远远超过非重度污染行业,所以重度污染行业对有关碳政策的敏感度要远高于非重度污染行业,因此,我们推断中国政府实施的相关碳政策以及采取的碳减排措施对重度污染行业与非重度污染行业产生的影响应该是存在差异的,我们有必要进一步探讨相关的碳政策和措施对重度污染行业与非重度污染行业影响的显著性,从而促使不同行业的企业采取应对措施,披露有关碳排放信息,将碳减排作为企业的一项长远规划融入企业战略管理中,使投资者更全面地了解企业的经营状况以及社会责任的履行情况,做出正确的投资决策。我们提出的研究假设如下。

假设 2:与非重度污染行业相比,重度污染行业对碳政策的市场反应更为显著。

第四节　碳政策与碳态度的市场反应研究

一、碳政策与碳态度事件的遴选与分析

为了应对全球气候变化,各国签订了具有重要意义的《京都议定书》并积极参与气候变化大会商讨各自的减排目标、减排方案以及采取的减排措施。本文主要以中国政府参与哥本哈根等一系列气候会议以来中国政府的态度以及采取的应对气候变化的措施为核心,选取了涉及《哥本哈根议定书》签订的有关重要事件,相关系列事件选择的原则主要有以下几点:

(1) 该事件是围绕哥本哈根气候峰会发生的系列事件中的一件。

(2) 该事件能够反应中国政府的碳政策导向。

(3) 该事件发生当日没有其他重大经济事件影响中国资本市场。

根据上述选取事件的原则,本文选取了通过公开媒体披露的碳态度与碳政策来研究这些事件的发生所引起的市场反应。本文选取的相关碳态度与碳政策事件历时 3 年,跨度从 2009 年至 2011 年,涉及的内容主要有如下方面:

(1) 2009 年 5 月 20 日,中国政府发布《落实巴厘路线图——中国政府

关于哥本哈根气候变化会议的立场》,阐述中国关于哥本哈根气候变化会议的有关立场。①

(2) 2009 年 12 月 5 日,中国青年代表团于 12 月 5 日前往哥本哈根参加《联合国气候变化框架公约》缔约方第 15 次会议(COP15)。②

(3) 2009 年 12 月 7 日,哥本哈根世界气候大会全称《联合国气候变化框架公约》第 15 次缔约方会议暨《京都议定书》第 5 次缔约方会议,于 2009 年 12 月 7~18 日在丹麦首都哥本哈根召开。③

(4) 2009 年 12 月 14 日,中国新闻与交流中心举行媒体吹风会,邀请出席哥本哈根气候变化会议中国代表团团长、时任发改委副主任解振华介绍谈判进展并回答记者提问。④

(5) 2009 年 12 月 18 日,时任国务院总理温家宝在丹麦哥本哈根气候变化会议领导人会议上发表了题为《凝聚共识,加强合作,推进应对气候变化历史进程》的重要讲话。⑤

(6) 2009 年 12 月 21 日,中国外交部发言人接受了环球时报记者的独家采访,就英国方面指责中国"劫持"哥本哈根气候变化会议谈判进程一事进行了驳斥。⑥

(7) 2009 年 12 月 30 日,国际舆论纷纷赞扬中国为促进应对气候变化国际合作作出的积极努力,高度评价中国为推动哥本哈根气候变化大会取得成果作出的重要贡献。⑦

(8) 2010 年 3 月 9 日,中国致信联合国气候变化秘书处,正式批准《哥本哈根协议》。⑧

(9) 2010 年 9 月 29 日,国务院新闻办公室举办的新闻发布会介绍,中

---

① 中央政府门户网站:http://www.gov.cn/gzdt/2009-05/21/content_1321022.html
② http://green.sohu.com/20091130/n268582430.shtml
③ http://wenku.baidu.com/view/01d22c1ac5da50e2524d7f8d.html
④ 央视网:http://news.cctv.com/china/20091215/104458.shtml
⑤ 新华网:http://www.xinhuanet.com/world/wjb200912/
⑥ 环球网:http://www.huanqiu.com/zhuanti/world/climate2009/
⑦ 环球网:http://www.huanqiu.com/zhuanti/world/climate2009/
⑧ 财经网:http://www.caijing.com.cn/2010-03-10/110393253.html

国将首次承办天津气候变化国际谈判会议。①

（10）2010 年 10 月 2 日，COP16 中国青年代表团 16 名成员来到天津，参加在天津梅江会展中心举行的气候变化国际谈判。②

（11）2010 年 10 月 4～9 日，《联合国气候变化框架公约》长期合作行动特设工作组第 12 次会议及《京都议定书》附件缔约方进一步承诺特设工作组第 14 次会议在天津举行。③

（12）2010 年 12 月 10 日，时任中国国家发改委副主任、坎昆气候大会中国代表团团长解振华再次强调了中国坚定捍卫《京都议定书》的立场。④

（13）2011 年 11 月 22 日，中国发布《中国应对气候变化的政策与行动（2011）》白皮书。⑤

（14）2011 年 11 月 28 日至 12 月 9 日，《联合国气候变化框架公约》第 17 次缔约方会议暨《京都议定书》第 7 次缔约方会议在南非德班举行。⑥

（15）2011 年 12 月 1 日，由时任环境保护部宣传教育中心主任贾峰带队的中国青年环境友好使者代表团从北京启程，前往正在南非德班举行的联合国气候变化大会，这是环境保护部首次组织中国青年环境友好使者参加联合国气候变化大会。⑦

以上相关内容归纳的 11 个事件见表 9-1⑧。

表 9-1 哥本哈根气候峰会碳政策与碳态度事件

事件	事件时间	事件描述	预测市场反应方向
1	2009 年 5 月 20 日	发布《落实巴厘路线图——中国政府关于哥本哈根气候变化会议的立场》	＋（—）

---

① http://www. cma. gov. cn/2011xwzx/2011xqxxw/2011xqxyw/201110/t20111027_127014. html

② 腾讯新闻：http://news. qq. com/a/20101005/000796. htm

③ 中国干旱气象网：http://www. chinaam. com. cn/detail. asp? ID＝2047

④ 全球节能环保网：http://www. gesep. com/News/Show_176_270515. html

⑤ 中国共产党新闻网：http://theory. people. com. cn/GB/16350780. html

⑥ http://news. timedg. com/2011－11/29/content_7465348. htm

⑦ 新华网：http://news. xinhuanet. com/environment/2011－12/02/c_122368580. htm

⑧ 将 15 个内容归纳为 11 个事件，其原因在于有一些事件时间非常接近，导致事件窗口期的选择可能重叠，从而将其归纳为一个事件来分析。

(续表)

事件	事件时间	事件描述	预测市场反应方向
2	2009 年 12 月 7 日	《联合国气候变化框架公约》第 15 次缔约方会议暨《京都议定书》第 5 次缔约方会议于哥本哈根召开	+(一)
3	2009 年 12 月 15 日	外交部发言人姜瑜介绍温家宝总理将在哥本哈根会议上发表重要讲话	+(一)
4	2009 年 12 月 21 日	中国外交部发言人就英国方面指责中国"劫持"哥本哈根气候变化会议谈判进程一事进行了驳斥	+(一)
5	2009 年 12 月 30 日	国际舆论赞扬中国为促进应对气候变化国际合作作出的积极努力	+(一)
6	2010 年 3 月 9 日	中国致信联合国气候变化秘书处正式批准《哥本哈根协议》	+(一)
7	2010 年 9 月 29 日	国务院新闻办公室宣布中国将首次承办天津气候变化国际谈判会议	+(一)
8	2010 年 10 月 4 日	《联合国气候变化框架公约》长期合作行动特设工作组第 12 次会议在天津召开	+(一)
9	2010 年 12 月 10 日	坎昆气候大会中国代表团团长强调中国坚定捍卫《京都议定书》的立场	+(一)
10	2011 年 11 月 22 日	中国发布《中国应对气候变化的政策与行动(2011)》白皮书	+(一)
11	2011 年 12 月 1 日	中国青年环境友好使者代表团前往正在南非德班举行的联合国气候变化大会	+(一)

二、模型的构建与计算

本研究通过多事件研究法计算沪深 300 指数的超额收益率(AR)来衡量系列碳态度与碳政策对中国资本市场的影响。

我们根据模型(9-1)计算超额收益率,基本公式如下:

$$AR_t = HS300\_Ret_t - HS300\_ERet_t \qquad (9-1)$$

上式中:$HS300\_Ret_t$ 为沪深 300 指数实际日收益率,$HS300\_ERet_t$ 为沪深 300 指数预期日收益率。

模型(9-1)中沪深 300 指数的预期日收益率主要采用市场模型法。我们沿用 Zhang(2010)、Armstrong、Barth、Jagolinzer 和 Riedl(2012)的方法,采用全球同期其他资本市场指数日收益率来进行估算。我们选取了反映北美资本市场的美国标普 500 指数(S&P 500)、加拿大标普综合价格指数(TTOCOMP);反映欧洲的英国金融时报指数(FTSE100)、欧洲道琼斯指数(DJEURO,不含英国);反映亚洲的日经 225 指数(NIKKEI225)、香港恒生指数(HK)、新加坡海峡时报指数(SNGPO);以及反映澳洲的澳大利亚标普指数(ASX200)来估算。考虑到中国作为一个新兴市场国家,我们另外还选取了道琼斯新兴市场价格指数(DJIWEM)[①]来进行控制。考虑到由于时差问题,各个国家资本市场开放的时间并不一致,因此部分日收益率引入了反映事件发生时间差异的控制,其中 t 代表事件发生当天,$t-1$ 代表事件发生的前一天。具体的计算模型(9-2)如下,其中参数 $\beta_0 - \beta_{13}$ 以及 ε_t 通过上一年度数据代入回归模型求得。

$$HS300\_ERet_t = \beta_0 + \beta_1 S\&P500\_Ret_{t-1} + \beta_2 S\&P500\_Ret_t + \beta_3 TTOCOMP\_Ret_{t-1} + \beta_4 TTOCOMP\_Ret_t + \beta_5 FTSE100\_Ret_{t-1} + \beta_6 FTSE100\_Ret_t + \beta_7 DJEURO\_Ret_{t-1} + \beta_8 DJEURO\_Ret_t + \beta_9 ASX200\_Ret_t + \beta_{10} HK\_Ret_t + \beta_{11} NIKKEI225\_Ret_t + \beta_{12} SNGPO\_Ret_t + \beta_{13} DJIWEM\_Ret_t + \varepsilon_t \qquad (9-2)$$

上式中:$HS300\_ERet$ 为预期的沪深 300 日收益率;$S\&P500\_Ret$ 为美国标普 500 指数日收益率;$TTOCOMP\_Ret$ 为加拿大标普指数日收益率;$FTSE100\_Ret$ 为英国金融时报指数的日收益率;$DJEURO\_Ret$ 为欧洲道琼斯指数日收益率;$ASX200\_Ret$ 为澳大利亚标普指数日收益率;HK_Ret 为香港恒生指数日收益率;$NIKKEI225\_Ret$ 为日本日经 225 指数日收益率;$SNGPO\_Ret$ 为新加坡海峡时报指数日收益率;$DJIWEM\_Ret$ 为道琼斯新兴市场价格指数日收益率。

因为选取的事件涉及 2009 年至 2011 年,因此模型(9-1)、模型(9-2)的计算也涉及 3 年以上(2008—2010 年)的数据(相关性系数检验见表 9-2,回归系数见表 9-3)。我们发现沪深 300 指数日收益率与 $S\&P500_{t-1}$、$FTSE100_{t-1}$、$FTSE100_t$、$DJEURST_{t-1}$、$DJEURO$、$ASX200$、HK、

---

① 道琼斯新兴市场指数中包括韩国、台湾、马来西亚、印尼、菲律宾、泰国、南非、墨西哥、巴西、智利、哥伦比亚、委内瑞拉 12 个股票市场。

表9－2　HS300与非HS300指数收益率之间的相关性分析

2008年	HS300	S&P500$_{t-1}$	S&P500	TTCOMP$_{t-1}$	TTCOMP	FTSE100$_{t-1}$	FTSE100	DJEURO$_{t-1}$	DJEURO	ASX200	HK	NIKKEI	SNGPO	DJIWEM
HS300	1													
S&P500$_{t-1}$	0.1626**	1												
S&P500	0.0257	−0.1443	1											
TTCOMP$_{t-1}$	0.0967	0.6921***	−0.3206	1										
TTCOMP	0.0870	0.1534	0.6846***	−0.1121	1									
FTSE100$_{t-1}$	0.1962*	0.5075***	−0.1386	0.5577***	0.1096*	1								
FTSE100	0.1647	0.4310***	0.5082***	0.1459**	0.5618***	−0.0812	1							
DJEURO$_{t-1}$	0.1733*	0.5572***	−0.1641	0.5400***	0.0864	0.9570***	−0.0747	1						
DJEURO	0.1817	0.4071***	0.5609***	0.1024	0.5444***	−0.0719	0.9555***	−0.0707	1					
ASX200	0.3141***	0.5793***	0.1088*	0.4534***	0.2609*	0.4169***	0.4585***	0.4235***	0.4614***	1				
HK	0.519***	0.3393***	0.2989***	0.2146***	0.3532***	0.2654***	0.4387***	0.2639***	0.4503***	0.6803***	1			
NIKKEI	0.3133***	0.6214***	0.1315*	0.3877***	0.3779***	0.4403***	0.4853***	0.4693***	0.4784***	0.6935***	0.6830***	1		
SNGPO	0.3441***	0.3339***	0.2600***	0.1968***	0.3174***	0.1985*	0.5004***	0.2242***	0.5083***	0.6827***	0.7871***	0.6327***	1	
DJIWEM	0.3268***	0.4991***	0.3994***	0.2996***	0.5456***	0.2232***	0.6822***	0.2253***	0.6916***	0.6527***	0.7403***	0.7353***	0.7436***	1

（续表）

2009 年	HS300	S&P500$_{t-1}$	S&P500	TTCOMP$_{t-1}$	TTCOMP	FTSE100$_{t-1}$	FTSE100	DJEURO$_{t-1}$	DJEURO	ASX200	HK	NIKKEI	SNGPO	DJIWEM
HS300	1													
S&P500$_{t-1}$	0.1503**	1												
S&P500	0.1241*	-0.1313	1											
TTCOMP$_{t-1}$	0.1278*	0.811***	-0.1342	1										
TTCOMP	0.1152	-0.0087	0.8096***	-0.066	1									
FTSE100$_{t-1}$	0.0717	0.6565***	-0.0064	0.6437***	0.0611	1								
FTSE100	0.1344*	0.0836	0.637***	0.0108	0.6308***	-0.0541	1							
DJEURO$_{t-1}$	0.0844	0.7039***	-0.0004	0.6989***	0.0577	0.6916***	-0.0594	1						
DJEURO	0.1441*	0.1113*	0.6919***	0.0479	0.6853***	0.0014	0.9120***	0.0042	1					
ASX200	0.2048***	0.5313***	0.1643***	0.5553***	0.1690***	0.5316***	0.1586	0.5545***	0.2163***	1				
HK	0.4926***	0.4274***	0.2759***	0.4066***	0.2969***	0.2970***	0.4025***	0.3165***	0.4529***	0.6062***	1			
NIKKEI	0.2700***	0.5764***	0.0721	0.5661***	0.084	0.5384***	0.1884***	0.5595***	0.2471***	0.6757***	0.6193***	1		
SNGPO	0.3527***	0.3191***	0.3285***	0.2753***	0.3393***	0.1829***	0.4413***	0.2022***	0.4928***	0.5046***	0.7877	0.5455***	1	
DJIWEM	0.3948***	0.3038***	0.5389***	0.2784***	0.5662***	0.1645***	0.6668***	0.2046***	0.7369***	0.5240***	0.7579***	0.5096***	0.7400***	1

（续表）

2010年	HS300	S&P500_{t-1}	S&P500	TTCOMP_{t-1}	TTCOMP	FTSE100_{t-1}	FTSE100	DJEURO_{t-1}	DJEURO	ASX200	HK	NIKKEI	SNGPO	DJIWEM
HS300	1													
S&P500_{t-1}	0.2071***	1												
S&P500	0.1959***	-0.0260	1											
TTCOMP_{t-1}	0.2133***	0.8029***	-0.0169	1										
TTCOMP	0.2532***	0.0458	0.8011***	-0.0054	1									
FTSE100_{t-1}	0.1481**	0.6760***	0.1226*	0.5788***	0.1633**	1								
FTSE100	0.3010***	0.1658*	0.6793***	0.1237	0.5742***	0.0269	1							
DJEURO_{t-1}	0.1312*	0.7030***	0.0800	0.5819***	0.1329**	0.9390***	-0.0145	1						
DJEURO	0.2901***	0.1548*	0.7006***	0.1023	0.5798***	0.0399	0.9369***	0.0004	1					
ASX200	0.4072***	0.5733***	0.3010***	0.4863***	0.2821***	0.3596***	0.5009***	0.3665***	0.4757***	1				
HK	0.5543***	0.4088***	0.2707***	0.3401***	0.3446***	0.2600***	0.4543***	0.2636***	0.4382***	0.6522***	1			
NIKKEI	0.3163***	0.5601***	0.2295***	0.4245***	0.2073***	0.4021***	0.3310***	0.4154***	0.3388***	0.7139***	0.5504***	1		
SNGPO	0.3872***	0.3273***	0.3296***	0.2555***	0.3713***	0.1582**	0.5119***	0.1547	0.5064***	0.5929***	0.7074***	0.5082***	1	
DJIWEM	0.4627***	0.3583***	0.5640***	0.3108***	0.5543***	0.1884**	0.7401***	0.1806**	0.7310***	0.7272***	0.7497***	0.5771***	0.7570***	1

注：本表计算的是 Pearson 相关系数，*** 表示在 1% 的水平下显著，** 表示在 5% 的水平下显著，* 表示在 10% 的水平下显著。

NIKKEI225、SNGPO、DJIWEM 等基本为显著正相关关系,这说明我们用这些指数的日收益率来估算 HS300 指数日收益率是切实可行的。

表 9－3　2008—2010 年的多元回归分析

	2008 年 HS300	2009 年 HS300	2010 年 HS300
常数	−0.003 5** (−2.075 6)	0.002 3** (1.972 3)	−0.000 7 (−0.783 8)
$S\&P500_{t-1}$	−0.037 9 (−0.283 9)	0.076 4 (0.587 6)	−0.217 1 (−1.283 6)
$S\&P500$	−0.317 1*** (−2.703 6)	0.138 0 (1.058 9)	−0.136 1 (−0.849 6)
$TTOCOMP_{t-1}$	−0.210 4* (−1.801 6)	−0.095 5 (−0.735 2)	0.216 4 (1.170 8)
$TTOCOMP$	−0.072 2 (−0.614 8)	−0.066 5 (−0.514 0)	0.211 7 (1.115 9)
$FTSE100_{t-1}$	0.473 9* (1.794 3)	0.018 8 (0.093 5)	0.184 7 (0.793 8)
$FTSE100$	−0.031 3 (−0.118 7)	−0.007 6 (−0.038 6)	−0.005 9 (−0.025 3)
$DJEURO_{t-1}$	−0.240 9 (−0.890 4)	−0.076 7 (−0.390 9)	−0.134 5 (−0.701 2)
$DJEURO$	0.294 7 (1.099 1)	−0.428 6** (−2.113 0)	0.029 2 (0.156 5)
$ASX200$	−0.084 6 (−0.629 3)	−0.319 0** (−2.333 3)	0.149 6 (0.930 3)
HK	0.699 5*** (7.086 5)	0.568 1*** (5.156 4)	0.681 1*** (5.235 9)
$NIKKEI$	−0.111 9 (−1.041 3)	0.067 7 (0.623 4)	0.002 3 (0.022 0)
$SNGPO$	−0.228 7 (−1.558 7)	−0.178 9 (−1.454 1)	−0.140 8 (−0.834 3)

（续表）

	2008 年 HS300	2009 年 HS300	2010 年 HS300
DJIWEM	0.050 9 (0.326 5)	0.494 5*** (3.027 7)	0.119 7 (0.593 8)
N	246	244	242
R^2	0.330 3	0.304 9	0.327 1
adj-R^2	0.292 8	0.265 6	0.288 7

注:(1) 括号内为 t 统计量;(2) ***、**、*分别代表 1%、5%与 10%的显著性水平。

三、市场反应的检验

首先,根据事件研究法,我们选取了如下 7 个事件窗口:(−5,5)、(−3,3)、(−2,2)、(−2,1)、(−1,1)、(−1,2)、(−1,3),如果事件发生当天是节假日,那么窗口期向后顺延;对于本文选取的有关哥本哈根气候峰会系列碳态度与碳政策的事件,每个事件都在这 7 个窗口期内做一次 T 检验,即一共做 77 次 t 检验。

例如对于事件 3"2009 年 12 月 7 日,哥本哈根世界气候大会全称《联合国气候变化框架公约》第 15 次缔约方会议暨《京都议定书》第 5 次缔约方会议在丹麦首都哥本哈根召开。来自 192 个国家的谈判代表召开峰会,商讨《京都议定书》一期承诺到期后的后续方案,即 2012 年至 2020 年的全球减排协议",我们从(−5,5)、(−3,3)、(−2,2)、(−2,1)、(−1,1)、(−1,2)、(−1,3)这 7 个事件窗口期内的 AR 值分别做 T 检验,得到窗口期内的显著性见表 9 − 4:

表 9 − 4　事件窗口的选择

事件窗口	日期	AR	t 值	Pr($T>t$)
(−5,5)	2009 − 11 − 30	0.040 3	3.489 2***	0.002 9
	2009 − 12 − 1	0.015 7		
	2009 − 12 − 2	0.014 0		
	2009 − 12 − 3	0.006 4		

（续表）

事件窗口	日期	AR	t 值	Pr(T>t)
（-5,5）	2009 - 12 - 4	0.024 4	3.489 2***	0.002 9
	2009 - 12 - 7	0.016 9		
	2009 - 12 - 8	-0.000 5		
	2009 - 12 - 9	0.001 0		
	2009 - 12 - 10	0.010 3		
	2009 - 12 - 11	-0.002 2		
	2009 - 12 - 14	0.016 6		
（-3,3）	2009 - 12 - 2	0.014 0	3.073 8**	0.010 9
	2009 - 12 - 3	0.006 4		
	2009 - 12 - 4	0.024 4		
	2009 - 12 - 7	0.016 9		
	2009 - 12 - 8	-0.000 5		
	2009 - 12 - 9	0.001 0		
	2009 - 12 - 10	0.010 3		
（-2,1）	2009 - 12 - 3	0.006 4	2.135 8*	0.061 2
	2009 - 12 - 4	0.024 4		
	2009 - 12 - 7	0.016 9		
	2009 - 12 - 8	-0.000 5		
（-2,2）	2009 - 12 - 3	0.006 4	2.007 2*	0.057 6
	2009 - 12 - 4	0.024 4		
	2009 - 12 - 7	0.016 9		
	2009 - 12 - 8	-0.000 5		
	2009 - 12 - 9	0.001 0		
（-1,1）	2009 - 12 - 4	0.024 4	1.837 8	0.103 7
	2009 - 12 - 7	0.016 9		
	2009 - 12 - 8	-0.000 5		

（续表）
（续表）

事件窗口	日期	AR	t 值	Pr(T>t)
（−1,2）	2009 - 12 - 4	0.024 4	1.707 3*	0.093 1
	2009 - 12 - 7	0.016 9		
	2009 - 12 - 8	−0.000 5		
	2009 - 12 - 9	0.001 0		
（−1,3）	2009 - 12 - 4	0.024 4	2.198 4**	0.046 4
	2009 - 12 - 7	0.016 9		
	2009 - 12 - 8	−0.000 5		
	2009 - 12 - 9	0.001 0		
	2009 - 12 - 10	0.010 3		

注：*** 表示在 1% 的水平下显著，** 表示在 5% 的水平下显著，* 表示在 10% 的水平下显著。

依据事件 3 窗口期的确定方法①，我们从选取的 11 个事件中筛选出 7 个显著事件，其事件窗口期及其 CAR 值见表 9 - 5。另外将这 7 个事件作为一个整体，考虑中国资本市场对这些事件的整体反应。7 个事件的 CAR 值在 5% 的显著性水平下显著为正（$t=2.393\,8$），这说明中国资本市场对哥本哈根气候峰会的碳政策与碳态度的整体市场反应是显著为正的。

表 9 - 5　显著事件的平均异常回报

事件	发生时间/窗口期	事件描述	CAR	T 值
1	2009.12.7 /（−1,2）	在丹麦首都召开哥本哈根世界气候大会。	0.041 7	1.707 3*
2	2009.12.14 /（−1,2）	12.14 中国举行媒体吹风会/12.15 姜瑜透露温家宝将在会上发表重要讲话。	0.032 8	2.031 7*

① 若一个事件在多个窗口期内均显著，选择天数较短且前后天数相同的窗口期，这样可以尽量降低窗口期内其他事件带来的影响；若一个事件在选取的几个窗口期内均不显著，那么判断该事件没有带来显著的市场反应。

（续表）

事件	发生时间/窗口期	事件描述	CAR	T 值
3	2009.12.30/(−2,1)	国际舆论赞扬中国为促进应对气候变化国际合作作出的积极努力和取得的成果。	0.055 4	2.4421**
4	2010.3.9/(−1,3)	中国致信联合国气候变化秘书处,正式批准《哥本哈根协议》。	−0.029 0	−1.638 9*
5	2010.10.4~9/(−1,1)	《联合国气候变化框架公约》长期合作行动特设工作组第 12 次会议及《京都议定书》附件一缔约方进一步承诺特设工作组第 14 次会议在天津举行。	0.079 6	3.067 5**
6	2011.11.22/(−1,1)	中国发布《中国应对气候变化的政策与行动(2011)》白皮书。	0.031 7	2.211 4*
7	2011.12.1/(−1,1)	环境保护部首次组织中国青年环境友好使者参加德班气候大会。	−0.060 0	−2.175 2*
H0:mean(CAR)=0		t=2.393 8** P=0.031		

注:*** 表示在 1%的水平下显著,** 表示在 5%的水平下显著,* 表示在 10%的水平下显著。本表列出的是 7 个事件中最终确定的相对最短的窗口期,而 7 个事件在(−5,5)、(−3,3)、(−2,2)、(−2,1)、(−1,1)、(−1,2)、(−1,3)事件窗口期基本都是显著的。

其次,以沪深 300 指数中连续 3 年的样本股作为研究样本,剔除数据不全的企业,最终获得 222 家样本,运用模型(9-3)来估计其期望收益,并进一步计算各个样本公司在 7 个显著事件日的超常收益。

$$Ret_{it} = \alpha_{0i} + \alpha_{1i}S\&P500\_Ret_{t-1} + \alpha_{2i}S\&P500\_Ret_t + \alpha_{3i}TTOCOMP\_Ret_{t-1} + \alpha_{4i}TTOCOMP\_Ret_t + \alpha_{5i}FTSE100\_Ret_{t-1} + \alpha_{6i}FTSE100\_Ret_t + \alpha_{7i}DJEURO\_Ret_{t-1} + \alpha_{8i}DJEURO\_Ret_t + \alpha_{9i}ASX200\_Ret_t + \alpha_{10i}HK\_Ret_t + \alpha_{11i}NIKKEI225\_Ret_t + \alpha_{12i}SNGPO\_Ret + \alpha_{13i}DJIWEM\_Ret_t + \varepsilon_{it}$$

$$(9-3)$$

根据前述检验中得到的 7 个显著事件,先确定各个样本股在 7 个显著事件窗口期内的 AR,然后将各个窗口期内的 AR 求和得到累积超常收益率 CAR。

对于重污染和非重污染行业的划分,依据环境保护部在 2010 年 9 月出台的《环境保护标准编制出版技术指南》,将 22 家样本公司分为两类,属于重污染行业类别中的一类则划分为重度污染行业,其余的全部归类为非重度污染行业①。然后根据各个样本股在 7 个显著事件窗口期内的 CAR 值采用 T 检验来判断重度污染行业与非重度行业的市场反应程度是否会有显著差别。

根据 T 检验的结果(见表 9-6),我们发现:重度污染行业与非重度污染行业分别在 5% 和 1% 的显著性水平下呈现正显著,t 值分别为 1.741 9 和 4.392 0,这说明重度污染行业与非重度污染行业对有关碳政策事件的市场反应均显著为正;此外,我们注意到重度污染行业与非重度污染行业之间的方差相差较大,所以进一步运用非同方差条件下的双样本 t 检验。检验结果表明在 5% 的显著性水平下,非重度污染行业 CAR 的均值小于重度污染行业 CAR 的均值($t=-1.720\ 1$,见表 9-6),这说明重度污染行业的正显著性更强。

表 9-6 重污染与非重污染行业的 t 检验

变量名	Obs	Mean	Std. Err.	Std. Dev.	[95%Conf. Interval]	
重污染行业 CAR 值(Industry=1)	637	0.842 0	0.483 4	12.199 5	-0.107 2	1.791 1
Ho:mean=0 $t=1.741\ 9$						
非重污染行业 CAR 值(Industry=0)	917	0.010 5	0.002 4	0.072 6	0.005 8	0.015 2
Ho:mean=0 $t=4.392\ 0$						
combined	1 554	0.350 0	0.197 6	7.802 9	-0.037 5	0.737 5
diff		-0.831 5	0.483 4		-1.780 7	0.117 7
diff=mean(0)-mean(1) $t=-1.720\ 1$						

研究结果表明,资本市场对哥本哈根气候峰会前后政府的碳政策与碳态度的整体市场反应是显著为正的。中国目前正处于城镇化、工业化快速发展的关键阶段,中国政府提出的碳减排目标以及应对气候变化的态度确

---

① 分类的结果是重度污染行业有 91 家企业,共 637 个 CAR 观测值;非重度污染行业有 131 家,共 917 个 CAR 观测值。

实给企业的生产经营带来了减排压力,但政府根据本国国情,在发达国家的支持下尽量降低碳排放的碳态度,使得投资者一方面对企业现阶段的短期发展不存在过多忧虑,同时看好企业的长期发展,对政府的政策和资金等支持抱有信心。换句话说,投资者认为政府的碳政策与碳态度带来的机会收益将大于成本,对政府的碳政策与碳态度总体是看好的。

另外,研究发现,重度污染行业市场反应的正显著性更强。原因可能在于重度污染行业在正常生产经营过程中碳排放量较多,如果按照发达国家所要求的发展中国家承担的碳减排任务,那么中国广大重度污染行业必然遭受重大打击,很多企业甚至面临破产倒闭的风险,但是中国在哥本哈根气候峰会上积极维护了发展中国家的利益,减轻了中国广大重度污染企业不切实际的减排压力,保证了重度污染企业的正常生产经营和持续经营,所以中国政府的碳减排政策和应对措施更符合重污染行业的实际减排进程,因此其正显著性更强。

第五节　稳健性检验

一、市场反应检验

完成的稳健性检验主要有两部分:一是市场反应的检验;二是横截面的回归分析。将 7 个显著事件的窗口期适当延长,同样运用 t 检验验证本文提出的研究假设 1。对应事件窗口期的 AR 见表 9－7。

表 9－7　显著事件的平均异常回报

事件	发生时间/窗口期	事件描述	事件窗口	AR	CAR
1	2009.12.7 /(－3,3)	在丹麦首都召开哥本哈根世界气候大会	2009 - 12 - 2	0.014 0	0.062 1** (2.600 4)
			2009 - 12 - 3	0.006 4	
			2009 - 12 - 4	0.024 4	
			2009 - 12 - 7	0.016 9	
			2009 - 12 - 8	－0.000 5	
			2009 - 12 - 9	0.001 0	

（续表）

事件	发生时间/窗口期	事件描述	事件窗口	AR	CAR
2	2009.12.14 /(−2,3)	12.14 中国举行媒体吹风会/12.15 姜瑜透露温家宝将在会上发表重要讲话	2009 - 12 - 10	0.010 3	0.034 6* (1.499 6)
			2009 - 12 - 11	−0.002 2	
			2009 - 12 - 14	0.016 6	
			2009 - 12 - 15	0.006 4	
			2009 - 12 - 16	0.012 0	
			2009 - 12 - 17	−0.008 5	
3	2009.12.30 /(−3,1)	国际舆论赞扬中国为促进应对气候变化国际合作作出的积极努力和取得的成果	2009 - 12 - 25	0.005 0	0.060 4** (2.549 2)
			2009 - 12 - 28	0.022 5	
			2009 - 12 - 29	0.016 3	
			2009 - 12 - 30	0.019 4	
			2009 - 12 - 31	−0.002 7	
4	2010.3.9 /(−3,3)	中国致信联合国气候变化秘书处，正式批准《哥本哈根协议》	2010 - 3 - 4	−0.015 1	−0.047 7** (−2.420 8)
			2010 - 3 - 5	−0.003 7	
			2010 - 3 - 8	−0.004 2	
			2010 - 3 - 9	0.004 6	
			2010 - 3 - 10	−0.009 6	
			2010 - 3 - 11	−0.003 1	
			2010 - 3 - 12	−0.016 6	
5	2010.10.4 ～9 /(−1,3)	《联合国气候变化框架公约》长期合作行动特设工作组第 12 次会议在天津举行	2010 - 9 - 30	0.011 9	0.079 0** (3.482 9)
			2010 - 10 - 8	0.033 3	
			2010 - 10 - 11	0.015 6	
			2010 - 10 - 12	0.008 1	
			2010 - 10 - 13	0.010 2	

（续表）

事件	发生时间/窗口期	事件描述	事件窗口	AR	CAR
6	2011.11.22/(-3,3)	中国发布《中国应对气候变化的政策与行动(2011)》白皮书	2011-11-17	0.005 3	0.047 9**(2.061 9)
			2011-11-18	-0.008 0	
			2011-11-21	0.018 8	
			2011-11-22	0.002 2	
			2011-11-23	0.010 7	
			2011-11-24	0.004 6	
			2011-11-25	0.014 2	
7	2011.12.1/(-2,2)	环境保护部首次组织中国青年环境友好使者参加德班气候大会	2011-11-29	-0.000 6	-0.090 5**(-2.606 6)
			2011-11-30	-0.038 2	
			2011-12-1	-0.013 4	
			2011-12-2	-0.008 5	
			2011-12-5	-0.029 9	
$H_0:mean(CAR)=0$				$(t=2.135^{**})$	

注：*** 表示在 1% 的水平下显著，** 表示在 5% 的水平下显著，* 表示在 10% 的水平下显著。

从表 9-6 中可以发现，当 7 个显著事件的窗口期适当延长后，事件的显著性不变，再将这 7 个显著事件的累计异常回报值(CAR)作 t 检验，在 5% 的显著性水平下显著为正(t=2.135)，这验证了本文的研究假设 1。

二、横截面回归分析

为了进一步分析结果，进行横截面分析，其具体检验模型见模型(9-4)：

$$CAR_{it} = \lambda_0 + \lambda_1 SIZE_{it} + \lambda_2 LEV_{it} + \lambda_3 ROA_{it} + \lambda_4 STOCKHOLD_{it} +$$

$$\lambda_5 GROWTH_{it} + \lambda_6 FIN_{it} + \lambda_7 ACCRULS_{it} + \lambda_8 Industry_{it} + \sum_{k=1}^{K} \gamma_k YEAR_{kit} + \varepsilon_{it}$$

$$(9-4)$$

以最终筛选出的 222 家样本公司在 7 个显著事件窗口期内的 1 554 个

CAR 观测值作为被解释变量[1]，行业类型作为主要的解释变量，控制变量包括代表企业偿债能力、盈利能力等财务指标。变量的选择和定义见表9-8。

表9-8　研究变量的选择

变量类型	变量符号	变量名称
被解释变量	CAR	累计超常收益
解释变量	$INDUSTRY$	行业属性
控制变量	$SIZE$	公司规模
	LEV	财务杠杆
	ROA	总资产收益率
	$STOCKHOLD$	股权集中度
	$GROWTH$	营业收入增长率
	FIN	筹资活动量
	$ACCRULS$	可操纵应计利润
	$YEAR$	年度控制变量

公司规模（$SIZE$）：本文用年末普通股的流通市值取自然对数来衡量公司规模。我们认为公司规模越大温室气体排放量就越多，受到的减排压力越大，所以规模大的企业受到相关碳减排政策的影响越大。但另一方面，规模小的企业可能要承担更大的直接遵循成本（compliance cost），规模大的企业可能要遭受更大的诉讼成本以及政治成本等间接成本，所以 CAR 值与公司规模之间的关系不确定。

财务杠杆（LEV）：本文用资产负债率来衡量企业的财务杠杆，代表企业面临的财务风险。Leftwich（1981）的研究发现随着企业债务的增加，债权人要求企业披露更多有关企业筹资活动以及与经营活动相关的信息。

总资产收益率（ROA）：本文用总资产收益率衡量企业的盈利能力；Bewley 和 Li（2000）等研究者证明了企业盈利能力与企业环境信息披露之间有密切关系。

---

[1]　与 CAR 对应，每个样本股有 3 个 2009 年的数据，2 个 2010 年的数据，2 个 2011 年的数据。

股权集中度($STOCKHLD$)：本文用前十大流通股股东的持股比例之和来衡量企业的股权集中度。股权集中度越高，信息不对称程度越大，如果投资者预期相关碳减排措施的实施能降低信息不对称，从而降低企业的资本成本，那么这些碳政策会带来正的市场反应。

营业收入增长率($GROWTH$)：本文用营业收入增长率来衡量企业的成长能力，我们认为具有高成长潜力的企业更有可能采用新技术并使用清洁能源，所以它们受到相关碳减排政策的负面影响比较小。

筹资活动量(FIN)：Frankel、Johnson 和 Nelson(2002)认为需要通过资本市场融资的企业更愿意进行自愿信息披露，以通过降低投资者之间的信息不对称来降低企业的筹资成本。本文用样本公司在一年内通过发行股票或者债券产生的筹资活动现金流量除以企业年末总资产来衡量筹资活动量。

可操纵计利润($ACCRULS$)：Lys 和 Watts(1995)研究发现企业诉讼的可能性是公司破产可能性、被收购的可能性、企业应计利润以及是否有合格的审计意见的函数。本文用超常应计利润来衡量企业的诉讼风险，超常应计利润根据修正的 Jones 模型得到。

行业属性($INDUSTRY$)：我们将行业类型作为虚拟变量放入模型中，当样本公司属于重度污染行业时，该变量取值为 1，否则取值为 0；对于重度污染行业与非重度污染行业的划分同样是根据上文的《环境保护标准编制出版技术指南》来划分。

相关变量的描述性分析见表 9-9，Pearson 相关系数和 VIF 的检验表明模型不存在多重共线性的问题（表略）。

表 9-9　各变量的描述性统计

变量	观测数	平均数	中位数	标准差	最小值	最大值	置信度（95%）
CAR	1 554	0.351 2	0.023 5	7.820 5	−0.249 3	209.865 3	0.389 3
$SIZE$	1 554	16.819 2	16.644 0	1.033 4	14.929 2	21.317 9	0.051 4
LEV	1 554	0.581 2	0.583 2	0.187 8	0.088 6	0.965 9	0.009 3
ROA	1 554	0.056 7	0.045 6	0.053 3	−0.136 7	0.477 0	0.002 7

（续表）

变量	观测数	平均数	中位数	标准差	最小值	最大值	置信度（95%）
STOCKHOLD	1 554	42.581 3	42.173 9	24.804 1	1.338 4	97.897 8	1.234 6
GROWTH	1 554	0.237 1	0.174 6	0.564 4	−0.576 0	8.202 1	0.028 1
FIN	1 554	0.030 7	0.013 3	0.081 9	−0.218 6	0.315 9	0.004 1
ACCRULS	1 554	0.005 7	0.011 9	0.109 0	−0.621 2	0.461 9	0.005 4
INDUSTRY	1 554	0.405 7	0	0.491 2	0	1	0.024 4

根据表9-9可以发现,累积异常回报(CAR)的均值为0.351 2,这说明投资者把中国应对气候变化的态度以及采取的措施看成是"好消息",预期未来能给企业带来收益,这符合前文得到的结论,即重度污染与非重度污染行业对系列碳政策事件的市场反应均为正。

模型的检验结果见表9-10,从表9-10中可以发现:样本公司的累计异常回报(CAR)与行业类型($INDUSTRY$)这个名义变量在10%的显著性水平下正相关,相关系数为0.755 2,这说明行业污染程度越大,CAR值越大;因此回归模型的检验证明了假设2的成立,即重度污染行业对政府碳政策与碳态度的市场反应正显著性更大。

表9-10 中国资本市场反应的横截面分析

CAR	模型（9-4）	VIF
SIZE	0.825 2*** (3.380 0)	1.63
LEV	−2.410 0* (−1.820 0)	1.61
ROA	0.870 8 (0.190 0)	1.58
STOCKHOLD	−0.030 4*** (−3.210 0)	1.41
GTOWTH	−0.166 9 (−0.460 0)	1.15

(续表)

CAR	模型 9 - 4	VIF
FIN	−1.720 3 (−0.670 0)	1.13
ACCRULS	−0.584 0 (−0.300 0)	1.09
INDUSTRY	0.755 2* (1.870 0)	1.01
常数	−11.094 6*** (−3.020 0)	
N	1 554	
R^2	0.016 1	
adj-R^2	0.011	

注:(1) CAR 表示被解释变量;(2) *** 表示在 1% 的水平下显著,** 表示在 5% 的水平下显著,* 表示在 10% 的水平下显著。

研究还发现:

(1) CAR 值与公司规模在 1% 的水平下显著正相关,这说明公司规模越大,越容易受到投资者的关注,同时也容易受到媒体以及分析师等的关注,所以我们认为规模较大的企业信息披露往往比较充分,而且有比较充足的资金应对气候变化带来的影响并有实力投资于环保设备、使用清洁能源等。所以企业规模与 CAR 呈现正相关关系。

(2) CAR 值与资产负债率在 10% 的水平下显著负相关。这说明财务风险较高的企业,外部筹资比较困难而且筹资成本较高,这些企业用于投资开发清洁能源的资金有限,因而提前采取措施应对气候变化并主动承担环境保护责任的能力也有限。

(3) CAR 值与股权集中度在 1% 的水平下显著负相关。股权集中度越高,意味着大股东与小股东之间的信息不对称程度就越大,而小股东习惯采用用"脚"投票的方式放弃他们不能了解更多、更真实可靠信息的企业,所以信息不对称程度越大的企业 CAR 值越低。

第六节　研究结论与政策建议

一、研究结论与进一步改进

我们以哥本哈根气候峰会前后反映政府碳减排态度的事件为样本,运用多事件研究法研究发现,碳态度引起的市场反应显著为正。研究结论表明,投资者对于政府的碳态度与碳政策是异常关注的,而哥本哈根气候峰会前后政府的碳减排态度,既关注全球发展的最终利益,同时支持了中国企业短期与长期相结合的效益,赢得了投资者的信心,所以资本市场反应显著为正。

本文还进一步以沪深 300 指数中的样本股作为研究样本,研究发现重度污染行业对系列碳态度事件的市场反应的正显著性强于非重度污染行业。其后的稳健性检验中,我们以沪深 300 指数中筛选出的样本股的累积异常回报(CAR)作为被解释变量,引入公司规模、资产负债率、企业成长能力等作为控制变量,同时将行业类型引入模型中,通过回归分析发现,在控制了其他变量后,CAR 值与行业类型在 10% 的显著性水平下呈正相关,这再一次验证了重度污染行业对相关碳政策事件的市场反应的正显著性更强。

另外,由于相关事件发生时间非常接近,导致事件窗口期的选择部分有重叠,从而造成市场价格指数反映的异常回报率可能受到影响。因此我们准备将事件发生当天的时间进一步细分,深入研究事件发生时间点前后若干分钟市场收益率的变化情况,从而更加精确地分析相关事件引起的市场反应。另外随着时间的推移,《巴黎协议》之后的政策效应与态度效应也会逐渐显现,我们的研究也将关注于此。

二、政策建议

本文研究发现中国资本市场对哥本哈根气候峰会系列事件的市场反应显著为正,这说明中国政府的碳态度以及采取应对气候变暖有关措施能够影响资本市场,也说明我国投资者、债权人等利益相关者已经开始关注与气候变化相关的信息披露问题并逐渐重视企业的社会责任履行情况。本文进一步研究发现由于重度污染行业对相关碳减排态度与碳政策更为敏感,所以其市场反应更为显著。这意味着在今后的碳减排进程中,重污染企业有更重的任务要完成,有更漫长的路要走。

为了应对气候变化和碳减排问题,我们可以考虑采取的措施有:

(1) 建设完善的碳排放权交易市场。2011 年 11 月国家发改委下发了《关于开展碳排放权交易试点工作的通知》,批准 7 省市开展碳排放权交易试点工作,2013 年已开始在试点地区启动碳交易机制。2015 年 9 月中美共同发表的《气候变化联合声明》向世界宣布了我国将于 2017 年启动全国碳交易市场,2015 年 12 月习近平总书记在巴黎气候大会上的讲话再次重申我国将于 2017 年建立全国碳交易市场,表明了中国政府将通过建立全国碳交易市场来应对气候变化的强烈决心。然而,建设全国性碳市场是一项制度创新和宏大的社会实践,没有现成的理论和模式可以套用,须在实践中不断探索和学习。

(2) 建立健全碳信息披露体系。部分发达国家已经开始制定碳信息披露法律法规,2009 年 12 月,美国环境保护署(EPA)发布《温室气体强制报告制度》,涉及 31 个工业部门和种类的企业被要求上报温室气体排放量。2009 年 3 月,加拿大注册会计师协会(CICA)发布《关于气候变化和其他环境问题影响的披露》解释草案,该草案为讨论气候变化与公司战略等提供了基本分析框架。我们可以借鉴上述经验,实行企业环境信息和社会责任报告强制披露制度。借鉴碳信息披露项目(CDP)的经验,结合 ISO14064 - 1: 2006 环境保护体系的要求,建立一个统一的企业碳信息披露框架,逐步实行温室气体直报制度。

(3) 推进技术、能源、产品等的创新,实现产能升级。创新是发展的原动力,要实现碳减排的目标,要求我们努力提高资源生产率和能源利用率,努力研发并推广高效、节能、低排放技术,积极开发新能源,实现产能升级,走低碳、环保、清洁、高效的可持续发展道路。

本章参考文献

邓德军,韦许茜,高祥.环境信息披露管用吗——基于大连海域污染事件的实证研究[J].广西大学学报,2012,5:87 - 93.

付允,马永欢,刘怡君,牛文元. 低碳经济的发展模式研究[J]. 中国人口·资源与环境,2008,3:14-19.

蓝虹. 论中国低碳经济发展政策的演变、框架和战略[J]. 生产力研究,2012,10:11-15.

肖华,张国清. 公共压力与公司环境信息披露[J]. 会计研究,2008,10:15-22+95.

张巧良. 碳排放会计处理及信息披露差异化研究[J]. 当代财经,2010,4:110-115.

Al-Tuwaijri, S., Christensen, T., Hughes, K. E,. The Relations among Environmental Disclosure, Environmental Performance and Economic Performance: A Simultaneous Equations Approach. *Accounting, Organizations and Society*, 2004, 29: 447-471.

Armstrong, S. C., M. Barth E., Jagolinzer, A. D., Riedl, E. J. Market Reaction to the Adoption of IFRS in Europe. *The Accounting Review*, 2010, 85: 31-61.

Bewley, K., Li, Y. Disclosure of Environmental Information by Canadian Manufacturing Companies: A Voluntary Disclosure Perspective. Emerald Group Publishing Limted, 2000.

Blacconiere W. G., Northcut D. W. Environmental Information and Market Reactions to Environmental Legislation. *Journal of Accounting, Auditing and Finance*, 1997, 12: 149-178.

Blacconiere, W., Patten, D. Environmental Disclosures, Regulatory Costs, and Changes in Firm Value. *Journal of Accounting and Economics*, 1994, 18: 357-377.

Capelle-Blancard, G., Laguna, M. A. How does the Stock Market Respond to Chemical Disasters?. *Journal of Environmental Economics and Management*, 2010, 59: 192-205.

Chapple, L., Clarkson, P. M., Gold, D. L. The Cost of Carbon: Capital Market Effects of the Proposed Emission Trading Scheme(ETS). *Abacus*, 2013, 49: 1-33.

Clarkson, P. M., Li, Y., Richardson, G. D., Vasvari, F. P. Revisiting the Relation Between Environmental Performance and Environmental Disclosure: An Empirical Analysis. *Accounting, Organizations and Society*, 2008, 33: 303-327.

Clarkson, P., Li, Y., Richardson, G. The Market Valuation of Environmental Capital Expenditures by Pulp and Paper Companies. *The Accounting Review*, 2004, 79: 329-353.

Clarkson, P., Li, Y., Richardson, G. D., Vasvari, F. P. Does it Really Pay to Be Green? Determinants and Consequences of Proactive Environmental Strategies. *Journal of Accounting and Public Policy*, 2011, 30: 122-144.

Clarkson, P. , Overell, M. , Chapple, L. Environmental Reporting and Its Relation to Corporate Environmental Performance. *Abacus*, 2011, 47: 27 - 60.

Dasgupta, S. , Laplante, B. , Mamingi, N. , Wang, H. Inspections, Pollution Prices, and Environmental Performance: Evidence from China. *Ecological Economics*, 2001, 36: 487 - 498.

Daske, H. , Gebhardt, G. , klein, S. Estimating the Expected Cost of Equity Capital Using Analysts' Consensus Forecasts. *Schmalenbach Business Review*. 2006, 58: 2 - 36.

Dhaliwal, D. S. , Li, O. Z. , Tsang A. , Yang, Y. G. Voluntary Nonfinancial Disclosure and the Cost of Equity Capital: The Initiation of Corporate Social Responsibility Reporting. *Accounting Review*, 2011, 86: 59 - 100.

Frankel, R. M. , Johnson, M. F. , Nelson, K. K. The Relation Between Auditors' Fees for Non-Audit Services and Earnings Management. *Accounting Review*, 2002, 77: 71 - 105.

Freedman, M. , Jaggi, B. Global Warming, Commitment to the Kyoto Protocol, and Accounting Disclosures Made by the Largest Public Firms from Polluting Industries. *The International Journal of Accounting*, 2005, 40: 215 - 232.

Gupta, S. , Goldar, B. Do Stock Markets Penalize Environment-Unfriendly Behaviour? Evidence from India. *Ecological Economics*, 2005, 52: 81 - 95.

Ingram, R. , Frazier, K. Environmental Performance and Corporate Disclosure. *Journal of Accounting Research*, 1980, 18: 612 - 622.

Jacobs, B. W. , Singhal, V. R. , Subramanian, R. An Empirical Investigation of Environmental Performance and the Market Value of the Firm. *Journal of Operations Management*, 2010, 28: 430 - 441.

Kallapur, S. , Kwan, S. The Value Relevance and Reliability of Brand Assets Recognized by U. K. Firms. *Accounting Review*, 2004, 79: 151 - 172.

Klassen, R. D. , McLaughlin, C. P. The Impact of Environmental Management on Firm Performance. *Management Science*, 1996, 42: 1199 - 1214.

Kolk, A. , Pinkse, J. Business Responses to Climate Change: Identifying Emergent Strategies. *California Management Review*, 2005, 47: 6 - 20.

Lash, J. , Wellington, F. Competitive Advantage on A Warming Planet. *Harvard Business Review*, 2007, 85: 95 - 102.

Leftwich R. W. Evidence of the Impact of Mandatory Changes in Accounting Principles on Corporate Loan Agreements. *Journal of Accounting and Economics*,

1981，3：3－36.

Lee Su-Yol，Park Yun-Seon，Klassen，R. D. Market Responses to Firms' Voluntary Climate Change Information Disclosure and Carbon Communication. *Corporate Social Responsibility and Environmental Management*，2015，22：1－12.

Li，Y. ，Richardson，G. ，Thornton，D. Corporate Disclosure of Environmental Liability Information：Theory and Evidence. *Contemporary Accounting Research*，1997，14：435－474.

Lin，Z. W. ，Tang，Q. L. Market Reaction to Australian Carbon Price（Clean Energy Bill 2011），Working Paper，2011.

Lys，T. ，Watts，R. L. Lawsuits Against Auditors. *Journal of Accounting Research*，1994，32：65－93.

Patten，D. ，Nance，J. Regulatory Cost Effects in a Good News Environment：The Intra-industry Reaction to the Alaskan Oil Spill. *Journal of Accounting and Public Policy*，1998，17：409－429.

Patten，D. The Relation Between Environmental Performance and Environmental Disclosure：A Research Note. *Accounting，Organizations and Society*，2002，27：763－773.

Richardson，A. ，Welker，M. Social Disclosure, Financial Disclosure and the Cost of Equity Capital. *Accounting，Organizations and Society*，2001，26：597－616.

Rockness，J. An Assessment of the Relationship Between U. S. Corporate Environmental Performance and Disclosure. *Journal of Business Finance and Accounting*，1985，12：339－354.

Shane，P. ，Spicer，B. Market Response to Environmental Information Produced Outside the Firm. *The Accounting Review*，1983，58：521－538.

Shane，P. An Investigation of Shareholder Wealth Effects of Environmental Regulation. *Journal of Accounting Auditing and Finance*，1995，10：485－520.

Stanny，E. ，Ely，K. Corporate Environmental Disclosures about the Effects of Climate Change. *Corporate Social Responsibility and Environmental Management*，2008，15：338－348.

Stanny，E. Voluntary Disclosures of Emissions by US Firms. *Business Strategy & the Environment*，2013，22：145－158.

Stern，N. The Economics of Climate Change. *American Economic Review*，2008，98：1－37.

Stevens，W. Market Reaction to Corporate Environmental Performance. *Advances in Accounting*, 1984, 1: 41 - 61.

Zhang, I. Economic Consequences of the Sarbanes-Oxley Act of 2002. *Journal of Accounting and Economics*, 2012, 44: 74 - 115.

第十章　思考与展望

第一节　研究结论与启示

一、研究结论

在碳信息披露项目(CDP)数据来源的基础上,我们进行了系统的分析研究。我们关注的问题有碳信息披露的理论基础,碳信息披露框架的国际比较,碳信息披露与企业融资成本、融资约束、企业绩效等的相关实证研究,我们还关注了碳政策的市场反应问题。

碳信息披露的理论基础可以从环境信息披露的角度分析。环境信息披露理论研究主要是关注和解释企业为何自愿披露环境和社会信息(Buhr,1998,2002;Cormier and Gordon,2001;Adams,2002;Solomon and Lewis,2002)。环境经济学视角下,这些理论包括可持续发展理论、循环经济理论、外部性理论、排污权交易理论、产品生命周期与碳足迹理论等。另外,近年来环境会计领域中发展出许多理论来解释企业碳信息披露这一行为。这些理论主要分为两大类,即信息的自愿披露理论和社会-政治(social-political)理论中的合法性理论、利益相关者理论、制度理论等(Clarkson et al,2008)。

碳信息披露框架的国际比较方面,我们对国际上目前主要的碳信息披露框架,包括由 CICA(Canadian Institute of Chartered Accountants)颁布的《气候风险披露指南》、由全球报告倡议组织 GRI(The Global Reporting Initiative)发布的《可持续发展报告指南》、由气候风险披露倡议 CRDI(The Climate Risk Disclosure Initiative)颁布的《气候风险披露全球框架》、由美国证券交易委员会 SEC (Security and Exchange Commission)指导通过的《气候变化披露指南》、由气候披露准则理事会 CDSB (Climate Disclosure

Standards Board)颁布的《气候变化报告框架草案》、由非政府组织碳信息披露项目 CDP(Carbon Disclosure Project)提供的 CDP 问卷报告等进行介绍和分析研究。

中国和印度是两个重要的新兴经济体国家,同时又是碳排放量巨大的发展中国家,两国自上世纪 90 年代开始,在大力发展本国经济之初,就陆续出台了系列相关节能减排方面的政策,通过行政手段、经济政策和信息宣传政策三个方面的努力,以实施国家节能减排战略,我们进行了两国在碳减排实施过程中的政策与实施效果的比较分析。我们还以 CDP 问卷作为主要研究对象,在中印两国企业参与 CDP 碳信息披露项目应答结果的评估对比中,从两国碳信息披露项目的关键数据、问卷回答质量及能效与环境政策方面展开深入分析。研究认为在碳信息披露现状方面,中国企业碳信息披露水平虽进步明显但与印度相比也有较大差距,主要体现在碳排放量实际数据缺乏和披露信心不足方面。研究认为在未来发展方面,实行强制披露制度、加强碳减排方法指导、强化碳排放核算与审计是碳信息披露得以顺利实现的基本保证。

实证研究方面我们检验了企业碳信息披露水平与权益资本成本的关系。研究结果表明,碳信息总体披露水平对权益资本成本有显著负向影响。研究还发现,碳密集行业相对于非碳密集行业,其碳信息披露水平对于权益资本成本的影响更小。研究贡献在于:① 从碳信息披露这一视角来研究特殊的"半自愿性"披露对于企业权益资本成本的影响,而且企业碳信息披露水平负向影响权益资本成本的这一结论,有助于促进企业加大碳减排措施,发掘低碳发展机遇,实现节能低碳战略。② 研究发现碳密集行业相对于非碳密集行业,其碳信息披露水平对权益资本成本的影响更小,这说明投资者总体认为碳密集行业未来要承担的碳减排成本和诉讼风险要远远高于非密集行业,而且这一低值预期并不因为企业的碳信息披露水平好就有显著程度的改变。换句话说,碳密集行业在碳减排和碳信息披露方面未来有更多的任务需要完成。③ 研究结论为碳信息具有重要价值相关性提供了证据,这会为国家出台相关低碳政策提供理论基础和经验证据,也会促进碳减排标准更科学地制定。

我们还以标普 500 强企业为研究样本,以碳信息披露项目(CDP)问卷报告为数据来源,检验企业量化性碳信息披露(hard carbon disclosure)、非量化性碳信息披露(soft carbon disclosure)和碳绩效(carbon performance)之间的关系。我们采用因子分析法对 CDP 2010 年度问卷报告的条目进行量化性碳信息和非量化性碳信息的分类。我们没有发现总体碳信息披露与碳绩效之间存在显著相关性,但我们的研究结果表明量化性碳信息与碳绩效之间存在显著负相关关系,这表明越是碳减排成效较差的企业,越倾向于夸大他们的碳减排战略活动,虽然真正的结果可能会令人不满意。这也意味着企业有"绿化"或操纵碳信息的意图,以便于获取社会支持,这一行为总体符合合法性理论的预测。我们的研究结论有助于企业的利益相关者和政策制定者更加关注企业碳信息披露的透明度和可靠性。

我们还检验了影响碳信息披露的公共压力因素。以标普 500 强企业(S&P 500)作为研究样本,以 2013 年碳信息披露项目(CDP)报告作为企业碳信息披露数据的主要来源,基于公共压力视角,运用多元线性回归和二元 Logistic 回归等方法研究公共压力因素与企业碳信息披露的相关性。研究结果表明:S&P 500 的碳信息披露质量整体较高,但不同企业之间的碳信息披露质量存在较大的差异;公共压力对企业碳信息披露具有积极的促进作用,具体而言,政府监管压力、金融市场压力、社会公众压力均与企业碳信息披露质量显著正相关;对于企业而言,积极参与 CDP 大有裨益,CDP 在促进企业碳信息披露方面发挥着积极作用。我们还首次将碳信息披露与融资约束结合在一起进行研究。我们研究发现碳信息总体披露水平对融资约束具有显著负向影响。此外,相对于非碳密集行业,碳密集行业将来要承担更高的碳减排成本和诉讼风险,因此其面临的融资约束程度更高。

我们还特别关注了哥本哈根气候峰会中国碳政策市场反应研究。我们以体现中国对哥本哈根气候峰会碳态度的 11 个事件作为样本,选取全球有代表性的市场价格指数来估算中国资本市场预期收益率,运用多事件研究法,分析相关碳态度引起的市场反应。研究发现哥本哈根气候峰会前后中国系列碳态度事件引起的市场反应显著为正。进一步的检验表明了重度污染行业较非重度污染行业的市场反应具有更强的显著性。我们的研究结论证明哥本哈根气候峰会前后中国政府的碳态度具有显著的经济效应。

二、进一步研究方向与启示

虽然碳会计研究目前是一个全新的领域,但从会计角度关心碳排放仍可以追溯到上世纪 90 年代(Graeme,1999),欧盟 2005 年碳排放交易计划(EU ETS)则正式启动了碳会计相关理论研究的序幕(Francisco and Heather,2012)。2013 年,随着欧盟排放交易计划(EU ETS)进入第三阶段,意味着全世界一半以上的温室气体排放许可将来需要通过市场购买获得,因此对于温室气体排放相关的会计处理研究,开始引起越来越广泛的关注。而 Matsumura、Prakash 和 Vera-Muñoz 的研究成果在 The Accounting Review 2014 年 89 卷第 2 期的发表,则标志着碳会计的理论探索进入一个新领域。

国际碳会计理论主要涉及碳排放配额的会计处理、碳信息披露和其他碳排放相关领域如风险管理等三大类。碳会计提供了碳排放的计量核算、碳信息的披露报告等,即使站在全球角度,我们也能发现,尽管在理论上有较大进展,但碳会计研究目前最大的挑战是其相关研究体系的设立最终能否对温室气体的排放控制切实地产生作用。已有的碳会计理论大多建立在社会基础之上,主要反映碳效益,也就是说反映每份收益所耗费的平均碳排放量。而如何发展碳会计研究和实际温室气体排放减少这两者之间的相关性,却在中国发展的现阶段有着切实重要意义。

2014 年 12 月,《联合国气候变化框架公约》第 20 轮缔约方会议(COP 20)上中国政府代表表示,2016—2020 年中国将把每年的碳排放量控制在 100 亿吨以下,承诺碳排放量将在 2030 年左右达到峰值。2015 年 9 月中美共同发表《气候变化联合声明》,向世界宣布了我国将于 2017 年启动全国碳交易市场。2015 年 12 月联合国气候变化大会通过了《巴黎协议》,为 2020 年后全球应对气候变化行动作出安排,提出了温升限制 2 ℃的目标,同时到 21 世纪下半叶,人为温室气体源的排放和碳汇要达到平衡,即实现温室气体净零排放。

实现上述目标,需要全社会的努力,但由于众多碳源的制造流程,企业将在其中发挥极为关键的作用。短期性的大规模节能减排投资,只是实现的途径之一,而完善和健全企业碳管理制度,将节能减排辐射到企业发展的每一个环节,则是一个具有长期效益的发展渠道,也符合刚达成的《巴黎协议》的安排。这也意味着针对企业碳会计的研究如碳计量碳核算、碳披露、碳报告等,将不能仅从质量方面,如准确性、一致性、确定性方面(Bumpus,2009)来要求,而需要从实践角度出发,从结果和效用方面(即碳减排的具体实现)来要求。

对于碳计量、碳核算研究,国际上较为通用的碳排放核算及报告标准主要有"《温室气体议定书》(GHG Protocol)"、"ISO14064 温室气体核证标准"和"PAS2050 标准"等。国内出台的碳排放标准主要有 2010 年 10 月上海环境能源交易所公布的《中国自愿碳减排标准》等。碳信息披露研究主要有:全球最大的投资者合作应对气候变化项目碳信息披露项目(Carbon Disclosure Project,CDP),日本温室气体排放量的计量、报告及披露制度(2009)等。应当看到的是,这些项目尽管提供了全球很多公司包括国际性大企业的碳信息报告,其前后量化数据的一致性也很强,但因为很少涉及如何实现企业真实的碳减排,更多是一种为赢得投资者好感,减少企业气候变化风险的象征性的披露。

因此我们需要构建一个有效的碳管理机制,实现企业真正的碳减排,这对于现阶段中国企业管理和中国政府推行公平合理应对气候变化的政策制定,具有重要的现实价值。由此也产生我们需要关注的问题:① 如何设计与构建碳管理机制,才能实现企业真正的节能减排目标? ② 推行何种碳减排政策,才能充分发挥政策的微观规制效应,实现企业的真实碳减排? ③ 如何通过新建的碳市场和已有的资本市场来促进和完善企业碳减排管理机制? ④ 如何通过碳会计工具构建企业碳会计信息系统来反映监督企业碳减排的实施?

要解决上述问题,我们需要在碳会计研究与碳信息披露研究的工作基础上,在国家碳政策的引导下,设计构建较为系统全面的碳管理机制,充分发挥中国新建碳市场以及已有资本市场的激励机制,促使企业将碳减排管理的理念全面渗入到日常经营管理的各个环节和各个领域,最终帮助企业实现节能减排任务。

另外国际碳会计组织和国际碳披露机构有相当丰富的资料可以借鉴使用。比如,碳管理机制构成要素是根据其在制定、评估、监督和报告公司气候变化行动和政策的作用来确定的,并且能够代表系统的一个独特维度。要素的具体评估指标则可以通过碳信息披露项目(CDP)来分析获得,见表10-1。

表 10 - 1　碳管理系统要素的评估指标

要素	指标	与 CDP 问卷对应的条目		变量衡量方法	范围
1. 董事会责任	BOARD	Q1. 1	Where is the highest level of responsibility for climate change within your company?	3 分 = "董事会或者委员会层面," 2 分 = "高级经理层面," 1 分 = "其他经理," 和 0 = "其他"	0～3
2. 碳风险和碳机遇的评估	RISK-MANAGE	Q2. 1	Please select the option that best describes your risk management procedures with regard to climate change risks and opportunities.	2 分 = "有特别针对气候变化风险管理过程," 1 分 = "融入到公司其他风险管理过程," 和 0="其他"	0～2
3. 员工参与与激励机制	INCE-NTIVE	Q1. 2	Do you provide incentives for the management of climate change issues, including the attainment of targets?	1 分 = "是," 0 = "其他"	0～1
4. 碳减排目标	TARGET	Q3. 1	Do you have an emissions reduction target that was active (ongoing or reached completion) in reporting year?	3 分 = "绝对和相对减排目标," 2 分 = "绝对减排目标," 1 分 = "相对减排目标," 和 0="其他"	0～3
5. 低碳项目的执行	PROJECT	Q3. 3 Q3. 3a (CDP 2011) Q3. 3b (CDP 2012)	Q3. 3 Did you have emissions reduction initiatives that were active within the reporting year (this could include those in the planning and/or implementation phases)? Q3. 3a (CDP 2011): If yes, please provide details in the table below. Q3. 3b (CDP 2012): For those initiatives implemented in the reporting year, please provide details in the table below.	公司正在执行的低碳项目的数量	1～19
6. 价值链低碳控制	SUPPL-YCHAIN	Q3. 2	Does the use of goods and/or services directly enable [greenhouse gas] emissions to be avoided by a third party?	1 分 = "是" 和 0 ="其他"	0～1

（续表）

要素	指标	与CDP问卷对应的条目		变量衡量方法	范围
7. 碳排放的核算和计量	*ACCOUNTING*	Q8.2	Please provide your gross Scope 1 emissions in metrictonnes of CO_2-e.	公司如果分别披露了范畴1,2或3的温室气体排放,分别给1分,总共3分	0～3
		Q8.3	Please provide your gross Scope 2 emissions in metrictonnes of CO_2-e.		
		Q15.1	Please provide data on sources of Scope 3 emissions that are relevant to yourorganisation.		
8. 碳审计	*AUDIT*	Q8.6	Please indicate the verification/assurance that applies to your Scope 1 emissions.	1分＝不高于20%范畴1的碳排放通过碳审计;2分＝高于20%不高于60%的范畴1的碳排放通过碳审计;3分＝高于60%的范畴1的碳排放通过碳审计;0分＝其他	0～9
		Q8.7	Please indicate the verification/assurance that applies to your Scope 2 emissions.		
		Q15.2	Please indicate the verification/assurance that applies to your Scope 3 emissions.	同样的打分应用与范畴2和3碳排放	
9. 利益相关者参与	*POLICY-ENGAGE*	Q2.3	Do you engage with policy-makers to encourage further action on mitigation and/or adaption?	1分＝"是"和0＝"其他"	0～1
10. 外部碳披露	*TRANS-PARENCY*	All of the questions in the 2011 and 2012 CDP questionnaires		CDLI碳披露指数	0～100

针对碳管理机制要素,我们需要关心和进一步思考的问题有:

（1）针对中国企业碳管理机制,我们如何拓展碳管理系统要素使之更为适应中国企业的现状,以获得更为准确和更适应中国企业的碳管理系统要素评估指标,是我们需要关注的第一个问题。

（2）碳管理作为一个系统,其内在要素之间是否存在相互影响、相互促进的关系? 如何利用发挥这些内在联系来促进企业的真实碳减排? 如何对碳管理系统质量进行有效的评估? 这是我们需要关注的第二个问题。

（3）理论上有效的碳管理机制,如何借助政府层面的引导和市场层面的压力与监督,依托于企业组织架构,在企业层面真正有效地构建,是我们面临的最为关键的也是最重要的问题。

第二节　思考与展望

一、碳信息披露的思考与展望

　　碳信息披露近年来的快速增长,标志着重视气候变化从意识转化为行动的成功。总体而言,推动碳信息披露增长源于三方面核心驱动力的共同作用,即:第一,对规定的执行;第二,非政府组织和碳交易信息系统的驱动;第三,减少能源成本和企业声誉管理的风险。在碳信息披露发展的进程中,政府、非政府组织、机构、企业都拥有着不可或缺的地位。而其中碳信息披露项目(CDP)由于建立了企业报告标准,并能多角度提出合理的战略意见,从而吸引了众多包括机构投资者在内的利益相关者,为利益相关者所广泛接受。全球已有超过 66 个国家的 3000 家机构通过 CDP 衡量和披露碳排放量和应对气候变化的战略(普华永道,2010)。碳信息披露,包括碳会计信息披露,碳金融、碳交易信息披露等,已成为提高气候变化应对速度,增加清洁能源的利用效率并推动合理的外部问责制发展的重要机制。更重要的是,碳信息披露的发展已经证明了碳会计计量的可行性和潜在商业好处。例如,声誉和能源成本管理,同时也为强制信息披露和正规化碳会计核算标准开辟了空间。

　　随着碳会计信息披露的不断发展完善,对其的管理也逐渐引入了更为严格的评估标准和管理方式。碳信息披露的完善需要解决两个问题。第一,碳信息披露是以何种机制影响各个利益相关者的行动的? 第二,碳信息披露能否有效地帮助实现节能减排的目标? 由于利益相关方的重大影响,以及披露内容的部分主观性,碳会计信息披露和碳信息报告的形式和内容都可能具有有利于利益相关者的偏向,这样碳信息披露的有效性会被削弱。例如,企业层面的能源成本控制无法反映出整个价值链和整个产品生命周期内的温室气体排放控制。这样单纯的碳会计信息和碳交易信息披露就很难推动产品的核心战略转型。

　　难能可贵的是,以商业为目的、以公司为主体的碳会计信息披露和碳交易金融信息披露充分体现了企业的职能,越来越多的公司在碳会计信息披露的规章制度的构建中发挥了作用,而不是被动的服从。与此同时,政府在公众和利益集团之间进行着监管和平衡。但是,自愿性的碳信息披露在管理上有一个重大的缺陷:企业之间缺乏直接可比性,以及缺乏对信息披露遵守不规范的公司的惩罚标准。然而即使在当前碳价格不确定、消费者缺乏低碳意识、机构投资者也不确定碳信息披露是否具有相关性的情况下,碳信息披露并没有减少,反而呈上升趋势。2010 年的 CDP 报告中指出:到 2020年,国家之间的"碳缺口"将减少 15%～30%。并且,标准普尔 100 的碳信息披露委员会中的成员也比之前扩大了 4%。

综上所述,碳会计信息披露已经到了战略转折点,需要一次关键的评估和改革。由于非政府导向原则,碳信息披露制度强调透明度和问责制。对于需要提高管理控制的企业,则更需要关注碳信息披露的有效性,以及如何成为一个行之有效的管理制度。

虽然诸多利益相关者的目的不同,没有一个统一的口径,但是碳会计信息披露和碳金融信息披露的行为仍具有重要意义。参与者们对该领域有着深入的研究和理解,都对碳信息披露规则的制定提出建设性的意见。对于那些更加注重推动企业社会责任和节能减排的非政府组织,更需要意识到,由公司财务报告和公司金融部门来实现碳信息披露具有长期影响力。为了保证碳信息披露系统的有效运作,环保和社会团体需要保持密切联系。同时,碳信息披露需要足够的详细、足够的相关,以满足投资者的需求和规定的要求。这些矛盾的需求需要相当强大的战略和技术支持。但长远来看,在认识到自愿性碳信息披露缺点的基础上,战略上可能需要利用强制性报告制度来保证碳信息披露的有效性和合法性。

在管理层面,企业决策者和管理层需要承担限制温室气体长期排放的责任,并且需要寻求合理有效的方式,从而能够将碳信息披露加以充分利用,使之成为一项企业的综合战略。这一战略是通过企业认同并实施统一的碳会计信息披露标准来最终实现承诺的经济效益。在气候变化和能源价格持续上涨的理论下,公司管理层还面临一项巨大的任务,他们需要建立发展完备的信息系统,以满足不同利益方的各种需求。比如对外公开报告所需要的标准化数据,产品生产工艺水平中可以推动节能减排和燃料使用的详细数据等。这对于会计和软件公司来说都是重大的机遇和挑战。

可以说,碳信息披露的发展和改革为学者们的研究提供了新的方向和途径。我们可以结合战略理论,尤其是涉及政治战略联盟合作的理论进行进一步的研究。我们可以通过研究各个利益相关者(企业、政府、环保组织)的行为和他们的战略互动,以便更好地了解新的碳信息披露政策的出现和强化。碳信息披露的发展和改革同时也突出了审查机构的重要性,随着时间的推移,愈来愈需要审查机构来监督碳信息披露的有效性,使用的广泛程度以及其社会责任目标的实现等诸多任务。

二、碳交易市场的思考与展望

碳(排放权交易)市场是指在确定了碳排放总量控制指标情况下,利用成熟的市场机制,使一定量的碳排放权利合法化即碳排放权,并使此种权利在特定市场像其他商品一样进行买卖交易,政府意图通过此项政策来控制碳排放量,应对全球气候变化问题。但是碳市场具有极其特殊性,即它交易的是一种特殊商品——碳排放权。

2011 年 10 月 29 日,国家发展改革委办公厅发文,通知在北京、上海等七个省市开展碳排放权交易试点,并要求各试点省市研究制定碳排放权交易试点管理办法。2015 年 9 月中美共同发表的《气候变化联合声明》向世界宣布了我国将于 2017 年启动全国碳交易市场,2015 年 12 月习近平总书记在巴黎气候大会上的讲话再次重申我国将于 2017 年建立全国碳交易市场,表明了中国政府将通过建立全国碳交易市场来应对气候变化的坚强决心。然而,建设全国性碳市场是一项制度创新和宏大的社会实践,没有现成的理论和模式可以套用,须在实践中不断探索和学习。

段茂盛和庞韬(2013)的研究表明,一个完整的碳排放权交易体系的建立要涉及法律基础、基本框架设计、相关机构安排、调控政策设计等方面的要素(见图 10-1),包括法律基础,体系的排放上限目标,体系的覆盖范围,配额的初始分配,覆盖对象的排放量监测、报告与核查,遵约机制,遵约期和交易期的确定,登记注册系统,市场监管,金融机构的参与,排放交易平台,价格调控机制,排放交易的税费,配额的存储,连接与抵消机制等。

基本框架设计

相关机构安排

体系的排放上限目标

体系覆盖范围

配额初始分配

覆盖对象的碳排放 MRV

遵约机制

遵约期和交易的确定

登记注册系统

市场监管

金融机构的参与

排放交易平台的设计与建立

调控政策

价格调控机制

排放交易的税费制度

排放配额的存储

连接与抵消机制

法律基础

图 10 - 1　碳排放权交易体系的 15 个基本要素

注:本图转引自《碳排放权交易体系的基本要素》,段茂盛、庞韬,《中国人口资源与环境》,2013 年第 23 卷第 3 期

从实践看,欧洲碳排放交易体系(EU ETS)是目前世界上最大的碳排放交易市场,它通过对各企业强制规定碳排放量,为全球减少碳排放量做出巨大贡献,实施效果超过其他总量交易机制,其设计发展有相对成熟可借鉴的经验。表 10 - 2 反映了上海碳排放交易体系与欧盟碳排放交易体系(EU ETS)总体设计的比较。上海碳交易试点的交易类型同欧盟一样,均为总量控制交易,其总量目标的设定方法采取的是自上而下和自下而上相结合的决策模式,而欧盟的碳排放交易体系(EU ETS)在第一阶段、第二阶段均采取的是自下而上的分散决策模式。其总量目标由欧盟委员会根据各个国家的分配计划(National Allocation Plan,NAP)来设定。

表 10 - 2　上海碳排放交易体系与欧盟碳排放交易体系(EU ETS)比较

比较内容	上海碳排放交易体系	欧盟温室气体排放交易体系(EU ETS)
法律基础	市长令《上海市碳排放管理试行办法》	欧盟委员会颁发的《欧盟 2003 年 87 号指令》
实施时间	初级阶段:2013 年 11 月 26 日开始正式运行	3 个阶段分别为:2005—2007 年;2008—2012 年;2013—2020 年
覆盖范围	年 CO_2 排放量达到 2 万吨的工业行业:钢铁、石化、化工、有色、电力、建筑、纺织、造纸、橡胶、化纤等;年 CO_2 排放量达到 1 万吨的非工业行业:航空、港口、机场、铁路、商业、宾馆、金融等	能源、石油、钢铁、造纸、航空、化工、铝业、海运和林业等
交易类型	总量控制交易	总量控制交易
总量目标设定方式	自上而下和自下而上结合的模式	分散决策模式(2005—2007、2007—2012)集中决策模式(2013—2020)
分配方法	采取免费分配与有偿分配结合的方式,目前只采取免费的形式	免费发放为主,逐步增加拍卖比例,具体目标为:第一阶段:拍卖比例为 5% 第二阶段:拍卖比例为 10% 第三阶段:拍卖比例由 2013 年的 20% 上升到 2020 年的 70%,期望至 2027 年实现碳排放权的 100% 拍卖
免费配额核定方法	分行业的采取历史排放法和基准法	历史排放法为主、基准法为辅
交易平台	上海环境能源交易所	欧洲气候交易所(European Climate Exchange）北方电力交易所（Norpool）欧洲能源交易所（European Energy Exchange)等
交易产品	SHEA13、SHEA14、SHEA15、CCER	配额交易 EUA,抵销交易 CER

（续表）

比较内容	上海碳排放交易体系	欧盟温室气体排放 交易体系（EU ETS）
交易方式	目前均为现货交易，主要有：挂牌交易（场内）和协议转让（场外）	第一阶段：现货交易和部分期货交易，第二阶段：CER_s期货和期权
抵销机制	CCER≤5％	CER 指标
执行机制	碳排放监测、报告与核查体系（Monitoring、Reporting、Verification，即 MRV）	碳排放监测、报告与核查体系（Monitoring、Reporting、Verification，即 MRV）
惩罚机制	对未履行报告义务、未按规定接受检查、未履行配额清缴义务的企业罚款1～10万； 对出具虚假报告、报告重大错误、擅自发布或使用有关保密信息的第三方罚款3～10万；对公布违法信息的交易所罚款1～5万；	超过配额，第一阶段罚款40欧元每吨，第二阶段上升到100欧元每吨。

注：本表相关资料数据由本研究整理

表10-3揭示了我国上海碳排放权交易试点与欧盟碳交易市场期初状况的比较。上海碳交易试点自2013年11月26日成立至2015年11月25日，已正式运行两周年，共运行了105周，487个交易日，度过了两个履约期，总成交量2049万吨，总成交金额达3.13亿元，在全国七个碳交易市场中位居前三。其中配额成交量439万吨，成交金额1.31亿元。CCER总成交量1610万吨，成交金额1.82亿元，在七个碳交易试点中居首位。

表10-3　上海碳交易试点与欧盟碳交易市场期初状况的比较

内容	上海（2013—2015）	欧盟（2005—2007）
配额名称	SHEA13、SHEA14、SHEA15	EUA（1 个 EUA 等于一吨 CO_2 排放当量）
配额分配总数	1.6亿吨	23亿个

内容	上海（2013—2015）	欧盟（2005—2007）
配额交易数量	开市首日:碳配额的交易量大约在 5 000 吨,之后交易量的波动较大,2014 年 6 月达到一年之中交易量之最,而 2014 年 7 月至 2014 年 8 月,交易量几乎为零。2015 年也是如此,上半年的交易远比下半年活跃	EUA(欧盟碳配额)的交易数量从 2004 年开始进行,之后交易量迅速上升,直到 2007 年平均每天的交易量达到 10 000 个
配额交易价格	开市首日,上海碳配额的交易价格在每吨 26 元左右。2014 年碳配额的交易价格总体均衡,多维持在 30~40 元每吨之间。2015 年整体价格走势不如 2014 年,上半年的交易价格在 20~30 元之间波动,下半年交易价格在 10~20 元之间波动。最高价 34 元每吨,至 2015 年 11 月 26 日,最低价 12.5 元每吨	2005 年交易之初,EUA 的交易价格在每个 8 欧元左右,2006 年 4 月涨到每个 30 欧元左右,之后又迅速下跌,2007 年下半年,价格接近于 0

注:本表相关资料数据由本研究整理

中国作为世界上最大的发展中国家,在国际上参与 CDM 项目,为节能减排做出了巨大贡献。但是国内的碳交易市场仍处于初级阶段,碳排放企业参与碳交易市场积极性不足,市场活跃度不够,尚未形成一个统一的体系。因此要在碳交易试点的基础之上建立全国统一的碳交易市场,我们可以从以下方面来予以思考。

1. 全国碳交易市场建立的基石——从国家层面制定严格的碳交易法律法规

中国目前有七个碳交易试点,各个试点地区的法律法规各不相同,个别地区的法律法规约束力较高,如深圳、北京,均通过了关于碳交易的人大立法。而大部分地区是以政府规章形式实施的,如上海市以市长令的形式,强制力不够。从欧盟发展经验来看,《京都议定书》和《联合国气候变化框架公约》都为碳交易的开展提供了法律依据,除了国际法律之外,欧盟还颁布了《欧盟排放交易指令》等,这些均为整个欧盟碳市场的良好发展提供了保证。俗话说无规矩不成方圆,建设碳排放权交易市场,首先应该明确市场的法律地位、交易产品——排放配额的法律属性、市场主体的责权范围等内容,这些都需要基础法律进行规定。只有从国家层面以法律的形式明文规定了碳交易市场的交易规则,确定了实施排放权交易的法律基础,才能保障碳排放权交易顺利进行。我国在碳排放权交易立法过程中,可以考虑借鉴国外实践经验。但在市场运行前就建立一套完美无缺的法律是过于苛刻的,我们建议先构建一个基础法律,明确碳排放权交易市场的法律地位,配额的属性,市场的监管主体,交易涉及的各部门、行业、企业的权利与责任等,便于推进市场建设。

2. 根据中国国情,碳交易市场的性质由自愿性减排向强制性减排过渡

欧盟的碳交易市场体系是一个强制性的总量交易与控制体系,而中国目前正处于经济发展的高速阶段,高耗能产业必然在我国占有较大的比重,碳排放仍将进一步增多,如果对碳排放的强制约束力过大,可能会阻碍我国经济的发展。另一方面,中国作为最大的发展中国家,与欧盟不同,没有基于《京都议定书》的减排目标的压力,因此还不存在强制减排目标。欧盟一开始的发展对象就是大型电力行业,市场环境比较好,而中国是从小企业过渡到全国,一些企业面临被淘汰的风险,市场基础薄弱,因此可能初级阶段自愿性减排交易更适合中国。但从欧盟碳市场发展经验我们可以看出,自愿性减排交易市场的作用比较有限,不如强制性效果好,所以最终还是应以强制性减排为主。

3. 采取自上而下和自下而上结合的模式,构建统一的交易平台

欧盟碳交易市场最早由 27 个成员国构成,管理模式采取自上而下的分权化管理,其碳交易制度一开始就由欧盟委员会制定统一的标准,各个成员国根据自身特点差异化管理,不同国家之间经过这么多年的发展,彼此都形成了良好的互通机制,使得共性与个性并存。而中国碳交易市场的发展模式是先试点再统一,目前有 7 个分散的碳交易试点,每个碳交易试点都有属于自己的交易平台,尚未存在统一的碳交易管理组织。虽然各试点体系设置、交易机制原理有相似的地方,但每个交易平台却是独立的、竞争的,各个试点无一不想成为领导者,因此若想从国家层面构建统一的碳交易市场,不能一味照搬欧盟分权化管理,我们应采取自上而下和自下而上相结合的模式,基于现有的碳交易试点,中央采用合理有效的规则和引导,综合考虑不同交易平台在交易规则、交易流程、交易价格等问题上的差异,将这些差异纳入完整的体系,构建统一的交易平台,不断促进各个试点的融合,最终形成一个中央和地方利益均衡的全国碳市场。

4. 初始配额的分配应加大拍卖力度,配额分配方法应突破历史排放法的局限

从欧盟碳市场发展经验我们可以看出,配额的初始分配多采用免费的形式,只有很少的比例采取了拍卖方式。免费发放配额构成无成本的金融资产,而电力企业通常是通过提高电价的方式来转嫁碳排放成本,这样他们可以额外获得大量收益,这种方式损失公平,扰乱市场价格。但是若采用拍卖的方式,由于配额拍卖会使企业承担所有的持有指标的成本,实施面临较大的阻力,目前已有的排放权交易体系在初期很少采用完全拍卖的方式。另外拍卖价格可以作为碳排放价格制定的一个重要参考指标,但很多中小型企业没有碳排放的经验,缺乏规避市场的价格风险。因此对一定比例的配额采取拍卖的分配形式,既可以减少中小企业的价格风险,又可以使得碳交易市场更加活跃。

欧盟存在配额分配过渡的问题,分配的排放配额甚至超过企业正常所需要的排放量,过多的配额最终导致企业减排积极性降低,供大于求也使得碳配额的价格降低,这是在建立之初必须要吸取的教训,我们要合理制定配额总量。目前在配额分配上多以历史排放法为主,分配额根据历史排放数据给出,排放数据越大,得到的配额越多,但这样对那些环保企业不公平,可能会降低他们节能减排的积极性。因此我们应设计出更多的配额分配机制,不能仅仅以历史排放法为主。

5. 积极完善碳排放权的定价机制

碳交易价格是碳市场的晴雨表,碳价格主要受减排政策、能源价格、减排技术水平、市场供求等几个方面影响,而目前包括上海在内的各个碳试点均是七个比较独立的封闭市场,各个试点之间碳配额的交易价格差距也比较大,最高交易价格达到每吨 50 多元,而最低的仅每吨 10 元。试点地区交易规模有限且处于市场建立初期,其交易价格并不能反映碳市场的真正供需情况,也不能反映真正的减排成本,交易价格多数是买卖双方协商的结果,人为操纵力度大。至今为止,也没有一个统一的定价机制来对碳排放权的交易价格进行规范,因此完善碳排放权的定价机制是建立统一的碳交易市场的前提。

6. 做好相关部门的衔接,提高商业银行的参与度,建立完善的碳金融体系

欧盟碳交易市场中期货占 90%,现货很少,而中国目前多是以现货交易为主,人们对未来的关注常常要大于对现在的关注,因此碳期货的前景很大,但是由于我国目前碳市场的不健全和不完善,各个部门的衔接不到位,如上海碳试点,虽然交易所有做碳期货的意向,但形式上不允许做期货等衍生金融产品,因为其上级单位存在差异,上海碳试点的交易平台是上海环境能源交易所,交易所的上级单位是发改委,而期货市场的上级单位是证监会,这两个机构尚未衔接,使得碳期货的发展受到了局限。我们要研究探索期货交易的可行性和实施路径,逐步增强碳市场的流动性,促进其价格发现功能的实现,而商业银行在碳金融业务的发展过程中扮演了重要角色。欧盟成员国的商业银行为了促进碳市场的发展,推出了绿色信贷,为低碳技术、低碳项目培育和低碳产业发展提供融资服务,这些都值得中国借鉴。而中国目前商业银行对碳金融服务的认识不足,也缺乏大型规避风险的措施,因此我们首先要发挥中国人民银行、银监会等部门的宏观指导作用,制定与节能减排项目贷款相关联的信贷规模指导政策;其次,健全商业银行相应组织机构,为碳金融提供全方位的业务服务;再者,扩大直接融资规模支持碳金融的发展;最后,努力开展低碳金融衍生品的金融创新。

7. 培养企业碳资产的储备意识,确定会计对碳资产的计量

碳排放权交易体系是对碳排放的一种定价机制,其目的是将碳排放的成本内化到企业生产成本中,这就需要明确排放配额的会计属性。在会计方法上明确企业应该如何处理碳资产,这还涉及碳资产和碳交易的财税处理方法等问题。从中国现状分析来看,如果整个碳交易市场是可持续的,那么企业储备碳资产就是有意义的。但实际上,并没有多少企业有意识去储备碳资产,因为很多企业并不能确定自己是否会被纳入全国市场甚至有的企业并不清楚为何要进行碳交易,而碳资产的储备意识不强直接导致在会计上没有对应的会计科目、会计方法与核算去计量碳资产,这样又进一步弱化了碳资产的储备意识,形成了一种恶性循环。中国目前应加大碳排放权交易的宣传力度,扩大建立碳交易市场的影响力,可以借助网络平台、报刊、影像等媒介让大众知道碳交易市场建立的重要性。只有中国形成一个真正统一的碳交易市场,才可以将节能减排、低碳经济发展得更好。

本章参考文献

段茂盛,庞韬.碳排放权交易体系的基本要素[J].中国人口·资源与环境,2013,23(3):110-117.

魏征,王庆.碳信息披露机制的发展变革和挑战[J].经济视野,2012(4).

张帆,李佐军.中国碳交易管理体制的总体框架设计[J].中国人口·资源与环境,2012,22(9):20-25.

博客观点,http://blog.sina.com.cn/s/blog_8854e4d60100y6a7.html.

Al-Tuwaijri,S. A., Christensen, T. E., Hughes. K. E. The Relations among Environmental Disclosure, Environmental Performance, and Economic Performance: A Simultaneous Equations Approach. *Accounting, Organizations and Society*, 2004, 29 (5-6): 447-471.

Bumpus, A. G. Making Carbon Accounting Count. IRIS Executive Briefing No. 09-01,December 2009, University of Calgary, 2009.

Tang, Q. L., Luo, L. Carbon Management System and Carbon Mitigation. *Australian Accounting Review*, 2014, 24(1): 84-98.

致　谢

　　本书研究受到国家自然科学基金面上项目"碳披露、碳绩效与市场反应：基于中国情景的研究（71272237）"，江苏高校哲学社会科学研究重点项目"绿色金融视角下碳交易的理论机制与实践研究（2016ZDIXM026）"，江苏高校优势学科建设工程资助项目（PAPD）、江苏省第四期"333 高层次培养人才工程"等的资助，在此表示衷心感谢！